U0262789

# 垃圾焚烧炉燃烧优化及工程应用

龙吉生　夏梓洪　杜海亮　著

科学出版社

北京

# 内 容 简 介

本书详细介绍炉排式垃圾焚烧炉内的气固两相流动、传热和化学反应过程。第1章概述城市生活垃圾的性质和垃圾处理技术发展,重点介绍机械炉排式垃圾焚烧炉工作原理;第2章介绍垃圾焚烧过程的计算流体力学;第3、4章分别阐述床层-炉膛迭代耦合模拟和床层-炉膛实时耦合模拟两种方法;第5章介绍低氮燃烧与焚烧炉脱硝系统的优化设计;第6章介绍焚烧炉设计优化与燃烧优化的工程案例,全方位展示计算机模拟分析方法在炉排式垃圾焚烧炉的工艺设计和运行优化方面的应用前景。

本书为从事垃圾焚烧炉设计和运行的工程技术人员,特别是对计算流体力学模拟感兴趣的科研人员提供了较为系统和深入的基础知识,也可供能源与环境相关专业的研究生和高年级学生参考。

图书在版编目(CIP)数据

垃圾焚烧炉燃烧优化及工程应用/龙吉生,夏梓洪,杜海亮著. —北京:科学出版社,2022.12

ISBN 978-7-03-073217-0

Ⅰ.①垃… Ⅱ.①龙… ②夏… ③杜… Ⅲ.①垃圾焚化炉－燃烧效率－研究 Ⅳ.①X705

中国版本图书馆CIP数据核字(2022)第174784号

责任编辑:刘翠娜 / 责任校对:王萌萌
责任印制:师艳茹 / 封面设计:无极书装

科 学 出 版 社 出版
北京东黄城根北街16号
邮政编码:100717
http://www.sciencep.com

北京九天鸿程印刷有限责任公司 印刷

科学出版社发行 各地新华书店经销
*
2022年12月第 一 版 开本:787×1092 1/16
2022年12月第一次印刷 印张:13 1/2
字数:300 000
定价:198.00元
(如有印装质量问题,我社负责调换)

# 序

生活垃圾焚烧发电是实现垃圾"减量化、资源化、无害化"的主流处理方式，从国内多地的实践来看，更是目前解决"垃圾围城"的根本出路。我国的垃圾焚烧发电技术与设施建设起步较晚，目前仍处于快速发展阶段，还需继续完善体系，提升水平。近年来，国家的大力支持为垃圾焚烧发电行业的发展提供了良好的机遇和环境。随着技术的不断发展，我国生活垃圾焚烧处理装备向着大型化、高参数、智能化方向迈进，同时，对焚烧系统的高效、低碳、稳定运行提出了更高的要求。

CFD（computational fluid dynamics）数值模拟技术近年来在科学研究和工程设计中发挥着重要的作用。随着垃圾焚烧的快速发展，通过 CFD 模拟进行辅助分析成为必不可少的技术手段。该书对 CFD 数值模拟技术在垃圾焚烧领域的应用进行了详尽且务实的阐述，主要内容涵盖了以下几部分：

(1)对于炉排炉的床层燃烧模拟，准确计算垃圾焚烧时床层固相燃烧过程是一项难题。作者在传统 FLIC 床层模拟耦合 Fluent 气相模拟的基础上建立了实时耦合模型，简化了模型方法，减小了计算量，此工程解决方案有助于促进垃圾焚烧 CFD 模拟的工业化应用。

(2)由于垃圾组分复杂、波动性大，在燃烧过程中不可避免会产生偏烧、高温腐蚀等问题，对安全稳定运行构成了严峻挑战。应用 CFD 模拟工具进行燃烧优化调整在一定程度上可以减少上述问题的发生，从而提升锅炉运行稳定性和全厂经济效益。

(3)烟道流场分布不均、喷氨流量分配不合理是导致烟气脱硝效率下降的主要原因，作者通过 CFD 模拟分析方法，优化了 SNCR(选择性非催化还原法)喷枪的布置方式、改善了 SCR(选择性催化还原法)内部流场均匀性，增强烟气与氨的混合，从而提高脱硝效率，并给出相关合理建议与工程方案。

(4)垃圾焚烧炉一、二次风管配风不均是导致垃圾偏烧、燃烧效率较低及炉膛温度分布不均的主要原因。作者采用 CFD 数值模拟对垃圾焚烧系统一、二次风的结构进行优化，解决了支管流量偏差问题，为解决余热锅炉换热器爆管问题提供分析依据，可大大减小焚烧炉非停次数，具有重要的工程实践意义。

龙吉生博士专注垃圾焚烧发电与污染物控制技术研发及应用近 30 年。1994 年起在日本从事废弃物处理及碳排放交易等环保行业咨询；1994~2008 年主要从事垃圾焚烧发电厂建设和运营咨询，负责了日本、东南亚及中国多个焚烧厂的建设指导，曾在日本主持多个垃圾焚烧项目建设；2008 年回国创立了上海康恒环境股份有限公司，成功开发新一代炉排焚烧技术，打破了焚烧炉全靠进口的局面，带领企业极大地推动了我国垃圾焚烧发电行业的发展。近五年来，以全新的"能源高效利用""超低排放"设计理念开展垃圾焚烧技术研发及应用，引领了"邻避变邻利"的行业变革。

  该书的显著特点是工程实用性强，总结了多年来垃圾焚烧项目中遇到的工程技术问题，提出了燃烧优化过程中合理的设计方案和思路，对实际工程应用具有指导和参考价值。从事生活垃圾焚烧处理厂设计、建设、运行的工程技术人员和从事 CFD 数值模拟人员，可以从中得到启发和帮助。

中国工程院院士

2022 年 10 月

# 前　言

随着我国经济不断发展、人民生活水平稳步提高和城市化进程深入推进，生活垃圾产生量逐年增加。垃圾焚烧已成为我国生活垃圾无害化处置的主要方式，而机械炉排焚烧炉是垃圾焚烧行业所采用的主要炉型。对机械炉排焚烧炉进行深入研究与设计优化，对于垃圾无害化、减量化处置具有重要的应用价值。

由于不同地域、不同季节垃圾组分存在差异，同时机械炉排焚烧炉结构存在不同布置形式，各垃圾焚烧项目的燃烧、传热与流动特性也不尽相同。通过试验获得焚烧炉内燃烧、传热和烟气流动数据的方法，不仅周期长、费用高、重复性差，而且很难得到详细的局部信息。因此，研发人员难以通过试验的方式来有效改进设计，急需一种科学、准确、快速的研究方法辅助设计。

计算流体力学(Computational Fluid Dynamics，CFD)作为一种先进的计算工具，经过近几十年的发展，被广泛应用于航空航天、车辆工程、大气环境、能源工程等各领域的工程研究上。与理论求解、试验验证等方法相比，CFD 数值模拟具有成本低、速度快、资料完备、灵活性强，以及可根据需要设计不同工况等独特的优点。作为一种辅助分析方法，CFD 数值模拟在机械炉排垃圾焚烧炉上的应用，有利于进一步深入研究炉内的燃烧、传热和烟气流动特性。

本书重点介绍机械炉排垃圾焚烧炉 CFD 数值模拟系列技术，并结合典型工程案例，说明其在燃烧优化和污染物控制方面的成效。作者建立了床层-炉膛迭代耦合模拟和床层-炉膛实时耦合模拟两套计算模型，获得焚烧炉温度场、速度场、浓度场模拟数据，通过与垃圾焚烧厂运行试验数据对比，验证了模型的准确性。作者开发的参数化建模方法，实现了数值模拟辅助设计自动寻优，显著提高了模拟效率。

作者通过将理论与实践相结合、研发与生产相融合，在力求精简的基础上，为计算流体力学在机械炉排炉垃圾焚烧领域的应用作了系统且全面的阐述。本书成果已成功应用于生活垃圾焚烧厂焚烧炉燃烧过程分析、烟风管道流场诊断与设计、烟气净化系统设计优化、脱硝反应分析及新炉排研发设计上。

本书由龙吉生、夏梓洪、杜海亮撰写，参与撰写工作的还有焦学军、白力、祖道华、刘建、黄秋焰、黄静颖、张小林、黄一茹、刘亚成、王琬丽、韩建国、龚越、李秋华、李坚、单朋、黄冠。

本书 CFD 数值模拟团队由上海康恒环境股份有限公司和华东理工大学陈彩霞教授团队组成，作者衷心感谢 CFD 数值模拟团队在本书撰写过程中持续提供技术支持。特别感谢浙江大学岑可法院士、李晓东教授、周昊教授在本书成稿过程中提出了许多宝贵建议。

本书难免存在疏漏之处，诚恳希望同行专家、学者和广大读者给予批评和指正，作者不胜感激。

作　者

2022 年 9 月

# 目　　录

# 第1章 概　　述

## 1.1　生活垃圾的性质

生活垃圾是城乡居民在日常生活中产生的固体废弃物。随着经济社会的发展和人民生活水平的提升，生活垃圾产量快速增长已经成为社会关注的焦点问题。在我国，经过最近20年的快速城市化发展，城市人口呈爆发式增长，对日益增长的城市生活垃圾实施减容、减量和无害化处理，是保证经济社会可持续发展的重大需求。

城市生活垃圾来源广泛，包括环卫清扫收集的垃圾、居民家庭日常废弃物、公共场所安置的垃圾箱收集的废弃物、各级各类政府和学校日常办公产生的废弃物，以及其他为城市生活服务的行业产生的固体废弃物。按国家"十三五"规划，到2020年，我国城市生活垃圾要实现全部无害化处理。表1.1列出了国家统计局报告的2010～2020年我国城市生活垃圾清运和处理情况。

表 1.1　2010～2020 年我国城市生活垃圾清运和处理情况

| 年份 | 生活垃圾清运量/万 t | 无害化处理厂数 | 无害化处理量/万 t | 无害化处理率/% |
|------|------|------|------|------|
| 2010 | 15804.8 | 628 | 12317.8 | 77.9 |
| 2011 | 16395.3 | 677 | 13089.6 | 79.7 |
| 2012 | 17080.9 | 701 | 14489.5 | 84.8 |
| 2013 | 17238.6 | 765 | 15394.0 | 89.3 |
| 2014 | 17860.2 | 818 | 16393.7 | 91.8 |
| 2015 | 19141.9 | 890 | 18013.0 | 94.1 |
| 2016 | 20362.1 | 940 | 19673.8 | 96.6 |
| 2017 | 21520.9 | 1013 | 21034.2 | 97.7 |
| 2018 | 22801.8 | 1091 | 22565.4 | 99.0 |
| 2019 | 24206.2 | 1183 | 24012.8 | 99.2 |
| 2020 | 23511.7 | 1287 | 23452.3 | 99.7 |

我国不同城市的生活垃圾理化特性差异明显，生活垃圾的成分受当地的气候、生活习惯、经济发展水平等因素影响较大，组成成分的变化也导致生活垃圾热值发生显著变化。李晓东等[1]在对中国城市生活垃圾热值进行分析时发现，上海浦东、深圳、香港等地区的纸类或塑料类含量与其他城市相比较高，且灰分含量较低，其生活垃圾热值也较其他城市高。比较上海、深圳[2]、北京[3]等地历年垃圾组分后发现，生活垃圾的厨余比例逐年减少，但可燃成分如纸类、塑料类等逐渐增加，垃圾热值也相应提高。程炬和董晓丹[4]对2007～2016年上海市生活垃圾理化特性进行了跟踪调查和统计分析，结果列于表1.2中。2016年，上海平均垃圾堆密度为154kg/m³，含水率为58.10%，低位发热量为5700kJ/kg，可燃分元

素总和 28.56%。生活垃圾中的厨余类、纸类、橡塑类含量占近 90%，其中厨余类 60.40%，橡塑类 17.56%，纸类 11.88%。可回收物含量约占垃圾的 38.90%。除堆密度、厨余类含量下降，可回收物占比逐年上升外，近十年来上海市生活垃圾的理化特性基本稳定。

表 1.2　2007～2016 年上海市生活垃圾理化特性[4]

| 指标 | | 年份 | | | | | | | | | |
|------|------|------|------|------|------|------|------|------|------|------|------|
| | | 2007 | 2008 | 2009 | 2010 | 2011 | 2012 | 2013 | 2014 | 2015 | 2016 |
| 堆密度/(kg/m³) | | 188 | 176 | 173 | 166 | 161 | 189 | 166 | 190 | 177 | 154 |
| 含水率/% | | 58.98 | 57.51 | 56.97 | 57.01 | 54.62 | 59.94 | 59.73 | 60.25 | 59.28 | 58.10 |
| 低位发热量/(kJ/kg) | | 5790 | 5250 | 5470 | 5600 | 5750 | 5080 | 5680 | 5580 | 5800 | 5700 |
| 组分/% | 厨余类 | 67.37 | 63.47 | 63.69 | 63.51 | 61.66 | 64.97 | 62.21 | 65.07 | 61.10 | 60.40 |
| | 纸类 | 9.01 | 10.19 | 11.71 | 11.90 | 13.31 | 9.57 | 12.66 | 10.58 | 12.07 | 11.88 |
| | 橡塑类 | 15.67 | 18.26 | 16.66 | 16.75 | 17.11 | 15.71 | 16.56 | 15.99 | 16.57 | 17.56 |
| | 纺织类 | 2.58 | 2.57 | 2.38 | 2.29 | 2.12 | 2.31 | 2.14 | 2.03 | 2.57 | 2.85 |
| | 木竹类 | 1.10 | 1.09 | 1.24 | 1.48 | 1.60 | 2.69 | 1.49 | 2.70 | 4.52 | 1.95 |
| | 灰土类 | 0.19 | 0.10 | 0.06 | 0.01 | 0.12 | 0.00 | 0.05 | 0.08 | 0.02 | 0.02 |
| | 砖瓦陶瓷类 | 0.44 | 0.46 | 0.51 | 0.35 | 0.45 | 0.53 | 0.14 | 0.45 | 0.44 | 0.41 |
| | 玻璃类 | 2.35 | 2.50 | 2.84 | 3.03 | 2.98 | 2.53 | 2.29 | 2.31 | 2.10 | 3.57 |
| | 金属类 | 0.50 | 0.34 | 0.52 | 0.48 | 0.32 | 0.33 | 0.35 | 0.54 | 0.51 | 1.08 |
| | 其他 | 0.04 | 0.06 | 0.07 | 0.07 | 0.21 | 0.05 | 0.05 | 0.15 | 0.08 | 0.09 |
| | 混合类 | 0.74 | 0.97 | 0.33 | 0.13 | 0.12 | 1.31 | 2.09 | 0.11 | 0.03 | 0.19 |
| | 可回收物 | 31.21 | 34.94 | 35.35 | 35.94 | 37.44 | 33.13 | 35.48 | 34.15 | 38.33 | 38.90 |
| | 可燃物 | 28.37 | 32.10 | 31.99 | 32.42 | 34.14 | 30.27 | 32.84 | 31.30 | 35.73 | 34.24 |
| 元素/% | 氢(H) | 2.54 | 2.60 | 2.53 | 2.77 | 2.61 | 2.35 | 2.33 | 2.05 | 2.33 | 2.20 |
| | 碳(C) | 17.53 | 17.45 | 16.69 | 18.84 | 18.29 | 16.53 | 16.46 | 16.29 | 18.19 | 17.35 |
| | 氮(N) | 0.39 | 0.36 | 0.31 | 0.31 | 0.28 | 0.34 | 0.31 | 0.30 | 0.33 | 0.34 |
| | 硫(S) | 0.33 | 0.36 | 0.35 | 0.36 | 0.32 | 0.31 | 0.31 | 0.26 | 0.29 | 0.30 |
| | 氧(O) | 10.28 | 8.54 | 8.86 | 11.50 | 11.28 | 9.75 | 8.76 | 9.49 | 10.30 | 8.22 |
| | 氯(Cl) | 0.39 | 0.32 | 0.38 | 0.40 | 0.33 | 0.25 | 0.16 | 0.14 | 0.15 | 0.15 |
| | 总和 | 31.46 | 29.63 | 29.12 | 34.18 | 33.11 | 29.53 | 28.33 | 28.53 | 31.59 | 28.56 |

垃圾作为一种燃料，工程上经常使用水分(moisture)、灰分(ash)和可燃分(combustible components) "三成分" 表示燃料的品质。可借用固体燃料的工业分析和元素分析表征垃圾的化学性质。采用《煤中碳和氢的测定方法》(GB/T 476—2008)分析垃圾，得到垃圾可燃物中的碳、氢、氧、氮、挥发性氯、燃烧性硫的含量。采用《煤的工业分析方法》(GB/T 212—2008)分析垃圾，得到垃圾的水分、挥发分(volatiles)、固定碳(fixed carbon)和灰分的含量，其中挥发分和固定碳之和为可燃分。根据垃圾的元素分析，采用日本环境卫生中心的模型，计算垃圾的低位发热值：

$$Q_d = 81C + 345H - 33.3O + 25S - 6(9H + W) \text{ kcal/kg}$$

式中，$C$、$H$、$O$、$S$ 为可燃分中的元素含量，%；$W$ 为水分含量，%。

也可以采用经验公式，通过垃圾的工业分析估算垃圾的低位发热值：

$$Q_d = 45B - 6W$$

式中，$B$ 为可燃分，%。

还可以用量热计(弹筒式量热仪)直接测量垃圾的热值。弹筒热值需按下式转换为高位热值：

$$Q_g = Q_{DT} - (95S - \alpha Q_{DT})$$

式中，$Q_{DT}$ 为弹筒热值，kJ/kg；$Q_g$ 为高位热值，kJ/kg；$S$ 为硫元素的含量，%；$\alpha$ 为含硫量小于 4%时的修正系数，取值范围为 0～0.0016，弹筒热值越高取值越大。如果硫含量不高，可以用弹筒热值代表垃圾的高位热值。

燃烧计算中，一般使用低位热值代表燃料的发热量，用下式将高位热值转换为低位热值：

$$Q_d = Q_g - 20H - 23W$$

式中，$Q_d$ 和 $Q_g$ 分别为低位热值和高位热值，kJ/kg；$H$ 为可燃分中氢元素的含量，%。$H$ 和 $W$ 均按收到基计算。

王延涛和曹阳[5]在收集和整理大量炉排炉垃圾焚烧发电厂运营数据的基础上，对我国多个地区的生活垃圾焚烧厂垃圾热值进行了估算，并分析了不同地区、运营时间及工业发展水平等对焚烧厂生活垃圾热值的影响。其经分析发现：垃圾焚烧厂生活垃圾热值逐年增加；不同地区的生活垃圾热值差别明显，呈现南高北低、东高西低的变化趋势；工业增加值较高的城市其生活垃圾热值也相对较高。入厂垃圾如未经发酵，一般含水率较高，热值较低，不宜直接入炉焚烧，需在垃圾池中发酵 5～7 天，渗滤液析出率达到 15%～30%，可大幅提高生活垃圾热值。

王延涛和曹阳[5]分析了中国大陆地区 82 座垃圾焚烧发电厂入厂/入炉垃圾热值，相关结果如图 1.1 和图 1.2 所示。图 1.1 为 2018 年南北地域的生活垃圾热值变化趋势。由图 1.1 中的数据可知，南北不同地区生活垃圾热值差异比较明显，从北到南各个省份的生活垃圾热值整体呈增长趋势，东北地区的生活垃圾热值较低，尤以黑龙江地区的生活垃圾热值最低。南方省市如江苏、浙江、广东等地生活垃圾热值较高，平均入厂生活垃圾热值基本在 6000kJ/kg 以上，入炉生活垃圾热值高于 7500kJ/kg。

2018 年东西地域的生活垃圾热值变化趋势如图 1.2 所示。东西区域无论气候、生活习惯还是经济发展水平都各有不同，其生活垃圾组分也存在差异。由图 1.2 可知，东部地区的入厂/入炉生活垃圾热值高于中部和西部地区。东部和西部渗滤液含量相差不大，基本在 18%左右，但是东部地区经济发达，与中西部相比，入炉垃圾含水率降低，可燃分较多，因此入炉垃圾热值较高。中部省份湖北、安徽的渗滤液率稍高，其入炉垃圾的含水率可能较低，因此入炉垃圾热值稍高于四川地区。生活垃圾焚烧厂通常建于人口规模较大、经济发达的城市，如四川省数据来源于省会成都市的垃圾焚烧厂，湖北省数据来源于省会武汉市的垃圾焚烧厂，两个城市之间的发展水平相近，人口规模差距较小，因此垃圾热值虽有差异但是并不突出。除四川省外，湖北、安徽、江苏、浙江、上海 5 省市的入厂垃圾热值都达到了 6000kJ/kg。江苏、浙江、上海 3 个东部省份经济发展水平处于全国前列，垃圾可燃分含量较高，入炉垃圾热值较高，处于 7500kJ/kg 以上。

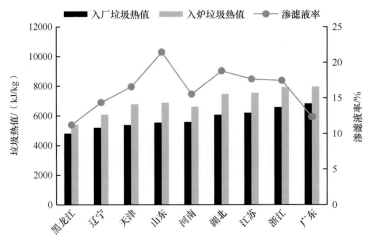

图 1.1 2018 年南北地域的生活垃圾热值变化趋势

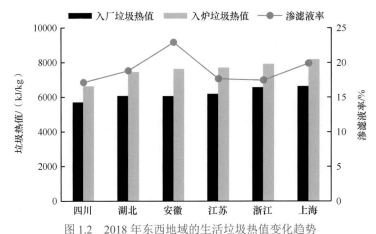

图 1.2 2018 年东西地域的生活垃圾热值变化趋势

垃圾组成成分复杂,而且随着工业的快速发展,垃圾焚烧发电厂中的垃圾中可能包含一定工业垃圾,如废布、废棉、废皮革、废橡胶等,这些工业垃圾的热值较高,在一定程度上提高了垃圾热值。世界各国代表性城市的生活垃圾理化特性列于表 1.3 中。

表 1.3 世界各国代表性城市的生活垃圾理化特性[6]

| 国家(地区) | 成分/% | | | | | | | | | | |
|---|---|---|---|---|---|---|---|---|---|---|---|
| | 有机废物 | 纸/纸箱 | 塑料 | 玻璃 | 金属 | 纤维 | 木头 | 灰 | 建筑垃圾 | 园艺废弃 | 其他 |
| 中国(2003 年) | 52.6 | 6.9 | 7.3 | 1.6 | 0.5 | 4.7 | 6.9 | 19.2 | — | — | — |
| 新加坡(2008 年) | 9.5 | 21.2 | 11.5 | 1.0 | 14.6 | 1.6 | 4.5 | 9.5 | 15.4 | 3.8 | 7.5 |
| 美国(2005 年) | 25.0 | 34.0 | 12.0 | 5.0 | 8.0 | — | — | — | — | — | 16.0 |
| 日本(2000 年) | 34.0 | 33.0 | 13.0 | 5.0 | 3.0 | — | — | — | — | — | 12.0 |
| 韩国(2005 年) | 28.0 | 24.0 | 8.0 | 5.0 | 7.0 | — | — | — | — | — | 28.0 |
| 加拿大(2005 年) | 24.0 | 47.0 | 3.0 | 6.0 | 13.0 | — | — | — | — | — | 8.0 |
| 法国(2005 年) | 32.0 | 20.0 | 9.0 | 10.0 | 3.0 | — | — | — | — | — | 26.0 |

| 国家(地区) | 成分/% | | | | | | | | | | |
| --- | --- | --- | --- | --- | --- | --- | --- | --- | --- | --- | --- |
| | 有机废物 | 纸/纸箱 | 塑料 | 玻璃 | 金属 | 纤维 | 木头 | 灰 | 建筑垃圾 | 园艺废弃 | 其他 |
| 荷兰(2005年) | 35.0 | 26.0 | 19.0 | 4.0 | 4.0 | — | — | — | — | — | 12.0 |
| 德国(2005年) | 14.0 | 34.0 | 22.0 | 12.0 | 5.0 | — | — | — | — | — | 12.0 |
| 瑞典(2005年) | 29.0 | 20.0 | 15.0 | 4.0 | 3.0 | — | — | — | — | — | 29.0 |
| 澳大利亚(2005年) | 47.0 | 23.0 | 4.0 | 7.0 | 5.0 | — | — | — | — | — | 13.0 |
| 墨西哥(2005年) | 51.0 | 15.0 | 6.0 | 6.0 | 3.0 | — | — | — | — | — | 18.0 |
| 斯洛文尼亚(2005年) | 38.0 | 13.0 | 7.0 | 8.0 | 3.0 | — | — | — | — | — | 31.0 |
| 葡萄牙(2005年) | 34.0 | 21.0 | 11.0 | 7.0 | 4.0 | — | — | — | — | — | 23.0 |
| 匈牙利(2005年) | 29.0 | 15.0 | 17.0 | 2.0 | 2.0 | — | — | — | — | — | 35.0 |
| 欧盟(平均) | 30.0 | 32.0 | 7.0 | 10.0 | 8.0 | 4.0 | — | 9.0 | — | — | — |
| 低收入国家 | 40~85 | 1~10 | 1~5 | 1~10 | 1~5 | 1~5 | — | — | — | — | — |
| 中等收入国家 | 20~65 | 8~30 | 2~6 | 1~10 | 1~5 | 2~10 | — | — | — | — | — |
| 高收入国家 | 6~30 | 25~66 | 2~8 | 4~12 | 3~13 | 2~6 | — | — | — | — | — |

注：“—”表示缺少数据。

以往我国城市生活垃圾可燃成分较低，厨余和煤渣灰土等不可燃物含量较高，远高于欧美发达国家厨余垃圾的含量，故生活垃圾热值较低。但近年来我国经济快速发展，居民生活水平显著提高，各成分发生较大变化，生活垃圾中厨余类垃圾逐年降低，橡胶、纸类等成分呈上升趋势，灰渣类逐年下降，生活垃圾热值因此升高。但是，不同城市间由于发展水平不同，因此垃圾成分差别较大。

## 1.2　生活垃圾处理技术

由垃圾的成分看，城市生活垃圾主要处理技术有堆肥、焚烧、填埋和资源化回收利用。堆肥法早在我国古代就有应用，主要用于处理有机成分含量高的垃圾。利用细菌等微生物将垃圾中的有机质降解为无机质，生物质降解后可作为肥料返回生态系统中。堆肥法又分为厌氧堆肥和好氧堆肥两种方法。其中，厌氧堆肥是一种较为普遍的方式，具有工艺简单和费用低的优点；但缺点是处理周期长，污染相对高，有机物降解不够充分。好氧堆肥使用现代化技术进行堆肥，其优点是工艺先进、效率高、大分子有机物降解更加彻底、对环境污染低，其缺点是费用高、能耗大。但是，由于城市生活垃圾中含有较多的不可降解成分，因此必须增加分选环节，将有机质分离出来才能进行堆肥处理。此外，堆肥产品相比于化肥肥效低，缺乏竞争力，而且堆肥的季节依赖性高、成本高。基于上述原因，堆肥法在国内的应用并不广泛。

卫生填埋最早于20世纪30年代提出，相比于普通的填埋技术，它对垃圾成分、填埋场地选择和设计及污染物控制都提出了严格的要求。卫生填埋由于操作简单、技术成熟、处理量大且对垃圾成分没有要求，曾经是我国处理量最大的生活垃圾处理方式。但是，垃圾填埋场附近渗液污染土壤、水源，气体泄漏等二次污染事件时有发生。有毒有害液体渗入土壤，污染地下水和农作物，危及人畜的生命健康；垃圾堆放过程中有机物分解，同时产生可燃气体，存在燃烧和爆炸的风险；卫生填埋对土地资源需求非常大，城市周边土地填埋垃圾后难以有效利用。因此，卫生填埋这一传统的城市生活垃圾处理方式正在逐渐被先进的垃圾焚烧技术替代。

与垃圾填埋相比，垃圾焚烧可以实现减重、减容，焚烧产生的热量可以回收和发电，是我国处理城市生活垃圾的主流技术，近年来得到快速发展。2011 年国家发布的《关于进一步加强城市生活垃圾处理工作的意见》提出，对土地资源紧缺、人口密度高的城市，要优先采用焚烧处理技术。根据国家"十三五"全国城镇生活垃圾无害化处理设施建设规划，到 2020 年底，要求城市生活垃圾焚烧处理能力占无害化处理总能力的比例高于 50%，焚烧处理设施规模要达到 59.14 万 t/d。"十三五"期间，垃圾焚烧处理由 2010 年占比的 20%提高到近 50%，经济较发达地区更高。2022 年 10 月，住房和城乡建设部发布《2021 年中国城市建设状况公报》，公报提到，到 2021 年底，生活垃圾无害化处理能力 105.7 万 t/d，同比增长 9.7%，其中，焚烧处理能力占比为 68.1%。

垃圾焚烧既可实现减重量 70%～85%、减容量 90%以上，焚烧过程产生的热量又可用来供暖或是发电。此外，垃圾焚烧可以消灭多种病原体和腐蚀性有机物，利用高温将有毒有害物质转化为无害物。因此，垃圾焚烧发电符合我国"资源节约、环境友好"的和谐发展战略，实现能源的可持续发展，减少发电碳排放，为电力、新能源的发展做出了贡献，创造性地走上了垃圾清洁利用的道路。

图 1.3 所示为 2010～2018 年我国不同垃圾处理方式对应的处理量变化情况。从统计数据可知，焚烧与垃圾处理总量的增长速度一致，垃圾卫生填埋处理近十年变化不大，堆肥增长缓慢。近十年我国城市垃圾产量年增长率约 6%，生活垃圾无害化处理能力逐年增加，2010 年城市生活垃圾无害化处理量仅占 77.9%，到 2018 年即增加至 99%。3 种垃圾处理方式中，卫生填埋处理量最大，2010～2018 期间，卫生填埋处理量超过其他方式的处理量之和，至 2018 年仍是处理量最大的垃圾无害化方式，但其占比不断减小。另外，垃圾焚烧处理量逐年升高，从 2011 年开始焚烧处理量得到稳步提高，至 2018 年，焚烧处理量已经接近卫生填埋处理量。堆肥及其他方式的处理量每年略有增加，但与卫生填埋和焚烧处理相比仍有较大差距。根据不同处理方式的优缺点和适应性，未来在人口稠密的发达地区，垃圾焚烧的比例将进一步提高。虽然近年来各大城市大力推广垃圾分类，以期提高厨余垃圾的堆肥和生物处理量，但垃圾焚烧处理已经成为城市生活垃圾无害化处理的重要手段。

在国际上，发达国家的工业化和城市化发展较早，垃圾处理技术更加成熟和多元。这里以德国为例，介绍国际上城市生活垃圾处理情况[7]。图 1.4 是欧盟各国(截至 1995 年的加盟国)城市生活垃圾处理方式比较。部分国家 50%以上的废物采用填埋处理，这些废物含有大量有机物(如食品垃圾等)，要保证 30 年后达到稳定的标准，则必须改变废物处理方式。

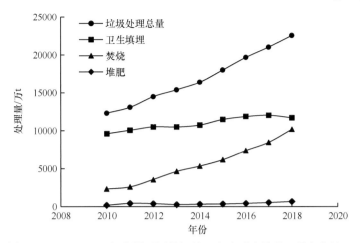

图 1.3　2010～2018 年我国不同垃圾处理方式对应的处理量变化情况

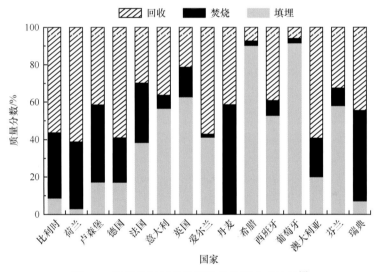

图 1.4　欧盟各国城市生活垃圾处理方式比较[7]

　　2001 年，德国颁布了《生活垃圾废弃物处理环保安全法规》，可处理一般废弃物残渣的是级别 I 和级别 III 的填埋物。表 1.4 中给出了可填埋废弃物的标准。从 1999 年开始，废物进行填埋处理的比例逐年递减。填埋处理场的数量在 1999 年为 562 个，到了 2000 年减少到 333 个，一些未达标准的填埋场被封闭。2004 年，共有 72 座焚烧设施和 66 座 MBT（机械填埋）设施进行一般废物的处理，年处理能力分别达到了 1630 万 t 和 550 万 t，合计 2180 万 t。加上 2007 年规划建设的处理设施，合计年处理量可达 2860 万 t。

表 1.4　德国废弃物填埋处理标准[7]

| | 项目 | 级别 I | 级别 II | MBT |
|---|---|---|---|---|
| 亲油性有机物/% 浸出实验① | 强热减量/% | 3 | 5 | <18（干燥质量） |
| | 有机物含量（TOC）/% | 1 | 3 | |

续表

| 项目 | | 级别 I | 级别 II | MBT |
|---|---|---|---|---|
| | 有机物含量(TOC)/% | 0.40 | 0.80 | <0.8(干燥质量) |
| | pH | 5.5~13.0 | 5.5~13.0 | 5.5~13.0 |
| | 电导率/(μS/cm) | 10000 | 50000 | 50000 |
| | DOC/(mg/L) | 50 | 80 | 300 |
| | 苯酚/(mg/L) | 0.2 | 50 | 50 |
| | 砷/(mg/L) | 0.2 | 0.2 | 0.5 |
| | 铅/(mg/L) | 0.2 | 1.0 | 1.0 |
| | 铬/(mg/L) | 0.05 | 0.10 | 0.10 |
| | 六价铬/(mg/L) | 0.05 | 0.10 | 0.10 |
| | 铜/(mg/L) | 1 | 5 | 5 |
| | 镍/(mg/L) | 0.2 | 1.0 | 1.0 |
| 亲油性有机物/% 浸出实验[①] | 汞/(mg/L) | 0.005 | 0.020 | 0.020 |
| | 锌/(mg/L) | 2 | 5 | 5 |
| | 氟化物/(mg/L) | 5 | 15 | 25 |
| | 氨氮/(mg/L) | 4 | 200 | 200 |
| | 氰化物/(mg/L) | 0.1 | 0.5 | 0.5 |
| | 有机卤化物/(mg/L) | 0.3 | 1.5 | 1.5 |
| | 钡/(mg/L) | 5 | 10 | |
| | 铬/(mg/L) | 0.3 | 1.0 | |
| | 钼/(mg/L) | 0.3 | 1.0 | |
| | 锑/(mg/L) | 0.03 | 0.07 | |
| | 硒/(mg/L) | 0.03 | 0.05 | |
| | 氯化物/(mg/L) | 1500 | 1500 | |
| | 硫酸根/(mg/L) | 2000 | 2000 | |
| | 蒸馏残留物/% | 3 | 6 | 6 |
| 微生物分解性 | 耗氧量(AT4)[②]/(mg/g) | | | 5 |
| | 产沼量(GB21)[③]/(L/kg) | | | 20 |
| 发热量/(kJ/kg) | | | | 6000 |

注：①蒸馏水固液比为1∶10，24h振荡。
　　②4h内消耗氧气量。
　　③21d内产生的沼气量。实验温度保持在36℃，将50g试料加入500mL容器中，加入消化污泥50mL作为植种液，然后加水至300mL，测量21d内产生的沼气量。

# 1.3　垃圾焚烧技术及其发展

垃圾焚烧已经成为处理城市生活垃圾最直接有效的方法。垃圾焚烧技术从出现至今已经经过了一百多年的发展，技术也日趋成熟。1874年，英国制造出了世界上第一台垃圾焚烧炉。1885年，美国建造完成了处理生活垃圾的焚烧炉。这两台垃圾焚烧炉的出现标志着生活垃圾焚烧技术的兴起。在随后的20年间，德国汉堡和法国巴黎相继建立了垃圾焚烧厂，这是世界上最早的生活垃圾焚烧厂。受到当时技术的影响，垃圾焚烧过程对环境的二次污染极为严重，但正是这两座垃圾焚烧厂的出现，使垃圾焚烧技术成为垃圾处理的工程应用技术之一。

20 世纪初到 60 年代，垃圾焚烧技术得到了飞速发展。第一次世界大战过后，西方发达国家的经济得到飞速发展，居民生活水平普遍提高，垃圾焚烧技术再次发展起来。随着燃煤技术的发展，垃圾焚烧炉的工艺水平也得到了较大的提高。在欧洲、北美及日本等国家和地区都陆续建成了生活垃圾焚烧厂，其所用焚烧炉的炉排也由固定炉排变为机械炉排，机械通风逐步取代了自然通风。第二次世界大战以后，随着发达国家经济的发展，城市居民的生活水平有了进一步提高，垃圾中的可燃物和易燃物较以前有了极大改善，促进了垃圾焚烧技术的应用。20 世纪 60 年代，随着电子技术的不断发展，各种新型技术在垃圾焚烧炉上得以应用，垃圾焚烧炉的设计水平显著提高。但由于当时城市生活垃圾中可燃物比例仍然较少，以及对垃圾焚烧带来的环境问题的认识等因素，直到 20 世纪 70 年代以前，生活垃圾焚烧技术也并未真正得到大规模的应用。从 20 世纪 70 年代起，生活垃圾焚烧技术进入了发展最快的时期。西方发达国家和大多数中等发达国家都建设了不同规模、不同数量的垃圾焚烧厂，发展中国家也相继引进西方先进技术，建立了一定数量的垃圾焚烧厂。

垃圾焚烧炉作为垃圾焚烧厂的核心设备，其原理是利用高温氧化的方法处理生活垃圾。经过多年的发展，目前最具代表性的垃圾焚烧炉有 4 大类型：流化床焚烧炉、回转窑焚烧炉、炉排式焚烧炉和垃圾热解气化焚烧炉。其中，流化床焚烧炉的最大优点在于炉内燃烧完全，对环境的影响较小；但炉体本身对垃圾预处理要求很高，在生活垃圾处理方面应用较少。回转窑焚烧炉可以通过改变转速来影响炉内垃圾的停留时间，尤其针对水分变化范围较大、难以燃烧的垃圾非常适合，而且技术比较成熟；但处理量小、飞灰难以处理等缺点对其造成了很大的制约。垃圾热解气化是一种控制空气燃烧技术，该炉型在处理含水率高的垃圾时需要投入助燃剂，运行成本较高。炉排式焚烧炉技术成熟，其处理量大、对垃圾适应性强、运行稳定等特点使其得到了广泛应用。在我国，由于垃圾含水量高，热值较低，垃圾焚烧厂大多采用炉排式焚烧炉。下面按普及程度，对 3 种最具代表性的垃圾焚烧炉技术分别加以介绍。

1. 炉排式焚烧炉

在炉排式焚烧炉中，垃圾通过炉排片运动而进入炉内，在炉排上经历加热、干燥和燃烧最终转化为灰渣，如图 1.5 所示。在此过程中，烟气逸出床层进入炉膛，烟气中的可燃气体在炉膛内与氧气进一步反应，生成的水蒸气和 $CO_2$ 在尾部烟道换热冷却后，经烟道排出。垃圾在床层表面受到强烈的辐射加热后最先发生反应，然后逐渐向床层内部传递，逐层深入直到垃圾中可燃成分燃烬。根据垃圾在炉排上的变化特征，不同阶段发生的主要反应不同，床层垃圾温度也明显不同。炉排式焚烧炉的主要特点是：垃圾燃烧过程易于控制；处理量大，对组分没有严格要求，适合处理低热值、高水分的生活垃圾；热效率高，相比于流化床焚烧炉，所需空气量少；污染小，烟气携带飞灰量少，产生的炉渣体积小，炉渣中的有毒物质高度浓缩，易于处理。

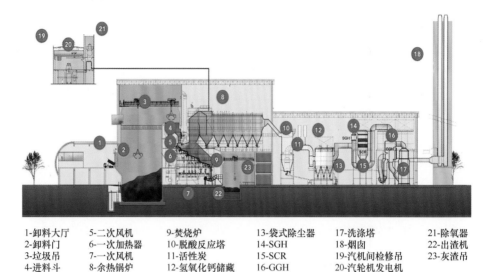

| | | | | |
|---|---|---|---|---|
| 1-卸料大厅 | 5-二次风机 | 9-焚烧炉 | 13-袋式除尘器 | 17-洗涤塔 | 21-除氧器 |
| 2-卸料门 | 6-一次加热器 | 10-脱酸反应塔 | 14-SGH | 18-烟囱 | 22-出渣机 |
| 3-垃圾吊 | 7-一次风机 | 11-活性炭 | 15-SCR | 19-汽机间检修吊 | 23-灰渣吊 |
| 4-进料斗 | 8-余热锅炉 | 12-氢氧化钙储藏 | 16-GGH | 20-汽轮机发电机 | |

图 1.5    炉排式焚烧炉

## 2. 流化床焚烧炉

流化床焚烧炉(图 1.6)底部安装有布风板,布风板上铺一定厚度的床料,一般为石英砂。先将床料加热至 600℃以上,从布风板通入 200℃以上的空气。垃圾颗粒加入以后和床料在炉内流化混合,快速升温并剧烈燃烧。灰渣落到床层底部后经过水冷装置排出。流化床具有设备成本低、运行稳定、燃烧充分、使用寿命长等优点。因此,我国早期使用流化床焚烧炉较多。但由于流化床焚烧炉对垃圾组分要求更高,垃圾必须先预处理才能入炉,因此增加了运营成本;此外,流化床焚烧炉产生的飞灰量大,容易产生二噁英等污染物。综上,流化床焚烧炉更适合用来处理工业固体垃圾。

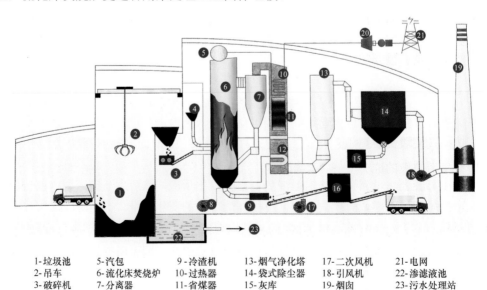

| | | | | |
|---|---|---|---|---|
| 1-垃圾池 | 5-汽包 | 9-冷渣机 | 13-烟气净化塔 | 17-二次风机 | 21-电网 |
| 2-吊车 | 6-流化床焚烧炉 | 10-过热器 | 14-袋式除尘器 | 18-引风机 | 22-渗滤液池 |
| 3-破碎机 | 7-分离器 | 11-省煤器 | 15-灰库 | 19-烟囱 | 23-污水处理站 |
| 4-煤炭 | 8-一次风机 | 12-空预器 | 16-渣库 | 20-汽轮发电机 | |

图 1.6    流化床焚烧炉

3. 回转窑焚烧炉

回转窑焚烧炉是一种滚筒型焚烧炉,炉体的转动会带动垃圾连续翻滚,如图 1.7 所示。垃圾从上部进料口移动到尾部的过程中,与空气充分混合完全燃烧,炉渣最终从尾部排出。回转窑焚烧炉是一种成熟的焚烧方式,主要应用在丹麦、瑞士等国家。回转窑焚烧炉结构相对简单,燃料适应性强,但其存在很多缺点:不适合高水分、低热值垃圾,处理量小,飞灰产生量大,占地面积大,经济性不高等。目前该炉型多用于处理危险废弃物等高危害高热值垃圾[8]。

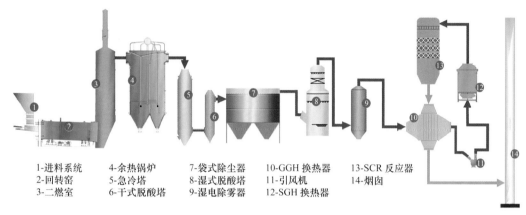

1-进料系统　4-余热锅炉　7-袋式除尘器　10-GGH 换热器　13-SCR 反应器
2-回转窑　5-急冷塔　8-湿式脱酸塔　11-引风机　14-烟囱
3-二燃室　6-干式脱酸塔　9-湿电除雾器　12-SGH 换热器

图 1.7　回转窑焚烧炉

上述 3 种垃圾焚烧炉中,炉排式焚烧炉是开发最早、也是在全世界范围内最常用的垃圾焚烧炉炉型。大多数发达国家中,炉排式焚烧炉使用占比都在 80%以上。我国有 15%的垃圾焚烧炉采用流化床技术。随着我国环境保护要求的提高,垃圾焚烧炉不仅要实现废物的减容减量无害化处理,还要追求更低的排放和更高的热效率,这就给焚烧炉的设计和工厂的运营带来了更大的挑战。炉排式焚烧炉作为垃圾无害化处理的重要方式,在所有炉型中使用占比日益增加,是我国新建垃圾焚烧厂中的主要炉型。因此,对炉排式焚烧炉进行更深入的研究具有重要的应用价值。

## 1.4　炉排式垃圾焚烧炉

### 1.4.1　炉排式垃圾焚烧炉的工作原理

城市生活垃圾的成分多变,在不同地域受到自然条件、经济水平等因素的影响表现出或大或小的差别。垃圾在炉排上的焚烧过程如图 1.8 所示,垃圾进入移动的床层后,先后发生干燥、热解、焦炭燃烧 3 个子过程,热解过程中产生的挥发分有少部分在床层内燃烧,大部分在炉排上方与氧气混合燃烧形成火焰。在实际燃烧过程中,这 3 个子过程相互影响,单个或多个过程同时发生,不同子过程间没有明显的界线。为了研究方便,一般人为地将垃圾在床层上的燃烧过程分为干燥、脱挥发分和焦炭燃烧 3 个独立的过程。同时,根据垃圾在炉排上不同阶段燃烧特性的不同,将炉排划分为与其对应的干燥段、燃烧段和燃烬段。

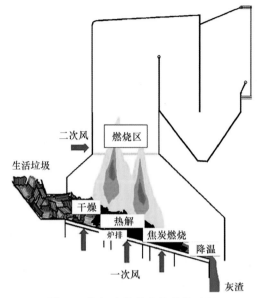

图 1.8    垃圾在炉排上的焚烧过程

干燥段是垃圾进入焚烧炉后最先经历的阶段。垃圾在床层上部的辐射作用和一次风的预热作用下升温干燥,干燥过程中会吸收大量热能。随着温度升高,水分蒸发速度加快。我国城市生活垃圾的含水率一般在 30%~40%,甚至更高。垃圾的含水率越高,干燥消耗的时间就越多,会直接影响炉温水平,导致后续燃烧过程滞后,甚至会产生着火困难、垃圾烧不透、灰渣中含碳量高等问题。

燃烧段是挥发分释放和部分焦炭氧化的阶段。垃圾中的水分在干燥段不断蒸发,床层温度从表面开始升高,升高到一定程度后,表面的垃圾率先脱挥发分并着火燃烧。下层垃圾中的挥发分在上层高温的作用下释放,释放出的可燃性气体与氧气混合后继续燃烧,进而加热床层,促使下层垃圾燃烧,燃烧区深度不断增加,直到床层底部。床层中没有来得及燃烧的可燃气体会逸出到炉膛中进一步燃烧。由于床层温度迅速升高,床层中的部分焦炭发生氧化,但焦炭的氧化受到氧气供应的限制,一般在挥发分完全释放并燃烧后才明显发生。燃烧段对氧气的需求量最大,因此一次风在该段的配比一般是最大的。在增加氧气供应的同时,还可以增加床层的扰动,促使燃烧更加充分地完成。

燃烬段主要是指垃圾中剩余的焦炭氧化过程。一般情况下,燃烬段上的垃圾中只剩下部分焦炭和炉渣,对氧气的需求较少,该段配风量相比燃烧段明显降低。燃烬段床层温度较低,焦炭燃烧速度不高。为尽量保证垃圾中可燃物燃烬,降低灰渣的灼减率,焦炭在炉排上应有足够的停留时间。

从三段炉排的床层中释放的烟气不同程度地包含一定的可燃物,这些可燃物随着烟气在炉膛中上升的过程中与氧气混合消耗一部分。上升到二次风口处,高速二次风的喷入带进来更多氧气,并增强了炉膛中的扰动。烟气中的可燃物在经过二次风口后绝大部分被氧化,剩余烟气经过后续烟道排出炉膛。

#### 1.4.2 焚烧炉燃烧优化与计算流体力学应用

焚烧炉入炉垃圾热值适应性、烟气污染物控制、长周期安全稳定运行等是焚烧炉燃烧优化的关键因素,而计算流体力学作为计算机辅助分析工具,是低成本实现焚烧优化的主要分析方法。

##### 1. 适应入炉垃圾热值变化

我国从 20 世纪 90 年代以后陆续引进了国外一些炉排式垃圾焚烧炉技术,用于城市生活垃圾的无害化处理,并获得了良好的社会和经济效益。但是,由于我国垃圾具有水分高、热值低且波动大和成分复杂(未分选)等特点,引进的焚烧炉"水土不服",不能完全适应我国的垃圾情况,存在设计不合理、焚烧控制不理想等方面的问题。因此,要实现垃圾焚烧炉平稳高效运行,必须考虑适应入炉垃圾的热值变化。

截至 2019 年底,中国建成并运营的生活垃圾焚烧发电厂约 530 座,其中采用炉排炉的焚烧发电厂占 85%。一方面,我国城市生活垃圾热值基本呈北低南高、西低东高的分布趋势;另一方面,我国经济快速发展,工业水平日益提高,生活垃圾厨余类比例呈下降趋势,可燃成分含量逐年增加,生活垃圾热值逐年提高,且工业较为发达的地区其生活垃圾热值相应较高。垃圾热值升高将对垃圾焚烧发电行业产生较大影响,因此考察某地区垃圾焚烧项目时应充分考虑当地的生活垃圾热值,以及生活垃圾热值变化对垃圾焚烧炉设计及长周期稳定运行的影响。

龙吉生[8]以近 20 年来中国不同地区有代表性的 92 座采用机械炉排炉的垃圾焚烧发电厂为对象,对各座焚烧厂的发电量数据进行统计,分析了焚烧厂运行时间、地理位置及单台焚烧炉规模等因素对焚烧厂吨垃圾发电量的影响。研究结果表明,随着焚烧厂运行时间的增加,吨垃圾发电量呈上升趋势;南方省份吨垃圾发电量高于北方省份,东西部地区数据无明显差异;吨垃圾发电量随焚烧炉规模的增大而升高。因此,垃圾焚烧厂在设计和运行过程中需重点考虑地理位置、垃圾成分变化趋势对垃圾热值的影响。

##### 2. 减少二噁英和有害气体排放

垃圾焚烧过程中有大量有害物质产生,包括粉尘、重金属、二噁英类污染物、硫氧化物及氮氧化物等。这些有害物质随着烟气经由焚烧炉尾部排入环境,如不对其进行相应的处理,不仅会造成环境的严重污染,同时也将对人和其他生物产生巨大的危害。

二噁英是一种对人体有高毒性的物质,产生于生活垃圾焚烧的过程。为了减少二噁英的生成,一般要保证炉膛及二烟道出口位置的烟气温度不低于 850℃,烟气在炉内的停留时间不小于 2s,二烟道出口 $O_2$ 浓度不低于 6%。

氮氧化物作为焚烧炉烟气的重要成分,其对大气环境的破坏和人体健康的危害非常严重。焚烧炉内排出的 $NO_x$ 以 NO、$NO_2$、$N_2O$、$N_2O_3$ 等稳定形态存在于大气中,其中污染物以 NO 和 $NO_2$ 为主。

$NO_x$ 排放进入大气,会对臭氧层造成破坏。随着氮氧化物排放量的增加,大气外层臭氧的含量会逐渐降低,紫外线大量穿过大气直接到达地球表面,会对人和其他动物产生严重的影响，引起皮肤及一些其他疾病。此外，大量的紫外线照射对生态系统的损害也十分严重。氮氧化物进入大气中，能够吸收光线并将光线射散，在日光照射下，能够与空气中的光化学氧化剂、颗粒物发生一系列复杂的光化学反应，形成光化学烟雾。光化学烟雾的出现不仅使能见度降低，同时具有强烈的刺激性和腐蚀性，尤其会对人的眼睛及呼吸系统造成严重损害。在一些经济发达地区，由于 $NO_x$ 排放超标，已经出现了光化学烟雾现象，严重威胁了人们的健康，同时对经济发展造成影响。

除了光化学烟雾外，$NO_x$ 与空气中的水蒸气结合形成的酸雨危害同样严重。研究表明，大量氮氧化物的排放是酸雨的主要来源。酸雨不仅使建筑物等发生腐蚀，还会使水源和土壤酸化，破坏植物根系，其还是引起温室效应的原因之一。

空气中氮氧化物的存在会对人体健康产生严重影响，导致许多疾病的发生。例如，无色无味的 NO 与 CO 有着类似的性质，当其进入人体后极易与人体血液中的血红蛋白结合，破坏血红蛋白，导致人体缺氧；$NO_2$ 较 NO 毒性更为强烈，对人体的呼吸系统及眼睛等有着很强的刺激性。

目前，全球每年向大气中排放的 $NO_x$ 总量约 $7.5 \times 10^7$ t，其中由燃烧过程产生的占绝大部分。鉴于氮氧化物危害的严重性，世界各国均建立了相应的排放指标，燃烧过程产生的烟气必须经过处理达标后才能排放。在我国，《生活垃圾焚烧污染控制标准》(GB 18485—2014)规定在干气体 11% $O_2$ 条件下，每小时平均排放量不超过 $300mg/Nm^3$[9]。国际上的排放标准更为严格，EU 2000/76/EC 标准中规定：$NO_x$ 的排放不得超过每小时平均 $200mg/Nm^3$，目前我国的一些一线大城市也采用欧盟排放标准[10](表 1.5)。

表 1.5　生活垃圾焚烧炉排放烟气中污染物限值

| 序号 | 污染物名 | 单位 | GB 18485—2014[9] 限值 | | EU 2000/76/EEC[10] 限值 |
| --- | --- | --- | --- | --- | --- |
| | | | 1h 均值 | 24h 均值 | 24h 均值 |
| 1 | 颗粒物 | mg/Nm$^3$ | 30 | 20 | 10 |
| 2 | $NO_x$ | mg/Nm$^3$ | 300 | 250 | 200 |
| 3 | $SO_2$ | mg/Nm$^3$ | 100 | 80 | 50 |
| 4 | HCl | mg/Nm$^3$ | 60 | 50 | 10 |
| 5 | Hg | mg/Nm$^3$ | 0.05(测定均值) | | 0.05 |
| 6 | Cd+Tl | mg/Nm$^3$ | 0.1(测定均值) | | 0.05 |
| 7 | 其他重金属 | mg/Nm$^3$ | 1.0(测定均值) | | 0.5 |
| 8 | 二噁英类 | ngTEQ/Nm$^3$ | 0.1(测定均值) | | 0.1 |
| 9 | CO | mg/Nm$^3$ | 100 | 80 | 50 |

垃圾焚烧炉脱硝技术主要可以分为炉内脱硝和烟气脱硝两种。其中，炉内脱硝是指利用分级送氧、烟气循环降低燃烧温度、控制氧浓度等措施控制 $NO_x$ 生成；烟气脱硝是指利用脱硝剂(氨水或尿素溶液)对 $NO_x$ 的反应或吸收性能，去除烟气中的 $NO_x$。目前采用的脱硝工艺原理主要以选择性催化还原(selective catalytic reduction，SCR)或选择性非催化还原(selective non-catalytic reduction，SNCR)为主。此外，SNCR 或 SCR 与低 $NO_x$ 燃烧技术联用的脱硝技术也得到了较好地应用与发展。

SNCR 是一种较为成熟的 $NO_x$ 控制处理技术，它是在没有催化剂存在的条件下，利用还原剂将烟气中的 $NO_x$ 还原为无害的氮气和水。其具体方法是首先将含 $NH_3$ 的还原剂喷入炉膛温度为 850～1100℃的区域，在高温下，还原剂迅速热分解成 $NH_3$ 并与烟气中的 $NO_x$ 进行还原反应，生成 $N_2$ 和 $H_2O$。该方法以炉膛为反应器，温度控制是关键。因为建设周期短、项目投入资金少、脱硝效率中等，所以 SNCR 适用于我国中小锅炉，也是垃圾焚烧炉脱硝的首选技术。SNCR 系统简单、系统投资小、阻力小、系统占地面积小，如果设计合理，脱硝效率将达 40%～60%。影响 SNCR 系统性能设计和运行的主要因素如下。

(1)反应温度范围。

温度对 SNCR 还原反应的影响最大。当温度高于 1000℃时，$NO_x$ 的去除率由于 $NH_3$ 的热分解而降低；当温度低于 1000℃以下时，$NH_3$ 的反应速率下降，还原反应进行得不充分，$NO_x$ 去除率下降，同时氨气的逸出量也可能增加。因此，$NO_x$ 的还原反应发生在一定的温度范围内，即 SNCR 存在最佳反应温度窗口。以氨为还原剂时，最佳反应温度窗口为 870～1100℃；以尿素为还原剂时，最佳反应温度窗口为 900～1150℃。

(2)最佳温度区的停留时间。

停留时间是指还原剂在化学反应区，即炉膛上部和对流区存在的总时间。当还原剂离开炉膛前，SNCR 系统必须完成如下所有过程：

①喷入的还原剂与烟气混合；

②水蒸发；

③还原剂分解成 $NH_3$；

④$NH_3$ 再分解成 $NH_2$ 和自由基等；

⑤$NO_x$ 发生还原反应。

增加停留时间，化学反应进行得较完全，$NO_x$ 的脱除效率提高。若反应窗口温度较低，那么为获得相同的 $NO_x$ 去除率，需要有较长的停留时间。还原剂在最佳温度窗口的停留时间越长，则去除 $NO_x$ 的效果越好。最佳温度区的停留时间在 0.001～10s 范围内波动，但为获得较好的 $NO_x$ 去除率，要求最低停留时间为 0.5s。停留时间的大小取决于锅炉气路的尺寸和烟气流经锅炉气路的气速。这些设计参数取决于如何使锅炉在最优化的条件下操作，而不是 SNCR 系统在最优化的条件下操作。因此，实际操作的停留时间一般不是最优的 SNCR 停留时间。

(3)喷入的还原剂与烟气的混合程度。

为使还原反应发生，还原剂必须被分散，并与烟气均匀混合。如果混合得不好，会导致 $NO_x$ 还原效率降低。混合程度取决于锅炉的形状和气流通过过路的方式。还原剂的混合由喷入系统完成，喷嘴可控制喷射角度、速度和方向，将还原剂喷成液沫。为使氨或尿素溶液均匀分散，还原剂被专门设计的喷嘴雾化成具有最佳尺寸和分布的液滴。蒸发时间及其喷射轨迹是其液滴直径的函数。大的液滴具有大的动量且透入烟气流更远，但它要求的挥发时间较长，需要的停留时间长。混合不均匀将导致脱硝效率下降，增加喷入液滴的动量、增多喷嘴的数量、增加喷入区的数量和对喷嘴进行优化设计可以提高还原剂和烟气的混合程度。

(4)喷入的还原剂与 $NO_x$ 的物质的量比。

为达到一定的 $NO_x$ 去除率，需添加的还原剂用量由归一化物质的量比(NSR)来决定，可用下式表述：

NSR=还原剂与入口 $NO_x$ 的实际物质的量比/还原剂与入口 $NO_x$ 的化学计量物质的量比

还原剂利用率、NSR 和 $NO_x$ 去除率之间的关系如下：

$$还原剂利用率=NO_x 去除率/NSR$$

根据 $NO_x$ 和还原剂的反应式,理论上,用 1mol 的尿素和 2mol 的氨可去除 2mol 的 $NO_x$。而实际上，喷入锅炉烟气中的还原剂要比此值高，这是由复杂的还原反应及混合不均匀等因素所致。典型的 NSR 值一般为 0.5～3。

(5)氨的逃逸量。

喷入高 NSR 值的还原剂能提高 $NO_x$ 去除率，但氨的逃逸量也会相应增加。除此以外，锅炉运行期的温度波动也能使氨逃逸量增多。由于 SNCR 系统无催化反应，即使在 $15mg/Nm^3$ 的氨逃逸量下，在燃烧相同含硫燃料时，$SO_3$ 的生成量与 SCR 在 $3mg/Nm^3$ 氨逃逸下的生成量相等。一般来说，SNCR 系统控制氨逃逸量在 $5～100mg/Nm^3$ 范围内。

烟气中的氨具有很多负效应。当氨大于等于 $5mg/Nm^3$ 时具有可察觉的臭味，大于等于 $25mg/Nm^3$ 时会对人体健康有害。当燃料中含氯化物时，氨会与之发生反应，生成 $NH_4Cl$，引起烟囱烟羽能见度问题；当燃烧含硫时，氨会与之发生反应，生成 $NH_4HSO_4$ 和 $(NH_4)_2SO_4$，这些硫酸盐会沉积、堵塞和腐蚀锅炉尾部设备，如空气预热器、烟道、风机等。最后，焚烧炉副产物飞灰成分也会受到氨的影响。

### 3. 降低灰渣热灼减率，控制炉内结焦、积灰和受热面磨损腐蚀

灰渣热灼减率体现了垃圾的燃烬程度，减小灰渣热灼减率能提高焚烧炉热效率及焚烧减容量。灰渣热灼减率的值取决于炉内的燃烧状态和温度水平，可以通过调整炉排长度、改善垃圾品质及优化配风来降低。

炉内结焦、积灰会降低传热效率，同时带来安全隐患。为此，焚烧厂每年都需要多次停炉检修，对经济效益造成巨大影响。严格控制炉膛温度和优化炉膛结构是减少结焦和积灰现象的重要手段。

### 4. 计算流体力学的应用

计算流体力学(CFD)是一种先进的计算机辅助工具，能模拟垃圾焚烧炉内的流动、燃烧与传热传质过程。CFD 能够降低人力、物力和时间成本；能够监测焚烧炉中所有位置的燃烧情况；能够快速改变实验条件，研究多参数对燃烧情况的影响；能够对新想法快速验证，促进垃圾焚烧技术的进步和革新。因此，CFD 已经成为焚烧炉结构设计、优化和保证其稳定运行的重要手段。

垃圾焚烧炉炉膛"三场"(流场、温度场及浓度场)的分布是判断几何和工艺参数设计合理性的重要指标。在实际情况中，不同品质垃圾的组成和热值差异较大，且垃圾焚烧炉体积庞大，测试环境恶劣，获得较为准确的垃圾床层燃烧的烟气的相关数据是极其困难的。利用 CFD 模拟方法不仅可以了解垃圾焚烧炉炉内燃烧状况，还能为垃圾焚烧炉

炉体设计、炉内运行状况改善提供足够的实验数据，从而为垃圾焚烧炉在实际运行中提供可靠解决方案。

垃圾焚烧炉炉膛"三场"是影响 SNCR 系统的主要因素，在 SNCR 系统的设计与优化中，通常需要详细了解炉内的温度分布及流场分布情况。若要达到高的脱硝效率，必须对其工艺参数进行组合优化。应用 CFD 辅助的数值实验，研究操作条件和工艺参数对 $NO_x$ 脱除效率的影响，优化设计垃圾焚烧炉 SNCR 方案，并进行了工程应用。

CFD 模拟也是协助降低灰渣热灼减率、分析炉膛结焦原因和防止受热面高温腐蚀的重要手段。针对存在着火位置滞后、垃圾"烧不透"、残炭含量较高等问题的垃圾焚烧炉，通过降低炉拱高度、增加挡板等措施对炉拱结构进行优化设计。针对焚烧炉炉拱存在的结焦现象，改变焚烧炉燃烧室结构，模拟炉内燃烧过程，分析温度分布和流场分布对结焦的影响。

# 参 考 文 献

[1] 李晓东, 陆胜勇, 徐旭, 等. 中国部分城市生活垃圾热值的分析[J]. 中国环境科学, 2001, 21(2): 156-160.

[2] 黄昌付. 深圳市生活垃圾理化组分的统计学研究 [D]. 武汉: 华中科技大学, 2012.

[3] 王桂琴, 张红玉, 王典, 等. 北京市城区生活垃圾组成及特性分析[J]. 环境工程, 2018, 36(4): 132-136.

[4] 程炬, 董晓丹. 上海市生活垃圾理化特性浅析[J]. 环境卫生工程, 2017, 25(4): 36-40.

[5] 王延涛, 曹阳. 我国城市生活垃圾焚烧发电厂垃圾热值分析[J]. 环境卫生工程, 2019, 27(5): 41-44.

[6] Zhang D Q, Tan S K, Gersberg R M. Municipal solid waste management in China: Status, problems and challenges[J]. Journal of Environmental Management, 2010,91(8):1623-1633.

[7] 龙吉生, 梁怡侃, 张志坤, 等. 德国填埋场相关标准及废物处理动向[J]. 环境卫生工程, 2009, 17(3): 36-42.

[8] 龙吉生. 生活垃圾焚烧发电厂发电量变化趋势分析[J]. 环境卫生工程, 2020, 28(1): 30-34.

[9] 中华人民共和国环境保护部, 国家质量监督检验检疫总局. 生活垃圾焚烧污染控制标准: GB 18485—2014[S]. 北京: 中国环境科学出版社.

[10] Union T C O T E. Directive 2000/76/EC of the European Parliament and of the Council of 4 December 2000 on the incineration of waste[Z]. 2000.

# 第2章 垃圾焚烧过程的计算流体力学

## 2.1 垃圾焚烧过程的模拟进展

对炉排式垃圾焚烧炉的 CFD 模拟,传统方法是将炉排和炉膛两部分分别开展模拟,反复迭代至收敛,获得全炉焚烧模拟结果[1-5],该过程如图 2.1 所示。先假定一个炉膛辐射,以此为边界条件对床层燃烧进行模拟,获得炉排燃烧气体的温度和浓度。以床层表面的烟气特性分布作为上部炉膛模拟的入口边界条件;以上部炉膛内可燃气体气相燃烧的火焰温度能得到新的炉膛辐射;使用新的炉膛辐射作为床层的热边界,重新计算床层燃烧。重复上述过程,直到相邻两次迭代过程中的辐射强度没有明显变化,判断结果收敛,迭代完成。

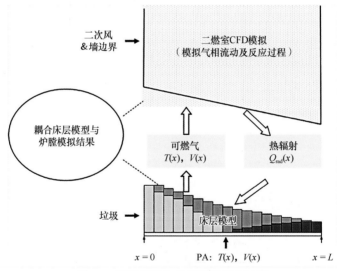

图 2.1 床层焚烧与炉膛燃烧耦合过程

PA-一次风;$T(x)$-温度;$V(x)$-速度;$L$-长度

### 2.1.1 炉排模拟研究进展

垃圾床层燃烧是密相气固两相反应过程,垃圾成分和尺寸波动大,垃圾在燃烧的同时还在炉排上不断运动,故不完全等同于固定床。因此,炉排模拟的主要困难在于对垃圾颗粒的热转化过程和气固两相流动的模拟。虽然众多研究报道了床层燃烧模拟的研究工作,但目前尚没有商业软件针对床层燃烧提供成熟的计算模型。

早在 1970 年,Essenhigh 和 Kuo[6]等曾尝试对垃圾焚烧炉中的燃烧过程进行模拟,首次将燃烧分为两个不同的区域:床层固体区和床层上部区,针对两个过程的燃烧速率建立了数学模型，提出了炉排式垃圾燃烧的基本模型，为后续的研究奠定了基础。

Goh 等[7]对床层中的垃圾混合过程进行了研究，经过大量实验后发现，垃圾在床层中并非均匀分布，故在混合模型中引入随机变量来模拟垃圾混合过程中的不确定性。模型中的混合过程与垃圾的位置和床层长度等参数相互独立，对 3 种常见的炉排上的颗粒运动进行了定量研究，实验结果与模拟结果基本一致。

Peters 等[8, 9]总结了移动床中气固两相控制方程，基于统计学方法，提出了定量化描述炉排上床层颗粒混合过程的方法。具体地，采用离散元方法（discrete element method，DEM）描述颗粒在床层中的运动，将床层看作由若干个具有黏性和弹性的颗粒组成，其中每个颗粒的运动取决于其所受到的力和扭矩，由此可以获取颗粒速度和路径的详细信息。针对床层中的混合和分离过程，使用基于颗粒的运动速度和运动轨迹两种方法来评估：基于速度的方法类似于流体动力学中对湍流的描述，假设颗粒在某个位置的运动速度可以被分解成一个平均分量和一个波动分量，其中波动分量代表对局部混合程度的度量；基于轨迹的方法是通过颗粒在床层中位置的变化来描述混合强度的，颗粒在竖直方向上的位置变化会产生一定程度的竖直混合。如图 2.2 所示，颗粒 $i$ 在时间 $t$ 的位置可以用 $(x_i(t)，y_i(t))$ 来表示，填充床的高度可以用 $h(x_i，t)$ 来表示，使用颗粒 $i$ 的位置与床层顶部的距离相对于床层高度的变化衡量混合强度的大小。模拟结果显示，两种方法得到的混合强度基本一致，并且发现垂直方向的混合更为剧烈。但两种方法中，基于颗粒运动轨迹的方法更精确和实用，该方法通过无量纲参数将混合过程与颗粒位置变化进行了关联，位置变化被看作混合过程更直接的体现，更接近混合过程的物理机制。

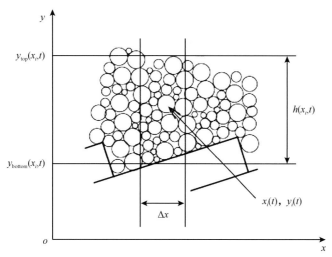

图 2.2 基于颗粒运动轨迹的方法描述混合过程

文献报道的关于预测床层气固两相燃烧的大量模型大致可以归纳成两种[10]：一种是基于颗粒相具有流体性质假设的双流体模型，另一种是基于分子动力学模拟垃圾颗粒的离散元模型。

### 1. 双流体模型

双流体模型是基于欧拉框架实现的，它对颗粒相进行了简化，假定所有颗粒都是相同的，忽略了单个颗粒具有的特征，直径和密度等使用总体平均值表示。该模型将颗粒群看作一种流体，求解气固两相控制方程。颗粒间的碰撞表征较为复杂，通过类比气体分子动力学理论，使用固相的动量方程中的黏性和法向应力张量模拟[11]。双流体模型计算量相对较小，可用于大型工业装置的模拟。

Shin 和 Choi[12]提出了模拟床层燃烧的一维模型，如图 2.3 所示。垃圾在炉排上主要受到辐射和一次风的影响，在床层中产生的差异主要体现在竖直方向上，并且炉排运动速度相比于反应速度可忽略不计。因此，认为床层内垃圾的性质，如温度和组分等，相比于竖直方向，在水平方向的较小尺寸范围内变化不大，因而可以忽略水平方向的传热和传质过程，将炉排上的垃圾焚烧过程简化为一维瞬态模型表示。垃圾在竖直方向上经历的干燥、热解、燃烧等过程按照时间顺序投影展开在炉排长度上，即可模拟炉排上的垃圾焚烧过程。

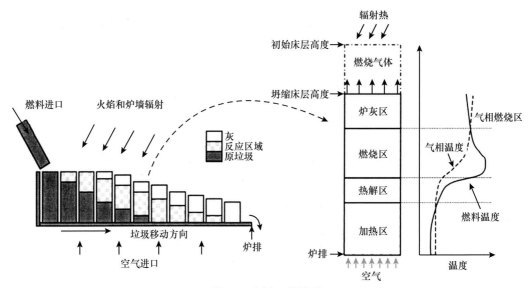

图 2.3　床层一维模型

床层内的反应过程被分成气固两相分别研究，气固两相通过能量传递和质量交换相互影响。如图 2.4 所示，热量包括对流 $Q_{conv}$、固相中的水分蒸发热 $Q_{evap}$、焦炭燃烧热 $Q_{char}$、气相中的挥发分燃烧热 $Q_{vol}$ 及 CO 燃烧热 $Q_{CO}$；质量主要包括固相中的水分 $M_{moist}$、木料物质 $M_{wood}$、焦炭 $M_{char}$，气相中的挥发分 $M_{vol}$、水蒸气 $M_{H_2O}$、CO $M_{CO}$、$O_2$ $M_{O_2}$ 和 $CO_2$ $M_{CO_2}$。图 2.4 中，来自炉排的一次风进入控制单元中发生一系列反应，从而完成物质和能量交换，最后离开控制单元。控制单元只能与上方或者下方紧邻的控制体进行能量或者物质传递。作者使用该模型对 3 种供风条件进行了模拟，模拟结果与实验结果吻合良好。当供气速率低时，反应速率由供氧量控制；当空气供应增加时，火焰传播速度增加，但是火焰的传播速度受到燃料反应速度的限制。过量的空气会冷却床层并使火焰熄灭。

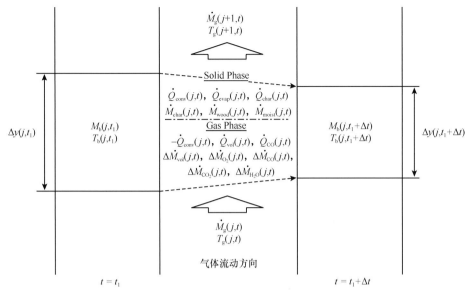

图 2.4　一维模型物质和能量交换

下标 g 和 b 分别表示气体和固体床层

Kær[13]等基于与 Shin 和 Choi[12]类似的 walking-column 方法，考虑固相和气相的热传递，开发了一维瞬态燃烧模型。该模型使用 250 个网格，计算 1000 个时间步长，模拟结果在一定的风温和空气流量的情况下与实验结果基本吻合。作者还对不同空气温度和流量的燃烧模式进行了比较，发现燃烧模式改变时模拟结果与实验结果差异较大。

van der Lans 等[14]建立了二维床层模型，模型可预测点火温度、火焰迁移速度、床层温度和气体分布。经过与实验室固定床数据结果对比，模型可以很好地预测秸秆在床层内发生的主要过程。但模型并未对焦炭的燃烧做出详细的描述。Zhou 等[15]在 van der Lans 的模型基础上开发了一维瞬态非均质床层燃烧模型，描述了化学反应机理和火焰前沿结构的详细信息，并考虑了气固两相温差的影响。作者使用固定床实验结果对模型进行验证，发现有效热导率、秸秆的热容量和秸秆堆积条件对固定床中的秸秆燃烧行为有重要影响。

Hermansson 和 Thunman[16]开发了床层焦炭颗粒二维燃烧模型，研究床层中的收缩现象，结果认为床层颗粒的运动是在多个时间和空间尺度发生的。如图 2.5 所示，固定床转化过程中的时空尺度可以分为以下 3 类：①与气流相关的尺度；②与燃料颗粒相关的尺度；③与由炉排运动或者燃料颗粒消耗引起的床层颗粒的整体运动相关的尺度。第一类尺度最小，其时间尺度小于 1s，空间尺度小于颗粒之间的距离，因此颗粒的质量、几何形状和性质在此基本不变；随着燃料颗粒进一步被消耗，颗粒间距离增大，时空尺度与第二类相当；当距离增大到某种程度时，会导致床层坍塌，颗粒大量移动，转变为第三类尺度。如果将上述过程在同一框架下处理计算，要达到计算第一类情况的精度，考虑最小的时间和空间尺度，将消耗非常大的计算机资源。

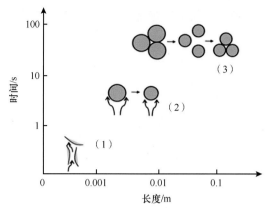

图 2.5　固定床转化过程中的时空尺度

(1)气流尺度；(2)颗粒尺度；(3)多颗粒尺度

　　Hermansson 和 Thunman 还提出使用多个子模型分别在不同的时空尺度下模拟床层燃烧，这样既能捕捉到较小尺度下的气流和颗粒运动，又能高效计算整个床层多颗粒的运动和转化过程。在这些模型中，当计算气相的一个时间步长时，颗粒级尺度的燃料相保持恒定，在计算下一时间步长之前进行更新。该模型仅针对焦炭的燃烧过程，认为收缩是由光滑的颗粒变化(小尺度)和多颗粒孔隙率增长引起的不连续床层坍塌(大尺度)组合而成的。作者使用以上模型研究了床层内部或者边壁附近的孔隙波动对转化率分布的影响，研究结果表明，最大孔隙率与床层平均孔隙率相差一个标准差的通道产生的床层结构变化，会在炉排表面和床层较高处引起燃烧强度的不均匀。

　　Gómez 等[17]建立了模拟大颗粒燃烧的三维瞬态燃烧模型，使用固相焓、局部固含率、局部干垃圾密度、局部水分密度、局部焦炭密度和局部灰密度 6 个标量对固相建模，通过这些量的变化，定义垃圾所处状态和燃烧阶段。该作者还详细介绍了通过生物质多孔结构的气固相的传热、物质的扩散及气固两相反应。模型通过整个网格中的质量和能量通量变化模拟整个床层在转换过程中收缩[18]。将模型应用于 2cm×3cm 的大颗粒，在温度分布、气体排放、床层坍塌等方面模拟结果与实验结果基本一致。

　　Karim 和 Naser[19]对 4MW 的工业往复式炉排床层燃烧建立了三维瞬态模型，模型包括垃圾颗粒转化、化学反应、能量传递及床层移动等多个子模型，使用 Fortran 将这些子模型编入商业程序 AVL Fire 中，对有限体积法的离散方程求解。经现场数据验证，模型成功预测了燃料转化过程及相应的排放水平。Karim 等[20, 21]使用该模型研究了不同燃料在不同运行状况下的燃烧情况，并采用实验结果加以验证，发现火焰迁移速度与空气流量密切相关，除此之外还受到空气氧浓度和水分含量的影响。另外，对循环烟气的研究还发现，提高 $O_2$ 浓度能提高火焰温度，提高 $CO_2$ 浓度可以提高焦炭燃烧速率。

　　Gómez 等[18]还提出了床层压实模型。颗粒在燃烧过程中体积会减少，从而导致床层高度降低。该模型与 Hermanson 和 Thunman[16]提出的床层坍塌模型相比存在两个方面的不同：①对颗粒运动的考虑，如图 2.6 所示，该模型不会使床层体积直接收缩，而是通过把处在较高网格上的颗粒转移到较低处的网格上，实现网格之间质量和体积的交换进而进行分组。②Hermanson 和 Thunman 的模型中只考虑了焦炭的变化，而没有考虑其他组分变化的影响；而 Gómez 等不仅考虑了焦炭的变化，还考虑了水分和挥发分的变化。

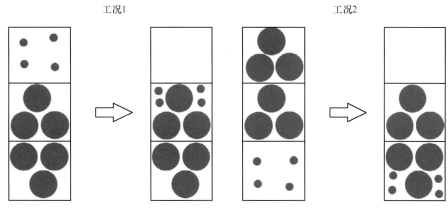

图 2.6　床层收缩

Yang 等[22]对垃圾焚烧过程进行了更详细和定量化的论述，描述了床层固相和气相的质量、动量和能量控制方程，介绍了焚烧过程的相关子模型及四通量辐射模型。作者提出床层中挥发分的燃烧速率受反应动力学与挥发分和氧气混合速率的共同约束，以及相关方程计算紧邻床层表面区域的混合。Yang 基于该模型开发了炉排燃烧二维瞬态计算软件 FLIC(fluid dynamic incinerator code)，它将床层和上部空间分成若干个单元，气固两相关于流动、传热和燃烧的输运方程离散化后在每个单元上进行计算，然后在整个计算域内迭代求解。模型计算可以得到气相温度、固相温度、垃圾组分、气体组分等结果，能有效地监控和分析床层水分蒸发、挥发分释放和焦炭燃烧的速率。床层中的通道阻止了可燃气体和空气的混合，由于床层中存在通道效应，因此模拟过程会变得更加复杂。作者将 FLIC 模拟结果与实验结果进行对比后发现，如果不考虑通道效应，床层总质量损失模拟与实验相吻合，但床层温度和气体成分则存在较为明显的差异。考虑通道效应后，模拟结果更加接近实验值。Yang 等[23]发现挥发分释放速率对着火时间、峰值火焰温度、床顶部的 CO 和 $H_2$ 排放及在最后阶段燃烧的焦炭比例(仅燃烧焦炭)有显著影响。增加一次空气流量，挥发物的释放和焦炭的燃烧会增强，直到临界点后，燃烧会随一次空气的进一步增加而减弱[24]。垃圾中水分含量的增加会在低一次风流量情况下使床层产生更高的火焰温度[25]。

Ismail 等[26]建立了三维瞬态燃烧模型，该模型考虑了气固两相流动和两相反应，其中气相湍流通过 $k$-$\varepsilon$ 模型模拟，固相运动通过颗粒动力学理论模拟，两相反应由阿伦尼乌斯反应速率和涡耗散(eddy-dissipation，ED)扩散速率共同控制。能量守恒方程用于计算相内的热传导、气固相之间的热交换及黏性耗散。该模型可以判别气固两相和混合现象，分析影响床层燃烧的参数。与实验对照后发现，该模型比 FLIC 更加贴近实验值。

Sun 等[27-29]在 Ismail 三维模型的基础上开发了二维计算模型，并对垃圾中的水分含量、颗粒大小及灰分含量变化产生的影响进行了研究。研究表明，当水分含量高时，垃圾会消耗大量的热量，蒸发过程会占用大量的时间(全过程的 2/3)，致使燃烧过程减少。当粒径减小时，床层堆密度增加，导致对流传热及燃烧速度降低；当粒径过大时，高温区域的温度会降低，这是由于床层堆积密度降低和孔隙率过度增加造成的。另外，CO 和 $CO_2$ 的平均排放浓度会随粒径的增大而逐渐降低。随着灰分含量的增加，床层燃烧速率降低，引起焦炭颗粒脱离床层而无法完全燃烧，导致可燃物损失，降低燃烧效率且增加燃烧时间。

Collazo 等[30]开发了固定床三维瞬态燃烧模型，将床层气固燃烧和炉膛气相燃烧模拟直接耦合。作者做出了如下假设：①忽略固相燃烧时的运动；②只有在焦炭燃烧时颗粒体积才会减小；③当温度达到某一值后，水分才开始蒸发，达到一定温度之后一部分用来干燥，剩余的用来加热颗粒；④固相产生的气体形成后立即进入气相；⑤离开固相的气体会阻碍氧气与颗粒表面接触，直到热解完后才发生两相燃烧等。模型中的床层被看作多孔介质，固相最初是均质且具有燃料性质。考虑颗粒形状的影响，每个单元的局部属性根据该单元的组成和几何形状进行计算。定义 5 个标量：固含率、水分密度、干垃圾密度、焦炭密度和固相温度，以追踪固相演变过程。模型设定当颗粒尺寸小于 15mm 时，颗粒内温度分布均匀，否则存在温度梯度。作者使用该模型对实验室的固定床进行了模拟，与实验结果基本一致。但是，由于模型对床层颗粒运动做了简化，因此该模型对炉排上运动垃圾的模拟效果有待验证。

Wurzenberger 等[31]在一维瞬态模型的基础上提出了"双一维"模型。模型中的一个"一维"是指从宏观角度出发，使用 Shin 和 Choi[12]中的一维瞬态模型计算床层燃烧。在这些模型中，颗粒都被认为足够小，因而整个颗粒都是等温的。另一个"一维"是指从微观角度出发，如图 2.7 所示，考虑单个颗粒内部的梯度，在每一个离散化的网格中选择一个颗粒作为代表，在颗粒的径向方向上进行离散化。在干燥和热解过程中，床层颗粒尺寸保持不变。在焦炭氧化过程中，床层颗粒会不断减小。如果颗粒完全被消耗，就可能出现孔隙率为 100%的网格。

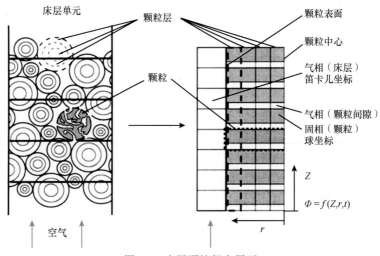

图 2.7　床层颗粒径向展开

$\Phi$-转化率；$Z$-高度；$r$-半径；$t$-时间

### 2. 离散元模型

离散元模型是基于拉格朗日框架实现的，每个颗粒的运动都由经典牛顿力学和散料力学约束。离散元法能够预测每个颗粒的速度、旋转情况及运动轨迹，因此可用来研究整体中单个颗粒的属性及颗粒对整体的影响。由于每个颗粒的运动情况都需要计算，因此相对于双流体模型，离散元模型的计算开销较大，使大型工业装置的模拟计算成本太高甚至难以实现。

Mehrabian 等[32]使用 Euler 模型模拟床层中的气相流动与反应，使用离散相模型(discrete phase model，DPM)模拟床层中颗粒的热转化过程。作者将床层视为一定数量的代表性颗粒的集合，使用 Lagrangian 方法追踪填充床中颗粒的运动，用 DPM 干燥和热解模型描述水蒸气和挥发分的释放速率，并考虑颗粒和气体的相对速度对气固反应速率的影响。作者使用 Ansys Fluent 将这两个模型结合起来，将颗粒相的模拟速度场存储在用户定义存储(user defined memory，UDM)中。这些数据通过用户自定义函数(user defined function，UDF)传递在 DPM 中计算的颗粒速度。该模型模拟 KWB 炉排炉结果显示，床层表面的颗粒、烟气温度变化及燃料转化阶段的模拟结果与填充床上的观测结果基本一致。该模型可以获得颗粒相关参数的影响，更好地预测床层中的物质和能量分布，也可模拟颗粒间的碰撞；其不足是没有考虑颗粒内存在的温度梯度的影响。

单个颗粒的转化过程通常用两种模型表示。第一种是针对包含大量颗粒的系统的计算，假设颗粒尺寸较小，颗粒内部温度一致。随着温度升高，床层发生干燥、热解和燃烧过程，这些过程从颗粒表面到中心的转移是根据经验确定的。第二种较复杂，颗粒被切分成很多单元，颗粒内发生的热转化过程是经过计算得出的。模型通常只进行一维求解[31]，主要针对平面、圆柱体或者球体等几何形状。第一种方法在于计算较快，但对颗粒模型过于简化；第二种方法更为准确，但是计算更为耗时，难以在大型系统中实现。

Peters[33]和 Bruch 等[34]认为床层是由有限数量不同大小和性质的颗粒组成的，颗粒集合包含颗粒及颗粒间的间隙，通过求解一组一维瞬态气固相的能量和质量守恒方程来求解粒子内部的温度和气体种类。开展单颗粒实验对模型进行评估，得出在一定的粒径和温度范围内，床层实验和模拟结果有良好的一致性。

Kita 等[35]提出了基于初始颗粒形状的形状因子，模拟不同形状颗粒表面对于热量和质量传递的影响。颗粒转化过程取决于颗粒内部发生的反应，颗粒尺寸会在转化过程中发生变化。Thunman 等[36]提出了一种简化方法，他们通过将粒子离散化为湿可燃物、干可燃物、焦炭和灰渣 4 个计算层次来计算颗粒内部的温度梯度、挥发分的释放、收缩和膨胀，每个层次的发展是时间的函数。实验证明，该简化过程对准确性没有明显影响。Porteiro 等[37, 38]试图描述生物质颗粒的热解过程。作者使用 Thunman 的一维颗粒模型处理圆柱颗粒，考虑干燥、热解、燃烧、物质扩散、对流传热等过程建立焚烧模型，使用文献中的实验数据进行了模型验证，但作者没有验证燃烧条件下模型对温度的预测结果。

Lu 等[39]提出了一个综合模型，模型以球体、圆柱和平板 3 种基本形状表征颗粒，通过修改颗粒长宽比、体积和表面积等几何信息，就能模拟任何形状的颗粒。实验证明，3 种基本形状颗粒的模拟结果与实验数据相吻合。当颗粒尺寸过大时，模拟结果与实验相差变大，实验中的大颗粒反应时间比等温模型预测的要慢。颗粒中的成分和温度梯度会影响温度上升和燃烧速率。Lu 等[40]使用上述模型研究了颗粒形状和大小对热解的影响，发现颗粒形状和尺寸都会影响产物分布。相对于在类似条件下具有相同质量的非球形颗粒，近球形颗粒表现出较低的挥发性和较高的焦油产率。

Mehrabian 等[41]提出了一维层模型模拟典型颗粒(球形和圆柱形)内的热转化过程。如图 2.8 所示,颗粒被分为 4 层,每一层密度恒定。各层之间的边界与干燥、热解和焦炭燃烧的反应前沿有关。

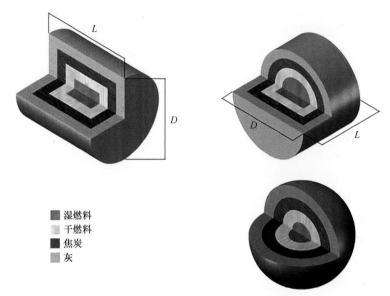

图 2.8　层模型中圆柱形和球形的分层结构

$D$ 和 $L$ 分别表示圆柱颗粒的直径和长度

■ 湿燃料
■ 干燃料
■ 焦炭
■ 灰

Mehrabian 等[42]还建立了床层三维瞬态模型,求解了气固两相及其相互作用的控制方程,集成了生物质燃烧的子模型。使用一维层模型模拟颗粒内的温度梯度和热转化过程。利用实验室规模的固定床实验,测量床层上方的气相组分($CO$、$CO_2$、$CH_4$、$H_2$、$H_2O$ 和 $O_2$)、床层和上方不同高度的温度分布及传播速率,对模型性能进行了广泛验证,模拟结果与测量值吻合良好。

### 2.1.2　炉膛模拟现状

炉膛燃烧只涉及气相反应过程,而气相燃烧的模拟是较为成熟的领域,因此炉膛模拟一般使用现有的商业软件(如 Ansys Fluent)通过其内置的控制方程和模型直接计算就能获得较好的结果。国内外也有很多学者对此进行了研究,主要工作集中在通过炉膛模拟研究运行参数和炉膛结构对燃烧情况及污染物控制等方面的影响。

马晓茜等[43]对 450t/d 的马丁炉进行了模拟,研究了一次风各风室的风量配比对燃烧的影响。研究发现,炉膛温度和烟气组分对各风室送风比例的变化较为敏感,而炉渣中剩余的焦炭含量则没有太大变化,模拟结果与实际数据较为吻合。刘国辉等[44]以 7t/h 的马丁炉为研究对象,对垃圾富氧燃烧特征进行了研究,研究表明随着氧含量的增加,垃圾的燃烧温度会随之增加。在富氧气氛中,垃圾床层高温燃烧区温度比在空气中高约 100K。一次风中的氧含量提高还会加速水分蒸发,使燃烧区前移,减少灰渣中的焦炭含量,降低过量空气系数,减少烟气排放量。

黄昕等[45]对 750t/d 的炉排式焚烧炉建模,研究了二次风对炉膛燃烧情况的影响。研究结果显示，无二次风时，烟气中有较多可燃物并伴有二噁英等污染物的产生。通过优化二次风系统布置，可以有效增加炉膛湍动，延长烟气停留时间，能促进可燃组分和污染物的燃烧。刘瑞媚等[46]研究发现，二次风的交错布置能加强炉膛湍动，改善燃烧，减少出口烟气中 CO 的含量。赖志燊等[47]对 250t/d 的垃圾焚烧炉进行模拟，研究了前、后拱和二次风对燃烧的影响。研究发现，前拱能够充分利用热辐射，在前拱处的二次风能够起到"气障"的作用，减轻垃圾进口出现回火问题；后拱温度较高，产生的热辐射对垃圾干燥、热解、稳定燃烧及污染物控制等方面有至关重要的影响。李秋华等[48]模拟 500t/d 的垃圾焚烧，发现原焚烧炉结构会导致垃圾干燥不充分、着火位置偏后等问题。通过使用在炉内增加挡板或者降低后拱高度等结构优化方案增强了炉膛辐射，从而加快了干燥速度，使高温燃烧区前移，增强了燃烧效果，提高了垃圾处理量，增加挡板或者降低后拱高度两种方案共同使用效果更为显著。

　　垃圾焚烧炉中脱硝过程的模拟是作者所在课题组的长期研究领域。李坚等[49]发现焚烧炉二次风喷嘴角度相互交叉时，炉膛内温度场分布更均匀；二次风交叉送风相比于平行送风，使前后墙喷嘴脱硝效率分别提高 4.8%和 19.7%。Xia 等[50]以 750t/d 的炉排炉为对象研究喷射位置、喷射速度及化学计量比对 SNCR 性能的影响。研究结果表明，喷射位置会很大程度地影响 SNCR 性能；当化学计量比为 1.5 时，脱硝效率较高。

## 2.2　垃圾燃烧化学物理模型

　　尽管垃圾成分复杂，但一般认为垃圾由水分、挥发分、焦炭和灰 4 种组分构成。垃圾颗粒的燃烧过程如图 2.9 所示，垃圾颗粒进入床层后被加热升温，先后经历水分蒸发、脱挥发分、焦炭氧化的过程，最后颗粒组分中只剩下灰。

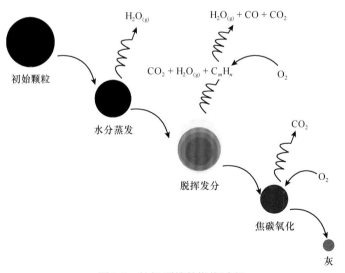

图 2.9　垃圾颗粒的燃烧过程

　　一方面，垃圾在床层内受一次风加热是一个固定床反应器，另一方面，垃圾热转化的气体产物离开床层后，在床层上方是一个典型的扩散火焰燃烧室。采用 CFD 方法，模拟垃圾焚烧过程中伴随的物理和化学过程，需要建立各个子过程的数学物理模型，模拟两个反应器。主要包括以下化学物理过程：

(1)固体垃圾颗粒的加热和干燥过程。

(2)垃圾的热分解及其与垃圾种类、颗粒尺寸、加热速率、温度等的关系。

(3)残炭的反应，包括内部和外部的氧化剂的扩散过程。

(4)垃圾在床层运动和反应的耦合。

(5)炉膛内可燃气体的气相燃烧与湍流流场的耦合。

(6)火焰辐射及其与壁面和床层表面的耦合。

本章通过对上述数学模拟的概述，让读者理解垃圾焚烧的基本原理、垃圾的基本反应及其颗粒流动特性、气体的反应与湍流流动的关系。

### 2.2.1 垃圾干燥

垃圾入炉时水分含量很高，一般占垃圾质量的 50%以上，其中包括外在水和内在水。外在水可以通过物理加热而蒸发，一般认为垃圾水分一旦达到对应分压的饱和温度，如果持续提供水分蒸发所需汽化潜热，即会完全蒸发；内在水是吸附在分子中的以结晶水的形式存在的，除了汽化潜热外，还需要提供水分子解析所需热量。

床层底部的颗粒干燥所需热量主要是通过一次风的对流换热来实现的，床层表面垃圾的干燥则是通过吸收炉膛火焰辐射完成的，但更多的位于床层中间的垃圾，既接受来自一次风的对流换热影响，也接受来自床层表面高温颗粒的导热。因此，在模拟垃圾颗粒干燥速率时，需要考虑导热、对流、辐射吸热与水分加热和气化吸热的平衡。另外，垃圾内部的水分蒸发还是一个传质过程，垃圾的干燥速度受垃圾本身的物理性质，特别是垃圾形状和尺寸的影响。

水分蒸发的过程可以采用 3 种不同的模型模拟：阿伦尼乌斯动力学模型、等温模型和平衡模型，分别解释如下。

#### 1. 阿伦尼乌斯动力学模型

阿伦尼乌斯动力学模型假设水分蒸发是一个一级化学反应，即

$$水分 \xrightarrow{k_{evap}} 水蒸气$$

$$k_{evap} = A_{evap} \exp(E_{evap} / RT_s) \tag{2.1}$$

$$R_{evap} = k_{evap} \rho_w \tag{2.2}$$

式中，$R_{evap}$ 为水的蒸发速率，$kg/(m^3 \cdot s)$；指前因子 $A_{evap}$ 和活化能 $E_{evap}$ 取值可参考生物质，分别取 $5.13 \times 10^6 s^{-1}$ 和 88kJ/mol[51]。

#### 2. 等温模型

等温模型假定垃圾达到蒸发温度(通常为 100℃)后开始蒸发，高于此温度后垃圾吸收的热量将全部用于蒸发。显然，该模型既不考虑水分的存在形式，也不考虑其在垃圾内部的扩散速度，表示为

$$R_{evap} = \begin{cases} \dfrac{x_{H_2O}(T_s - T_{evap})\rho_w c_{p,w}}{H_{evap}\delta t} & T_s \geqslant 100\text{℃} \\ 0 & T_s < 100\text{℃} \end{cases} \tag{2.3}$$

式中，$x_{H_2O}$ 为水的初始质量分数；$H_{evap}$ 为水的气化潜热，约为 2260kJ/kmol；$T_s$ 为颗粒温度，K；$T_{evap}$ 为蒸发温度，K；$\rho_w$ 为固相密度，kg/m³；$c_{p,w}$ 为床层颗粒的比热容，kJ/(kg·K)；$\delta t$ 为积分时间步长，s。

3. 平衡模型

平衡模型是基于水和蒸气的热力学平衡而建立起来的，认为蒸发速率与颗粒内部汽态蒸汽分压及颗粒表面液态水的浓度都有关系，这特别适合解释低温干燥的情形。平衡模型受传热速率和传质速率的双重控制。当颗粒温度低于水蒸气的沸点时，水的蒸发过程主要扩散控制。蒸发速率受传热和传质速率的共同影响。

$$R_{evap} = \begin{cases} \dfrac{Q_{cr}}{H_{evap}} & T_s \geqslant 100\text{℃} \\ S_p h_m (C_{w,s} - C_{w,g}) & T_s < 100\text{℃} \end{cases} \tag{2.4}$$

式中，$S_p$ 为颗粒表面积；$h_m$ 为气固相间传质系数，m/s；$C_{w,s}$ 和 $C_{w,g}$ 分别为液态水和水蒸气的质量浓度，kg/m³；$Q_{cr}$ 为颗粒表面对流和辐射热通量，W。

$Q_{cr}$ 按下式计算：

$$Q_{cr} = S_p h_c (T_g - T_s) + \varepsilon_s \sigma_b S_p (T_{env}^4 - T_s^4) \tag{2.5}$$

式中，$h_c$ 为对流换热系数，W/(m²·K)；$T_g$ 为气体温度，K；$T_{env}$ 为环境气体温度，K。

水蒸气的传质系数为

$$h_m = \frac{3.66 D_{eff,H_2O}}{d_{pore}} \tag{2.6}$$

$$D_{eff,H_2O} = \exp\left(-9.9 - \frac{4300}{T} + 9.8 Y_w\right) \tag{2.7}$$

式中，$D_{eff,H_2O}$ 为等效扩散系数；$d_{pore}$ 为内孔直径，m。

上述平衡模型假定蒸发温度随水的质量分数变化，计算精度较高，但编程比较麻烦。更一般地，将垃圾的水分蒸发模拟为受两步机制控制。当温度低于饱和温度时，蒸发速率取决于传质速率；当温度高于饱和温度时，蒸发速率取决于表面温度与饱和温度的温差。

当 $T_s < 100\text{℃}$ 时：

$$R_{evap} = \frac{h_w}{6 d_s}(C_{w,s} - C_{w,g}) \tag{2.8}$$

$$h_w = \frac{D_{H_2O}(2.0 + 1.1 Re_p^{0.6} Pr^{1/3})}{d_s} \tag{2.9}$$

当 $T_s \geqslant 100\text{℃}$ 时：

$$R_{\text{evap}} = \frac{x_{\text{H}_2\text{O}}(T_s - T_{\text{evap}})\rho_{\text{w}} c_{\text{p,w}}}{H_{\text{evap}}\delta t} \tag{2.10}$$

式中，$D_{\text{H}_2\text{O}}$ 为水的扩散系数；$d_s$ 为颗粒直径，m；$C_{\text{w,s}}$ 为颗粒内部饱和水蒸气浓度，$\text{kg/m}^3$；$C_{\text{w,g}}$ 为气相中的水蒸气浓度，$\text{kg/m}^3$；$h_{\text{w}}$ 为对流换热系数；$Re_{\text{p}}^{0.6}$ 为颗粒雷诺数；$Pr^{1/3}$ 为普朗特数；其他参数含义与等温模型相同。

### 2.2.2　垃圾脱挥发分

垃圾脱挥发分(热解)产生可燃性气体和焦炭，是垃圾焚烧的关键步骤。脱挥发分模型包括挥发分的组成成分和释放速率两个方面。毫无疑问，挥发分的成分与原生垃圾的来源和组成直接相关，因此至今还没有垃圾热解释放的挥发分的通用模型。就其固体燃料的属性而言，垃圾的热解特性与煤有一定的相似性，对煤的热解特性的研究已经有很多。目前普遍认为，煤热解析出挥发分、焦油的产量、成分与颗粒大小、加热速率、加热温度等条件有关。

Azam 等[52]采用热重分析法(thermogravimetric analysis，TGA)研究了煤、城市生活垃圾(municipal solid waste，MSW)和垃圾衍生燃料(refuse derived fuel，RDF)的燃烧及反应动力学特性，参考表 2.1。

表 2.1　3 种样品的工业分析和元素分析

| 样品 | 工业分析(空干基) | | | | |
| --- | --- | --- | --- | --- | --- |
|  | 水分/% | 挥发分/% | 灰分/% | 固定碳/% | 高位发热量/(kJ/kg) |
| MSW | 3.3 | 79.7 | 9.1 | 7.2 | 15978 |
| RDF | 1.6 | 86.2 | 7.07 | 4.7 | 29429 |
| 煤 | 1.84 | 38.8 | 31.7 | 27.53 | 30362 |

| 样品 | 元素分析(干燥无灰基) | | | | |
| --- | --- | --- | --- | --- | --- |
|  | C/% | H/% | O/% | N/% | S/% |
| MSW | 63.6 | 8.1 | 27.1 | 0.4 | 0.11 |
| RDF | 66.9 | 8.7 | 23.8 | 0.32 | 0.14 |
| 煤 | 80.7 | 3.6 | 9.6 | 1.02 | 5.05 |

图 2.10 和图 2.11 分别表示 3 种样品在不同加热速率下的热失重(thermogravimetry，TG)和失重速率(DTG)曲线。由图 2.10 和图 2.11 可知，因为 3 种样品中的水分和固定碳都不高，所以水分蒸发段和焦炭燃烬段都不明显。同时，在升温速率为 10～40℃/min 条件下，加热速率对失重量影响也不明显，但提高加热速率，会使失重开始和结束温度均提高。观察失重速率曲线可知，煤的燃烧速率比 MSW 和 RDF 慢得多，且煤的热分解只有一个宽峰，对应煤中碳氢化合物分解而析出挥发分。MSW 的热解 329℃和 474℃出现两个峰，而 RDF 的两个峰出现在 367℃和 427℃，出现两个峰反映了样品的不均匀性或多组分特性。例如，MSW 中的纤维素、半纤维素和塑料等易燃成分可能是低温燃烧的主因，而木质素的分解和燃烧发生在较高温度。

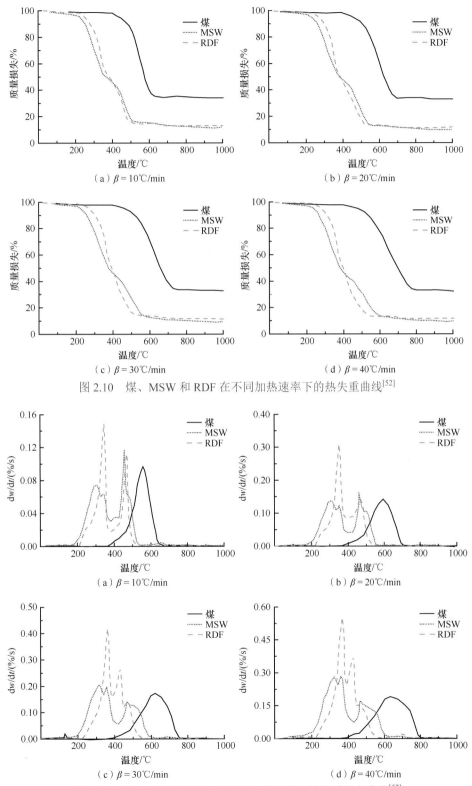

图 2.10　煤、MSW 和 RDF 在不同加热速率下的热失重曲线[52]

图 2.11　煤、MSW 和 RDF 在不同加热速率下的失重速率曲线[52]

进一步分析可知，MSW 和 RDF 的燃烧温度集中在 180~540℃，而煤发生在 396~630℃，这与煤的挥发分含量低和灰分含量高有关。以升温速率 10℃/min 为例，MSW 和 RDF 的着火温度分别为 220℃和 236℃，但煤的着火温度高达 443℃，说明 MSW 最易着火。同条件下的燃烬温度差别也很大，MSW 和 RDF 的燃烬温度分别为 560℃和 554℃，煤的燃烬温度高达 713℃。

另外，MSW 大多来源于厨余，其组成更接近生物质，可燃分也与生物质相近。根据这一特点，研究 MSW 的热解特性可参考生物质热解的研究。前人分析生物质的热解特性，发现生物质的产量对热解条件更为敏感。由于生物质含氧量高，热解焦油产量更高，成分也更加复杂，因此用定量描述生物质热解过程似乎更为棘手。

Di Blasi[53]对生物质热解模型进行了全面综述，将生物质热解模型分成 3 类：单组分一次反应模型、多组分一次反应模型、竞争反应模型。

下面介绍 3 种常用的挥发分析出速率模型。

### 1. 单组分一次反应模型

单组分一次反应模型假定挥发分通过单一反应步骤以混合气体析出，同时假定不同气体析出速率相同，且只和垃圾中剩余的挥发分与温度相关，析出速率采用阿伦尼乌斯形式的单反应动力学模型：

$$\text{垃圾可燃分} \xrightarrow{k_v} \alpha \text{ 挥发分} + (1-\alpha) \text{残炭}$$
$$\text{挥发分} = \gamma_1 CO + \gamma_2 CO_2 + \gamma_3 H_2 + \gamma_4 CH_4 + \gamma_5 C_m H_n + \gamma_6 CH_x O_y (\text{焦油}) \tag{2.11}$$

$$\frac{d\rho_v}{dt} = k_v \exp(\rho_{v,\infty} - \rho_v) \tag{2.12}$$

$$k_v = A_v \exp(E_v / RT_s) \tag{2.13}$$

$$\rho_{v,\infty} = \rho_s Y_{vol} \tag{2.14}$$

式中，$A_v$ 为指前因子，$S^{-1}$；$E_v$ 为活化能，kJ/mol；$Y_{vol}$ 为挥发分的质量分数；$T_s$ 为温度，K。$A_v$ 和 $E_v$ 与加热速率和热解温度有关。

在较高温度下（约 1400K），$E_{evap} = 69~91$kJ/mol；在中温条件下（700~800K），$E_{evap} = 56~106$kJ/mol；在低温条件下（<700K），$E_{evap} = 125~174$kJ/mol。这些差异一方面来自对实验过程中颗粒真实温度的评估误差，另一方面可能是因为颗粒直径大小对二次反应速率的影响。

对于垃圾的热解，使用单组分一次反应模型，指前因子和活化能分别取经验值 3000s$^{-1}$ 和 69kJ/mol[54]。

### 2. 多组分一次反应模型

生物质热解的多组分一次反应模型基于生物质主要化学成分提出，生物质富含纤维素、半纤维素和木质素 3 种成分，它们的析出速率各不相同，记为

$$C_i \xrightarrow{k_i} V_i \quad k_i = A_i \exp(E_i / RT_s) \quad i = 1, \cdots, n \tag{2.15}$$

比较 3 种纯物质分解速率，发现半纤维素最容易分解，而木质素最稳定，如图 2.12 所

示。在 5℃/min 慢速升温条件下,半纤维素、纤维素和木质素的质量分数分别为 20%~30%、28%~38%、10%~15%,热分解的活化能分别为 100kJ/mol、236kJ/mol、46kJ/mol。

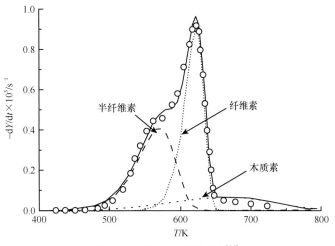

图 2.12　5℃/min 热解速率[55]

使用上述反应动力学参数时必须十分谨慎,因为单一实验条件获得的反应动力学数据并不一定通用。Grønli 等整理了 5~104℃/min 的多组热重分析实验数据(图 2.13),发现半纤维素和纤维素分解的两个峰间隔变小,纤维素的分解的活化能为 147kJ/mol,但半纤维素分解活化能增加到 193kJ/mol,木质素分解活化能增加到 181kJ/mol,前两种活化能与加热速率为 5℃/min 时基本一致,用多组数据推导的模型预测半纤维素减少,纤维素和木质素的含量提高。这些结果都进一步证明了定量描述生物质热解过程的难度。

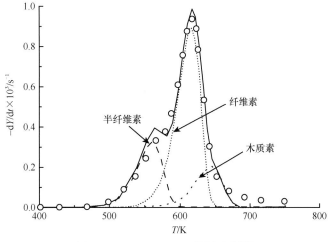

图 2.13　5~104℃/min 热解速率[55]

### 3. 竞争反应模型

多项研究支持生物质热解的竞争反应模型,该模型假定生物质热解生成挥发分、焦油和焦炭的过程同时发生且产量互相竞争,析出速率表示为

$$\frac{\mathrm{d}\rho_\mathrm{v}(t)}{\mathrm{d}t} = -\rho_\mathrm{dry,\,0} \sum_{i=1}^{3} A_i \exp\left(-\frac{E_i}{RT}\right) \tag{2.16}$$

使用该模型需要事先知道 3 组反应动力学数据,分别模拟挥发分、焦油和焦炭的生成速率。部分生物质热解对应的模型参数列于表 2.2 中。

表 2.2　部分生物质热解对应的模型参数

| 样品 | 产物速率 | 指前因子 $A$ | 活化能 $E$ |
|---|---|---|---|
| 木头[56] | 挥发分 | $1.3\times10^8$ | 140298 |
| | 焦油 | $2.2\times10^8$ | 133098 |
| | 焦炭 | $1.1\times10^7$ | 121401 |
| 松木[57] | 纤维素 | $2\times10^9$ | 146000 |
| | 半纤维素 | $7\times10^4$ | 83000 |
| 木屑[58] | 挥发分 | $111\times10^9$ | 177000 |
| | 焦油 | $9.28\times10^9$ | 149000 |
| | 焦炭 | $30.5\times10^9$ | 125000 |
| 生物质[59] | 挥发分 | 602 | 42500 |
| | 焦油 | — | — |
| | 焦炭 | 8000 | 130000 |
| 山毛榉[60] | 挥发分 | $1.3\times10^8$ | 140000 |
| | 焦油 | $2\times10^8$ | 133000 |
| | 焦炭 | $1.08\times10^7$ | 121000 |

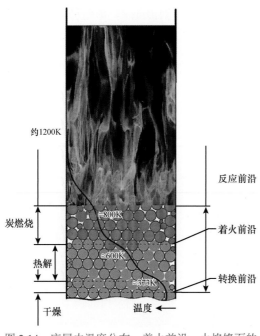

图 2.14　床层内温度分布、着火前沿、火焰锋面的相互关系[61]

### 2.2.3　挥发分燃烧

垃圾中的可燃性气体从床层中释放之后,首先与周围一次风混合。挥发分是否点火或燃烧取决于两个因素:温度和氧浓度。以往对固定床内着火特性的研究主要依赖实验,图 2.14 表示固定床从底部自下而上,垃圾干燥、热解、着火和燃烧的情况。如果燃烧空间的火焰温度高,床层内部颗粒会被点燃燃烧。火焰在床层内的传播速度为

$$u_\mathrm{s} = \sqrt{\frac{k_\mathrm{eff}(T_\mathrm{ad}-T_0)}{H_\mathrm{s}\rho_\mathrm{s}(1-\vartheta)t}} \tag{2.17}$$

式中,$k_\mathrm{eff}$ 为等效导热系数;$T_\mathrm{ad}$ 为绝热火焰温度,K;$T_0$ 为一次风温,K;$H_\mathrm{s}$ 为垃圾的低位发热量,kJ/kg;$\rho_\mathrm{s}$ 为垃圾比热,kJ/(kg·K);$\vartheta$ 为床层孔隙率;$t$ 为测量的时间间隔,s。

床层一旦被点燃,火焰就自床面向床层内部与一次风的方向反向传播。准确地预报床层内的着火前沿位置至关重要,因为它与床层内的挥发分燃烧直接相关。

床层内部温度高于挥发分的点火温度，则挥发分燃烧速率主要受混合速率控制：

$$R_{\text{mix}} = C_{\text{mix}} \rho_{\text{g}} \left\{ 150 \frac{D_{\text{g}}(1-\alpha_{\text{g}})^{2/3}}{d_{\text{s}}^2 \alpha_{\text{g}}} + 1.75 \frac{U_{\text{g}}(1-\alpha_{\text{g}})^{1/3}}{d_{\text{s}} \alpha_{\text{g}}} \right\} \times \min \left\{ \frac{C_{\text{fuel}}}{S_{\text{fuel}}}, \frac{C_{\text{O}_2}}{S_{\text{O}_2}} \right\} \tag{2.18}$$

式中，$R_{\text{mix}}$ 为气固混合速率，$kg/(m^3 \cdot s)$；$C_{\text{mix}}$ 为经验系数；$\rho_{\text{g}}$ 为气相密度，$kg/m^3$；$D_{\text{g}}$ 为气体质量扩散系数；$\alpha_{\text{g}}$ 为床层气含率；$U_{\text{g}}$ 为气体速度，$m/s$；$C_{\text{fuel}}$ 和 $C_{\text{O}_2}$ 分别为气相反应物和氧气对应的质量分数；$S_{\text{fuel}}$ 和 $S_{\text{O}_2}$ 分别为反应中气相反应物和氧气对应的化学计量系数；$d_{\text{s}}$ 为颗粒直径。

在床层上方的炉膛中，气相混合燃烧速率采用有限速率/涡耗散模型，其中反应速率由阿伦尼乌斯公式求得。

$C_mH_n$ 和 CO 的燃烧速率分别为

$$C_mH_n + \left( \frac{m}{2} + \frac{n}{4} \right) O_2 =\!=\!= mCO + \frac{n}{2} H_2O \tag{2.19}$$

$$R_{C_mH_n} = 2.345 \times 10^{12} \times \exp \left( -\frac{1.7 \times 10^5}{RT_{\text{g}}} \right) \times C_{C_mH_n}^{0.5} \times C_{O_2} \tag{2.20}$$

$$CO + \frac{1}{2} O_2 =\!=\!= CO_2 \tag{2.21}$$

$$R_{CO} = 2.239 \times 10^{12} \times \exp \left( -\frac{1.7 \times 10^5}{RT_{\text{g}}} \right) \times C_{CO} \times C_{O_2}^{0.25} \times C_{H_2O}^{0.5} \tag{2.22}$$

式中，$R_{C_mH_n}$ 和 $R_{CO}$ 分别为 $C_mH_n$ 和 CO 的燃烧速率，$kmol/(m^3 \cdot s)$；$C_{C_mH_n}$、$C_{CO}$、$C_{O_2}$、$C_{H_2O}$ 分别为 $C_mH_n$、CO、$O_2$ 和 $H_2O$ 对应的气体摩尔浓度，$kmol/m^3$。

### 2.2.4　焦炭着火与燃烧

人类的祖先使用固定床燃烧木材取暖和炊饭有漫长的历史，但是系统的研究固体燃料的燃烧特性却是近百年来煤炭大规模工业应用的结果，特别是在 20 世纪 70 年代发生的石油危机，使煤的燃烧学日趋成熟，其中绝大多数研究针对气流床煤粉燃烧或流化床内煤颗粒燃烧。近年来，使用炉排式焚烧炉处理城市生活垃圾的需求增加，对固定床内固体燃料的燃烧特性的研究受到重视。Peters[62] 分析了单个燃料颗粒的燃烧，气态氧化剂和燃烧产物在球坐标下的半径方向的传递方程表示为

$$\rho_{i,\text{g}} \frac{\partial Y_i}{\partial t} = \frac{1}{r^2} \frac{\partial}{\partial r} \left( D_{\text{p}} \rho_{i,\text{g}} r^2 \frac{\partial Y_i}{\partial r} \right) - \dot{\omega}_i \tag{2.23}$$

式中，$\dot{\omega}_i = k \rho_{\text{s}} Y_i$，$k$ 为化学反应速率常数；$r$ 为颗粒半径方向坐标。

进一步，对方程进行无量纲操作，得到：

$$\frac{l_{\text{p}}^2 \rho_{i,\text{g}}}{\tau_{\text{p}} D_{0,\text{p}}} \frac{\partial Y_i}{\partial \bar{t}} = \frac{\rho_{i,\text{g}}}{\bar{r}^2} \frac{\partial}{\partial \bar{r}} \left( \frac{D_{\text{p}}}{D_{0,\text{p}}} \bar{r}^2 \frac{\partial Y_i}{\partial \bar{r}} \right) - \frac{l_{\text{p}}^2 k \rho_{\text{s}}}{D_{0,\text{p}}} Y_i \tag{2.24}$$

引入颗粒傅里叶数 $Fo=\tau_p D_{0,p}/l_p^2$、西勒模数 $Th=k\rho_s l_p^2/\tau_p D_{0,p}$，得

$$\frac{\rho_{i,g}}{F_o}\frac{\partial Y_i}{\partial \bar{t}}=\frac{\rho_{i,g}}{\bar{r}^2}\frac{\partial}{\partial \bar{r}}\left(\frac{D_p}{D_0}\bar{r}^2\frac{\partial Y_i}{\partial \bar{r}}\right)-Th Y_i \tag{2.25}$$

式中，$\tau_p$ 为颗粒内部容积反应的特征时间或内孔扩散特征时间；$Y_i$ 为质量分数。

从以上方程得知，$Th$ 数大则表示反应很快，外部扩散提供的氧化剂在表面或靠近表面的外层迅速消耗，颗粒内部因缺少氧化剂而停滞，颗粒内部反应受内控扩散控制。此时，颗粒外层由于反应，其密度逐渐减少，颗粒中心的密度保持不变，称为收缩核反应模式。反过来，如果 $Th$ 数小，则表示内控扩散速率相对于反应速率而言很大，此时靠近表面的颗粒外层虽然也会消耗部分氧化剂，但由于反应慢，外部扩散提供的氧化剂还有足够的量扩散到达颗粒内部，供内层颗粒反应。此时，整个颗粒都参与反应，氧化剂自外向内逐渐下降，颗粒密度也由于反应自外向内逐渐下降，称为反应核模式。与收缩核反应模式对照，在反应核模式下，颗粒密度下降而颗粒直径不变，故称为等直径反应模式。

对于在固定床内的燃料颗粒，定义 $Pe=l\bar{v}/D$，其中 $l$ 为流场特征长度，$\bar{v}$ 为流速，$D$ 为气体扩散系数。直角坐标下的床层内气态氧化剂和燃烧产物传递方程为

$$\frac{\partial(\rho_g Y_{i,g})}{\partial t}+\nabla\cdot(\rho_g \vec{v}_g Y_{i,g})=\nabla\cdot(D_{i,g}\nabla Y_{i,g})+S_{Y_{i,g}} \tag{2.26}$$

式中，$S_{Y_{i,g}}$ 为源项；$D_{i,g}$ 为分子扩散系数。

对上述方程进行无量纲操作后，有以下两种情况。

(1) 当 $Pe\gg1$ 时，忽略分子扩散项：

$$\frac{l_B}{\tau_B \vec{v}_0}\frac{\partial(\rho_g Y_{i,g})}{\partial \bar{t}}+\nabla\cdot\left(\rho_g \frac{\vec{v}_g}{\vec{v}_0}Y_{i,g}\right)=\frac{S_{Y_{i,g}} l_B}{\vec{v}_0} \tag{2.27}$$

$$\frac{1}{Tho}\frac{\partial(\rho_g Y_{i,g})}{\partial \bar{t}}+\nabla\cdot\left(\rho_g \frac{\vec{v}_g}{\vec{v}_0}Y_{i,g}\right)=Da_{1,i} \tag{2.28}$$

式中，$Tho=\tau_B \vec{v}_0/l_B$，为汤姆逊系数；$Da_{1,i}=S_{Y_{i,g}} l_B/\vec{v}_0$，为一阶达姆科勒数。

(2) 当 $Pe\ll1$ 时，忽略对流迁移项：

$$\frac{l_B^2}{\tau_B D_0}\frac{\partial(\rho_g Y_{i,g})}{\partial \bar{t}}=\nabla\cdot\left(\frac{D_{i,g}}{D_{0,g}}\nabla Y_{i,g}\right)+\frac{S_{Y_{i,g}} l_B^2}{D_0} \tag{2.29}$$

$$\frac{1}{Fo}\frac{\partial(\rho_g Y_{i,g})}{\partial \bar{t}}=\nabla\cdot\left(\frac{D_{i,g}}{D_{0,g}}\nabla Y_{i,g}\right)+Da_{2,i} \tag{2.30}$$

式中，$Fo=\tau_B D_0/l_B^2$，为床层傅里叶数；$Da_{2,i}=S_{Y_{i,g}} l_B^2/D_0$，为二阶达姆科勒数。

即使 $Pe$ 数不同，上述无量纲方程都可以根据 $Da$ 的大小将床层颗粒的反应分为反应控制和扩散(对流扩散或分子扩散)控制两个区。如果 $Da<1$，则扩散速率很快，化学反应速率控制床层反应进程，称为均匀混合反应器。如果 $Da>1$，则反应速率很快，扩散速率控

制床层反应进程，称为过滤燃烧模式。此时床层上部颗粒具备反应所需氧化剂，反应前沿自上向下逐层传播，直到全部颗粒反应完成。

　　整理床层的两种燃烧方式与颗粒的两种燃烧模式，以 $Da=1$ 和 $Th=1$ 作为边界，得到图 2.15 所示的一级反应的固定床颗粒反应四分区模式。

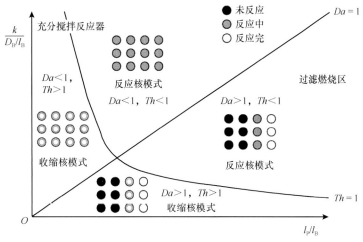

图 2.15　固定床固体颗粒反应模式分区[62]

$D_B$-反应速率；$l_B$-扩散速率；$l_P$-无因次颗粒尺寸

当 $Da=1$ 时：

$$\frac{k}{D_B / l_B} = \frac{\delta}{l_p} \frac{l_p}{l_B} \tag{2.31}$$

当 $Th=1$ 时：

$$\frac{k}{D_B / l_B} = \frac{D_p}{D_B} \frac{\delta}{l_p} \frac{l_B}{l_p} \tag{2.32}$$

　　当 $Da<1$ 时，在反应器尺度是均匀混合的；但在颗粒尺度，根据 $Th$ 数的大小又进一步可分为收缩核和反应核两种反应模式。同样地，当 $Da>1$ 时，在反应器尺度是过滤燃烧模式；在颗粒尺度，同样可根据 $Th$ 数的大小分为收缩核和反应核两种反应模式。

　　在实际的炉排式垃圾焚烧炉中，焦炭的燃烧模式与上述四分区模式有以下不同之处：

　　(1)受一次风加热、火焰辐射和挥发分燃烧放热的共同作用，床层内颗粒温度分布不均匀。

　　(2)一次风自下而上流动，床层挥发分和焦炭自上向下过滤燃烧，反应前沿的位置受传热、反应和流动扩散的共同作用。

　　因此，假设床层内焦炭反应为

$$C+O_2 \Longrightarrow CO_2 \tag{2.33}$$

限制焦炭氧化反应的步骤包括 3 个因素：

　　(1)碳与氧的化学反应速率。

　　(2)氧化剂在床层空隙中的扩散速率。

　　(3)氧化剂在焦炭孔隙内的扩散速率。

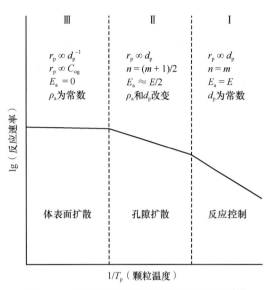

图 2.16  焦炭的非均相反应速率控制分区[63]

Smith[63]把焦炭的氧化速率控制情况总结成 3 个区，如图 2.16 所示。在低温下或者大颗粒下，反应发生在 I 区，化学反应速率决定焦炭的氧化速率，焦炭与氧化剂均匀混合，反应速率与直径成正比，对应图 2.15 中 $Da<1$、$Th<1$ 的情况；随着床层温度提高，化学反应速率加快，氧化剂在焦炭表层迅速消耗，内控扩散速率决定焦炭的氧化速率，反应级数 $n$ 与本征反应级数 $m$ 的关系为 $n=(m+1)/2$，表观反应的活化能约为本征反应的一半，对应图 2.15 中 $Da<1$、$Th>1$ 的情况；如果床层温度进一步提高，化学反应速率变得非常快，氧化剂一旦接触高温颗粒即被消耗，来不及迁移到床内的其他部分，此时外扩散速率决定焦炭的氧化速率，表观反应速率与氧浓度成正比，对应图 2.15 中 $Da>1$、$Th>1$ 的情况。

Di Blasi[64]整理了生物质焦炭的氧化反应速率，如表 2.3 所示。这些反应速率不是本征反应速率，使用时需谨慎。

表 2.3  文献报道的生物质焦炭氧化反应速率[64]

| 文献 | $\dfrac{dX}{dt}$ /s$^{-1}$；$k$/s$^{-1}$ | 加热速率/(K/min)；最终温度/K | O$_2$ 体积分数/%(N$_2$ 中) | 热解条件 |
|---|---|---|---|---|
| Kashiwagi 和 Nambu[65] | $\dfrac{dX}{dt}=1.73\times10^{8}\exp\left(-\dfrac{160}{RT}\right)P_{O_2}^{0.78}(1-X)$ | 0.5～5；823 | 0.28～21 | 纤维素粉慢速热解 |
| Luo 和 Stanmore[66] | $\dfrac{dX}{dt}=A\exp\left(-\dfrac{180}{RT}\right)P_{O_2}^{0.62}(1-X)$ | 15；973 | 0～21 | 甘蔗渣慢速热解 |
| Magnaterra 等[67] | $\dfrac{dX}{dt}=A\exp\left(-\dfrac{E}{RT}\right)P_{O_2}^{n}(S/S_0)$：$E=85-\dfrac{125kJ}{mol}$，$n=0.75\sim0.85$(硬木)；$E=81kJ/mol$，$n=0.8$(木质素) | 623～753(绝热氧化) | 2～18 | 硬木和木质素慢速热解 |
| Janse 等[68] | $\dfrac{dX}{dt}=5.3\times10^{5}\exp\left(-\dfrac{125}{RT}\right)P_{O_2}^{0.53}(1-X)^{0.49}$ | 573～773(绝热氧化) | 2.25～36 | 松木热解300K/s加热至873K |
| Di Blasi 等[69] | $\dfrac{dX}{dt}=1.51\times10^{6}\exp\left(-\dfrac{109}{RT}\right)(1-X)^{1.2}$(松木)：$E=71\sim109kJ/mol$(原料和氧化条件) | 10；673～873 | 21 | 松木和农业残留物慢速热解800K |
| Adánez 等[70] | $\dfrac{dX}{dt}=3.8\times10^{7}\exp\left(-\dfrac{140}{RT}\right)(1-X)^{0.4}$(松木)：$E=134\sim142kJ/mol$(原料) | 20；823 | 21 | 松木和农业残留物慢速热解 |
| Zolin 等[71] | $\dfrac{dX}{dt}=1.31\times10^{8}\exp\left(-\dfrac{134}{RT}\right)$(低温)  $\dfrac{dX}{dt}=4.54\times10^{8}\exp\left(-\dfrac{208}{RT}\right)$(高温) | 1～20；1273 | 10 | 稻草慢速热解973～1673K |

续表

| 文献 | $\dfrac{\mathrm{d}X}{\mathrm{d}t}$ /s$^{-1}$；$k$/s$^{-1}$ | 加热速率/(K/min)；最终温度/K | O$_2$ 体积分数/%(N$_2$ 中) | 热解条件 |
|---|---|---|---|---|
| Cozzani[72] | $\dfrac{\mathrm{d}X}{\mathrm{d}t}=1.89\times10^{9}\exp\left(-\dfrac{162}{RT}\right)P_{O_2}^{0.64}\,(1-X)$ | 10；973 | 6～21 | RDF 慢速热解 723～1073K |
| Branca 和 Di Blasi[73] | $\dfrac{\mathrm{d}X}{\mathrm{d}t}=1.4\times10^{11}\exp\left(-\dfrac{182.6}{RT}\right)(1-X)^{0.9}$ <br>（山毛榉，慢速热解，$v_c$=0.84）<br> $\dfrac{\mathrm{d}X}{\mathrm{d}t}=1.11\times10^{6}\exp\left(-\dfrac{114}{RT}\right)(1-X)^{0.86}$ <br>（山毛榉，慢速热解，$v_c$=1）<br> $\dfrac{\mathrm{d}X}{\mathrm{d}t}=4.85\times10^{14}\exp\left(-\dfrac{228.6}{RT}\right)(1-X)^{1.16}$ <br>（山毛榉，快速热解，$v_c$=0.87） | 5～15；873 | 21 | 山毛榉慢速和快速热解 800K；硬木和软木慢速热解 800K |
| Várhegyi 等[74] | $\dfrac{\mathrm{d}X}{\mathrm{d}t}=8.12\times10^{8}\exp\left(-\dfrac{151}{RT}\right)P_{O_2}^{0.53}\,F(X)$；<br> $E$=142～151kJ/mol，$n$=0.53～0.59（热解条件） | 5～25；573～733 | 20～100 | 玉米芯闪蒸碳化 1.4MPa |
| Branca 等[75] | $\dfrac{\mathrm{d}X}{\mathrm{d}t}=1.85\times10^{10}\exp\left(-\dfrac{167}{RT}\right)(1-X)^{2}\,(v_c=0.75)$ <br> $\dfrac{\mathrm{d}X}{\mathrm{d}t}=1.7\times10^{10}\exp\left(-\dfrac{129}{RT}\right)(1-X)^{1.85}\,(v_c=1)$ | 5～15；873 | 21 | 橡树皮慢速热解 800K |

Rahdar 等综述了包括生物质焦炭的气化和甲烷化在内的 4 个反应速率参数[61]，如表 2.4 所示。

$$\Omega C + O_2 \longrightarrow 2(\Omega-1)CO + (2-\Omega)CO_2 \qquad (R1)$$

$$C + CO_2 \longrightarrow 2CO \qquad (R2)$$

$$C + H_2O \longrightarrow CO + H_2 \qquad (R3)$$

$$C + 2H_2 \longrightarrow CH_4 \qquad (R4)$$

表 2.4　生物质焦炭的气化和甲烷化反应速率参数[65]

| 文献 | 炭反应 | 反应速率方程 | CO/CO$_2$ | 燃料 |
|---|---|---|---|---|
| Li 等[76] | R1 | $k$=0.39exp($-47500/RT_s$) | — | 木材 |
| Jones 等[77] | R1 | $k$=8×10$^{-7}$exp($-46000/RT_s$) | — | 小麦秸秆 |
| | R1 | $k$=9.04×10$^{-6}$exp($-108900/RT_s$) | | |
| Gómez 等[78, 79]，Karim 等[80] | R1 | $k$=1.715$T_s$exp($-9000/T_s$) | — | 木质颗粒 |
| | R2 | $k$=3.42$T_s$exp$\left(-\dfrac{15600}{T_s}\right)$ | | |
| | R3 | $k$=5.7114$T_s$exp$\left(-\dfrac{15600}{T_s}\right)$ | | |
| Zhou 等[81] | R1 | $k$=8620$T_s$exp($-15900/T_s$) | 12exp($-3300/T_s$) | 稻草 |
| Cooper 等[82] | R1 | $k$=860 $P_{O_2}$ exp($-18000/T_s$) | — | |
| | R2 | $k$=10400 $P_{O_2}$ exp($-178000/T_s$) | | |
| Sankar 等[83] | R1 和 R2 | $\dfrac{1}{k}=\dfrac{1}{k_d}+\dfrac{1}{k_r}$ | — | — |

| 文献 | 炭反应 | 反应速率方程 | CO/CO₂ | 燃料 |
|---|---|---|---|---|
| Johansson 等[84], Mehrabian 等[85] | R1 | $r_{h,1}=(1-a)\Omega\dfrac{C_{O_2}}{\dfrac{1}{k_{r1}}+1/h_m}$ | — | 木材 |
| | R2 | $r_{h,2}=\dfrac{C_{CO_2}}{\dfrac{1}{k_{r2}}+1/h_m}$ | | |
| | R3 | $r_{h,3}=\dfrac{C_{H_2O}}{\dfrac{1}{k_{r3}}+1/h_m}$ | | |
| | R4 | $r_{h,4}=\dfrac{C_{H_2}}{\dfrac{1}{k_{r4}}+1/h_m}$ | | |
| Porteiro 等[86] | R1 | $k=301\exp(-149380/T_s)$ | — | 木材 |
| Collazo 等[87] | R1 | $k_{global}=\dfrac{1}{\dfrac{1}{k_r}+\dfrac{1}{h_d}}$ | | 木材 |
| Yang 等[88] | R1 | $k_{global}=\dfrac{1}{\dfrac{1}{k_r}+\dfrac{1}{k_d}}$ | $2500\exp(-6420/T_s)$ | 松木 |
| Chen 等[89] | R1 | $k=1.63\times10^{11}T^{-1.5}\exp(-3430/T_s)$ | — | 松木 |
| | R2 | $k=2.78\times10^3\exp(-1510/T_s)$ | | |
| | R3 | $k=3.552\times10^{11}\exp(-15700/T_s)$ | | |
| Rajika 和 Narayana[90] | R1 | $k_{global}=\dfrac{1}{\dfrac{1}{k_r}+\dfrac{1}{k_d}}$ | $33\exp(-4700/T_s)$ | 木片 |
| | R1 | $k=290T_s\exp(-10344/T_s)$ | | |
| Okasha[91] | R1 | $k_{global}=\dfrac{1}{\dfrac{1}{k_r}+\dfrac{1}{k_m}}$ | — | 稻草-沥青 |
| Fatehi 和 Bai[92] | R1 | $k=0.658T_s\exp(-74800/RT_s)$ | — | 木材 |
| | R2 和 R3 | $k=3.42T_s\exp\left(-\dfrac{103800}{RT_s}\right)$ | | |
| Miltner 等[93] | R1 | $k_{eff}=\dfrac{1}{\dfrac{1}{k_r}+\dfrac{m_{char}RT_s}{k_d(M_{char}\varnothing A_s\times V_{cell})}}$ <br> $k_r=0.648593\exp(-15907/T_s)$ <br> $k_d=\dfrac{D^{\frac{2}{3}}v_g\rho^{\frac{2}{3}}}{\mu^{\frac{2}{3}}\in}\left(\dfrac{0.765}{Re_d^{0.82}}+\dfrac{0.365}{Re_d^{0.386}}\right)$ | $12\exp(-3300/T_s)$ | 稻草 |

　　由于生物质和垃圾的灰分含量低，因此忽略内扩散的影响，一般认为焦炭的消耗速率由表面反应速率和床层气体扩散速率共同控制，即

$$R_{char}=\dfrac{P_{O_2}}{\left(\dfrac{1}{k_d}+\dfrac{1}{k_r}\right)} \tag{2.34}$$

$$k_d=\dfrac{\varphi Sh w_c D_{O_2}}{RT_m d_s} \tag{2.35}$$

$$k_r = 0.871 \times \exp(-20000/1.987/T_p) \tag{2.36}$$

式中，$R_{char}$ 为焦炭的燃烧速率，$kmol/(m^3 \cdot s)$；$P_{O_2}$ 为氧气的分压，$Pa$；$k_r$ 和 $k_d$ 分别为化学反应动力学速率常数和扩散速率常数；$\varphi$ 为化学计量数；$Sh$ 为舍伍德数；$D_{O_2}$ 为 $O_2$ 分子扩散系数，$m^2/s$；$T_p$ 为颗粒温度，K；$T_m$ 为平均气体温度，K；$R$ 为气体常数。

　　垃圾在热解过程中释放挥发分的过程可以用一个或多个化学反应来模拟，伴随着这一过程的垃圾物理性质的改变也不容忽视。严格地说，从干燥过程开始，垃圾尺寸、孔隙率和密度、比热、导热系数和扩散系数等就要发生变化。但是，这些物性参数也由于垃圾来源的多样性而难以确定，往往参考生物质和煤等固体燃料的特性而假设。例如，垃圾的等效直径与转化率的关系可用下式确定：

$$d_s = d_{s,0} \left( \frac{Y_{ash,0}}{Y_{ash}} \right)^{\frac{1}{3}} \tag{2.37}$$

式中，$d_{s,0}$ 为入炉垃圾初始直径，m；$Y_{ash,0}$ 为入炉垃圾中的灰分质量分数；$Y_{ash}$ 为经过焚烧炉部分转化后垃圾中的灰分质量分数，完全焚烧转化后是 1。

　　还有一点必须注意，垃圾可燃分中的小分子挥发分气体质量占 10%～40%，焦油占 30%～60%，其余 5%～25% 为焦炭。挥发分主要由 CO、$CH_4$、$CO_2$、$H_2$、$C_mH_n$ 和焦油组成，它们的相对百分含量可根据垃圾的元素分析推算。但是，在推算挥发分成分时，除了保证元素平衡外，还要注意保证挥发分燃烧的反应热值，在数值上等于垃圾的高位发热量减除残炭的燃烧热值，这样才能使入炉垃圾的热值与模型混合物的热值一致。

## 2.3　燃烧火焰与辐射

　　在气体火焰、床层表面和炉膛壁面之间，有热传导、热对流和热辐射这 3 种传热方式。其中，火焰辐射直接影响床层加热和颗粒温度分布，对垃圾的干燥、挥发分析出与燃烧、焦炭的燃烧过程具有重要影响。对燃烧火焰的辐射传热过程的模拟是焚烧炉 CFD 模型的重要组成部分。

　　自然界的物质因其本身的温度而引起分子内部运动，与之伴随而发射电磁波，成为电磁辐射。电磁辐射有多种形式，在高温时的电磁辐射称为热辐射。电磁辐射是电、磁和光波的统一，在真空中以光速 $3 \times 10^8 m/s$ 进行传播，在其他介质中的传播速率为

$$c = \lambda \upsilon$$

式中，$c$ 为光速；$\lambda$ 为波长；$\upsilon$ 为频率。

　　热辐射的波长范围为 0.1～100μm，覆盖可见光、部分红外线和部分紫外线辐射，其中可见光的波长范围为 0.35～0.75μm。

　　热辐射可以解释为不连续的量子形式传播，也可以解释为连续的电磁波或光子形式传播，近代物理学已经把光量子(photon)完美地统一起来。光子可以从一个地方移动到另一个地方，一个光量子包含的能量为

$$E = mc^2 = h\upsilon$$

式中，$h$ 为普朗克常数，$6.626 \times 10^{-34} J \cdot s$。

采用统计热力学的原理进行推导，即可得到单位体积单位波长的能量密度：

$$u_\lambda = \frac{8\pi hc\lambda^{-5}}{\mathrm{e}^{hc/\lambda kT}-1} \tag{2.38}$$

式中，$k$ 为玻尔兹曼常数，$1.380622\times10^{-23}\mathrm{J/K}$；$h$ 为普朗克常数；$c$ 为光速。

将能量密度对所有波长积分，得到辐射的总能量与绝对温度的四次方成正比：

$$E_b = \sigma T^4$$

式中，$\sigma$ 为斯蒂芬-玻尔兹曼常数，$5.669\times10^{-8}\mathrm{W/}（\mathrm{m}^2\cdot\mathrm{K}^4）$。

维恩发现最大辐射能发生的波长与绝对温度满足 $\lambda_{\max}T = 2.8976\times10^{-3}\,\mathrm{m}\cdot\mathrm{K}$，在常温下热辐射为远红外，其波长约为 $\lambda_{\max}=10\mu\mathrm{m}$；而在 6000K 高温下，$\lambda_{\max}=0.5\mu\mathrm{m}$，呈绿色。

由于自然界的物体不是绝对的黑体，不能吸收全部入射的辐射能，因此上述完美的物理学公式并不能直接应用到实际物体。实际情况是，当辐射能投射到材料表面时，其中一部分能量被吸收，一部分被反射，还有一部分透射通过材料表面，即

$$\rho+\alpha+\tau=1 \tag{2.39}$$

式中，$\rho$ 为反射率；$\alpha$ 为吸收率；$\tau$ 为透射率。

根据克西荷夫恒等式，灰体的辐射率 $\varepsilon$ 与吸收率 $\alpha$ 相等：

$$\varepsilon=\alpha$$

对于固体，多数情况下透射率为零；对于含尘气体，反射率、透射率和吸收率都不为零；对于部分气体，如水蒸气和 $CO_2$，反射率为零，透射率和吸收率不为零。固体颗粒表面的散射特性很复杂，既不是镜反射也不是漫反射，但多数情况下用漫反射近似。

参照图 2.17，假定固体表面的散射是各向同性的，辐射强度对路径的微分方程表示为

$$\frac{\partial I(r,s)}{\partial s} = -\left(\alpha+\sigma_s\right)I(r,s) + \alpha n^2\frac{\sigma T^4}{\pi} + \frac{\sigma_s}{4\pi}\int_0^{4\pi} I(r,s')\,\phi\left(r,s\cdot s'\right)\mathrm{d}\Omega' \tag{2.40}$$

式中，$I=E/\pi$，为辐射强度；$\alpha$ 和 $\sigma_s$ 分别为吸收系数和散射系数；$n$ 为折射率；$r$ 和 $s'$为位置和方向矢量；$\phi$、$\Omega'$为相位函数和立体角。

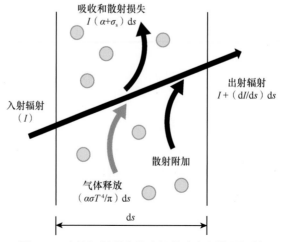

图 2.17　火焰辐射强度沿路径的消光和增强机制

方程 (2.40) 右边第 1 项表示吸收和向外散射引起的辐射消光，第 2 项表示沿着路径由于火焰发射而引起的光束增加，第 3 项表示由于向内散射而引起的入射光束的增强。直接求解上述积分–微分方程是十分困难的，可采用数值方法求解。适合模拟气体燃烧辐射的模型如下。

### 1. DTRM

离散传热辐射模型 DTRM (discrete transfer radiation model) 中，假设折射率为 1，且忽略向内散射 ($\sigma_s$=0)，则有

$$\frac{\mathrm{d}I}{\mathrm{d}s} = -\alpha I + \alpha\,\frac{\sigma T^4}{\pi} \tag{2.41}$$

原方程中的积分项消除后，求解将大大简化。DTRM 从边界开始，沿一系列光束对辐射强度 $I$ 积分，在发射率和吸收率为常数时，得到：

$$I(s) = \frac{\sigma T^4}{\pi}(1 - \mathrm{e}^{-as}) + I_0\mathrm{e}^{-as} \tag{2.42}$$

式中，$I_0$ 为光束起始点辐射强度，由边界条件确定。

$$I_0 = \frac{q_{\mathrm{out}}}{\pi} \tag{2.43}$$

$$q_{\mathrm{out}} = (1 - \varepsilon_{\mathrm{w}})q_{\mathrm{in}} + \varepsilon_{\mathrm{w}}\sigma T_{\mathrm{w}}^4 \tag{2.44}$$

$$q_{\mathrm{in}} = \int\limits_{s,n} I_{\mathrm{in}} s n \mathrm{d}\Omega \tag{2.45}$$

式中，$\varepsilon_{\mathrm{w}}$ 为壁面发射率；$n$ 为法向矢量；$\Omega$ 为立体角；$T_{\mathrm{w}}^4$ 为壁面温度。

光束经过流体控制体时，由于火焰辐射而增强或气体吸收而消光。该方法的精度随使用光束和网格的数量而变化。

### 2. P1 模型[94]

$I = I(\lambda, r, s)$，假设所有表面是漫反射：

$$\frac{\partial I(r,s)}{\partial s} = -(a + \sigma_s)I(r,s) + \alpha n^2\frac{\sigma T^4}{\pi} + \frac{\sigma_s}{4\pi}\int_0^{4\pi} I(r,s')\mathrm{d}\Omega' \tag{2.46}$$

$$I(r,s) = \sum_{l=0}^{\infty}\sum_{m=-l}^{l} A_l^m(r)Y_l^m(s) \tag{2.47}$$

式中，$A_l^m(r)$ 为位置系数，可求解方程获得；$Y_l^m(s)$ 通过球谐函数给定：

$$Y_l^m(s) = \left[\frac{2l+1}{4\pi}\frac{(l-m)!}{(l+m)!}\right]^{1/2}\mathrm{e}^{jm\varphi}P_l^m(\cos\theta) \tag{2.48}$$

理论上，当 $l \to \infty$ 时，球谐函数使辐射强度精确相等；当 $l > N$ 时，$A_l^m(r) = 0$。实际应用中，只保留 $l = 0$、1 的项，所以称为 P1 近似。

虽然忽略 $l > 1$ 的项，但保留的各项系数 $A_l^m(r)$ 还需要计算，可采用矩方法求解：

$$I^0(r) = \int_{r=0}^{4\pi} i(r,s)\mathrm{d}s \tag{2.49}$$

$$I^i(r) = \int_{r=0}^{4\pi} l_i i(r,s)\mathrm{d}s \qquad i=1,2,3 \tag{2.50}$$

$$I^{ij}(r) = \int_{r=0}^{4\pi} l_i l_j i(r,s)\mathrm{d}s \qquad i,j=1,2,3 \tag{2.51}$$

即可得到积分项内的辐射强度的近似计算：

$$I(r,s)=I_0^0 Y_0^0 + I_1^{-1} Y_1^{-1} + I_1^0 Y_1^0 + I_1^1 Y_1^1 \tag{2.52}$$

$$I(r,s) = \frac{1}{4\pi}[G(r) + 3q(r)\cdot s] \tag{2.53}$$

式中，$G(r)$ 为向内辐射通量。

进一步简化，P1 模型按下式计算辐射通量：

$$q(r) = \frac{1}{3(\alpha+\sigma_s) - C\sigma_s}\nabla G(r) \tag{2.54}$$

式中，$C$ 为与流体性质相关的系数。

考虑散射的各向异性特征：

$$\phi(s\cdot s') = 1 + Cs\cdot s' \tag{2.55}$$

式中，$s$ 和 $s'$ 分别为散射和入射方向的单位向量。

最后，辐射能传递方程简化为

$$-\nabla\cdot q(r) = \alpha G - 4\alpha n^2 \sigma T^4 \tag{2.56}$$

式中，$-\nabla\cdot q(r)$ 可以作为辐射换热源项直接代入能量方程计算。

3. DO 模型[95]

DO（discrte ordinated），离散坐标模型用有限体积法直接求解辐射能传递方程。该方法将向内散射的积分项沿球面立体角离散化，即

$$\int_{4\pi} f(s)\mathrm{d}\Omega = \sum_{i=1}^{n} w_i f(s_i) \qquad n=1,2,\cdots,n \tag{2.57}$$

式中，$w_i$ 为求积权重系数。

积分项离散为

$$\frac{\sigma_s}{4\pi}\int_0^{4\pi} I(r,s')\Phi(r,s\cdot s')\mathrm{d}\Omega' = \frac{\sigma_s}{4\pi}\sum_{j=1}^{n} w_j I(r,s_j')\Phi(r,s_i,s_j') \qquad i=1,2,\cdots,n \tag{2.58}$$

$s_i$ 方向的离散光束和一个特定的面交叉两次，一次是发射，另一次是内散射被吸收或被反射。

这样，辐射能传递方程就离散成了未知数 $I_i(r)$ 的 $n$ 个一阶偏微分方程。采用数值方法求解这组方程并不是很难，但是因为辐射能与温度有关，而辐射引起的换热量正是决定控制体温度的重要源项，这往往意味着需要数次迭代才能得到收敛解。DO 模型比前面介绍的 DTRM 和 P1 模型计算量大得多，而且 DO 模型尚不能兼容基于颗粒动力学封闭的气固两相流模型，但 DTRM 和 P1 模型没有这一限制。

# 2.4 基于多孔介质假设的床层模型

基本假设：由于炉排炉燃烧方式为层燃，燃烧主要集中于炉排上，根据 FLIC 程序的特点，假设条件如下：

(1)垃圾床层内的物理量(如床层内气相或固相的温度)是炉排运动方向和垃圾床层高度方向的函数。

(2)忽略气体在横向的移动，忽略湍流效应及其对床层内部气体的作用。

(3)假定挥发分析出速度极快，并且不引起能量的变化。

(4)把垃圾床层看成多孔介质。

(5)由水分、灰分、固定碳和挥发分组成垃圾层的固相，垃圾焚烧分为垃圾的干燥、热解、挥发分的燃烧及焦炭的燃烧 4 个过程，每一个过程分别采用对应的控制方程。

床层内气相连续性方程如下：

$$\frac{\partial(\rho_{g}\phi)}{\partial t}+\frac{\partial(u_{g}\rho_{g}\phi)}{\partial x}+\frac{\partial(\rho_{g}v_{g}\phi)}{\partial y}=S_{s} \tag{2.59}$$

式中，$u_{g}$、$v_{g}$ 分别为气体速度在 $x$、$y$ 方向的分量；$\rho_{g}$ 为气体密度；$\phi$ 为床层孔隙度；$S_{s}$ 为源项。

床层内气相动量方程如下：

$$\frac{\partial(\rho_{g}u_{g}\phi)}{\partial t}+\frac{\partial(\rho_{g}u_{g}u_{g}\phi)}{\partial x}+\frac{\partial(\rho_{g}u_{g}v_{g}\phi)}{\partial y}=-\frac{\partial p_{g}}{\partial x}+F(u_{g}) \tag{2.60}$$

$$\frac{\partial(\rho_{g}v_{g}\phi)}{\partial t}+\frac{\partial(\rho_{g}u_{g}v_{g}\phi)}{\partial x}+\frac{\partial(\rho_{g}v_{g}v_{g}\phi)}{\partial y}=-\frac{\partial p_{g}}{\partial y}+F(v_{g}) \tag{2.61}$$

式中，$F(u_{g})$、$F(v_{g})$ 为气体在床层停留时间的函数，可通过 Ergun 方程求解；$u_{g}$、$v_{g}$ 为 $x$、$y$ 方向速度矢量。

床层内气相组分运输方程如下：

$$\frac{\partial(\rho_{g}Y_{i,g}\phi)}{\partial t}+\frac{\partial(\rho_{g}u_{g}Y_{i,g}\phi)}{\partial x}+\frac{\partial(\rho_{g}v_{g}Y_{i,g}\phi)}{\partial y}=\frac{\partial}{\partial x}\left[D_{i,g}\frac{\partial(\rho_{g}Y_{i,g}\phi)}{\partial x}\right]+\frac{\partial}{\partial y}\left[D_{i,g}\frac{\partial(\rho_{g}Y_{i,g}\phi)}{\partial y}\right]+S_{i,g} \tag{2.62}$$

式中，$Y_{i,g}$ 为气体中组分的质量分数；$D_{i,g}$ 为 $i$ 组分在床层内的等效扩散系数，用式(2.63)计算。

$$D_{i,g}=D_{0}+0.5d_{p}\left|V_{g}\right| \tag{2.63}$$

式中，$D_{0}$ 为等效扩散系数；$d_{p}$ 为颗粒直径；$\left|V_{g}\right|$ 为气体速度绝对值。

床层内气相能量方程如下：

$$\frac{\partial(\rho_{g}H_{g}\phi)}{\partial t}+\frac{\partial(\rho_{g}u_{g}H_{g}\phi)}{\partial x}+\frac{\partial(\rho_{g}v_{g}H_{g}\phi)}{\partial y}=\frac{\partial}{\partial x}\left(\lambda_{g}\frac{\partial T_{g}}{\partial x}\right)+\frac{\partial}{\partial y}\left(\lambda_{g}\frac{\partial T_{g}}{\partial y}\right)+Q_{h} \tag{2.64}$$

$$\lambda_{g}=\lambda^{0}+0.5d_{p}\left|V_{g}\right|\rho_{g}C_{pg} \tag{2.65}$$

式中，$\lambda_{g}$ 为气体在床层内的等效热扩散系数；$\lambda^{0}$ 为无流动等效热扩散系数；$C_{pg}$ 为气体定压比热；

$Q_h$ 为辐射和反应放热。

床层内固相连续性方程如下：

$$\frac{\partial \rho_{sb}}{\partial t} + u_b \frac{\partial \rho_{sb}}{\partial x} + \frac{\partial \rho_{sb} v_s}{\partial y} = -S_s \quad (2.66)$$

式中，$\rho_{sb}$ 为床层表观密度；$u_b$ 为床层移动速度；$v_s$ 为颗粒运动速度；$S_s$ 为固体反应产生的气体源项。

床层内固相组分运输方程如下：

$$\frac{\partial (\rho_{sb} Y_{i,s})}{\partial t} + u_b \frac{\partial (\rho_s Y_{i,s})}{\partial x} + \frac{\partial (\rho_s v_s Y_{i,s})}{\partial y} = \frac{\partial}{\partial x}\left[D_s \frac{\partial (\rho_{sb} Y_{i,s})}{\partial x}\right] + \frac{\partial}{\partial y}\left[D_s \frac{\partial (\rho_s Y_{i,s})}{\partial y}\right] - S_{i,s} \quad (2.67)$$

式中，$Y_{i,s}$ 床层内固相第 $i$ 组分的质量分数；$D_s$ 为固相扩散系数；$S_{i,s}$ 为第 $i$ 组分的反应源项。

床层内固相能量方程如下：

$$\frac{\partial (\rho_{sb} H_s)}{\partial t} + u_b \frac{\partial (\rho_{sb} H_{si})}{\partial x} + \frac{\partial (\rho_{sb} v_s H_{si})}{\partial y} = \frac{\partial}{\partial x}\left(\lambda_s \frac{\partial T_s}{\partial x}\right) + \frac{\partial}{\partial y}\left(\lambda_s \frac{\partial T_s}{\partial y}\right) + Q_{sh} \quad (2.68)$$

式中，$H_{si}$ 为第 $i$ 组分焓值；$T_s$ 为固体温度；$\lambda_s$ 为固体热扩散系数；$Q_{sh}$ 为固体反应热。

在填料床中，辐射传热是固体颗粒间十分重要的热量传递机理，选择合适的辐射传热模型对模拟有着极为重要的作用。气体间的热流模型是一种广泛应用的模型，本文即采用该模型，四通量辐射模型表示如下：

$$\frac{dI^{\pm}_{x_i}}{dx_i} = -(k_a + k_s) I^{\pm}_{x_i} + \frac{1}{2N} k_a E_b + \frac{1}{2N} k_s \sum_{i=1}^{N} (I^{+}_{x_i} + I^{-}_{x_i}) \qquad i = 1, \cdots, N \quad (2.69)$$

式中，$I^{+}_{x_i}$、$I^{-}_{x_i}$ 为 $x_i$ 轴 +、- 方向的辐射通量；$k_a$ 为辐射吸收率；$k_s$ 为辐射散射率；$E_b$ 为黑体辐射能。

$$k_s = 0 , \quad k_a = -\frac{1}{d_p} \ln(\phi) \quad (2.70)$$

式中，$d_p$ 为颗粒直径。

求解上述方程，即可获得床层的气体温度、固体温度及各气体的组分、温度、速度随炉排长度或停留时间的变化。

## 2.5 炉膛燃烧过程的计算流体力学模型

### 2.5.1 气相湍流燃烧及其控制方程

由垃圾释放的挥发分一旦离开床层，就在炉排上方着火燃烧，为简单起见，忽略烟气中可能夹带的细颗粒，把床层上部的炉膛空间简化为气相燃烧。在 CFD 领域，人们习惯于把包含燃烧和化学反应的流动现象统称为反应流体力学，用数值方法求解垃圾焚烧炉炉膛燃烧过程已经积累了一些成熟的方法，本节即介绍相关模型。

作为连续介质的炉膛燃烧气体，其满足以下不可压缩流体的质量、动量和能量守恒方程。

质量：

$$\frac{\partial}{\partial x_i}(\rho \overline{u}_i) = 0 \tag{2.71}$$

动量：

$$\frac{\partial}{\partial x_i}(\rho \overline{u}_i \overline{u}_j) = -\frac{\partial \overline{p}}{\partial x_j} + \frac{\partial}{\partial x_j}\mu_{\mathrm{t}}\left(\frac{\partial \overline{u}_i}{\partial x_j} + \frac{\partial \overline{u}_j}{\partial x_i}\right) - \frac{\partial}{\partial x_i}(\rho \overline{u_i'' u_j''}) \tag{2.72}$$

能量：

$$\frac{\partial}{\partial x_i}(\rho \overline{u}_i h) = -\frac{\partial}{\partial x_i}(\rho \overline{u_i'' h''}) + \rho h_{\mathrm{r}} \tag{2.73}$$

式中，$h_{\mathrm{r}}$ 为辐射换热和反应源项。

湍流具有速度分量和标量都随时间及空间不断波动的特点，为得到变量平均值的控制方程，对每个守恒方程中都应用 Favre 平均，这样就引入了非线性雷诺通量项，分别是动量方程中的雷诺时均应力 $\rho \overline{u_i'' u_j''}$ 和雷诺通量 $\rho \overline{u_i'' h''}$，工程上用 $k$-$\varepsilon$ 模型对其加以封闭。引入湍流黏度 $\mu_{\mathrm{t}}$，雷诺时均应力和雷诺通量分别表示为

$$\rho \overline{u_i'' u_j''} = \frac{2}{3}\delta_{ij}\left(\rho \overline{k} + \mu_{\mathrm{t}}\frac{\partial \overline{u}_k}{\partial x_k}\right) - \mu_{\mathrm{t}}\left(\frac{\partial \overline{u}_i}{\partial x_j} + \frac{\partial \overline{u}_j}{\partial x_i}\right) \tag{2.74}$$

$$\rho \overline{u_i'' h''} = \frac{\mu_{\mathrm{t}}}{\sigma_h}\frac{\partial h}{\partial x_j} \tag{2.75}$$

式中，上划线表示平均值；$u_i''$、$h''$ 为湍流脉动分量。

湍流黏度 $\mu_{\mathrm{t}}$ 用下式进行计算：

$$\mu_{\mathrm{t}} = C_\mu \rho \frac{k^2}{\varepsilon} \tag{2.76}$$

更进一步，湍动能 $k$ 和湍动耗散率 $\varepsilon$ 通过守恒方程解出。标准 $k$-$\varepsilon$ 模型方程如下：

$$\overline{u}_i \frac{\partial k}{\partial x_i} = \frac{\partial}{\partial x_i}\left(\frac{\mu_{\mathrm{t}}}{\sigma_k}\frac{\partial k}{\partial x_i}\right) - \overline{u}_i \overline{u}_j \frac{\partial \overline{u}_j}{\partial x_i} - \varepsilon \tag{2.77}$$

$$\overline{u}_i \frac{\partial \varepsilon}{\partial x_i} = \frac{\partial}{\partial x_i}\left(\frac{\mu_{\mathrm{t}}}{\sigma_\varepsilon}\frac{\partial \varepsilon}{\partial x_j}\right) + C_1\left(\frac{\varepsilon}{k}\right)\overline{u}_i \overline{u}_j \frac{\partial \overline{u}_i}{\partial x_i} + C_2\left(\frac{\varepsilon^2}{k}\right) \tag{2.78}$$

式中，$\sigma_k$=1.0；$\sigma_\varepsilon$=1.3，$C_1$=1.44；$C_2$=1.92。这 4 个参数称为标准 $k$-$\varepsilon$ 模型系数。

除了标准 $k$-$\varepsilon$ 模型外，针对强旋流和圆形射流等特殊情况，还有一些改进的 $k$-$\varepsilon$ 模型，如 RNG $k$-$\varepsilon$ 模型适合模拟强旋流，realizable $k$-$\varepsilon$ 模型则是专为模拟圆形射流开发的，它们的模拟精度和适用范围各不相同，可参考前人的模拟研究报告选择使用。

对于燃烧烟气涉及的气体组分（$O_2$、$N_2$、$CO$、$CO_2$、$H_2O$、$NO_x$、$SO_x$ 等），其在流场内的传输控制方程表示如下：

$$\frac{\partial}{\partial t}(\rho Y_i) + \nabla \cdot (\rho \vec{v} Y_i) = -\nabla \cdot \vec{J}_i + R_i + S_i \tag{2.79}$$

式中，$Y_i$ 为扩散通量；$\vec{J}_i$ 为气相反应源项；$S_i$ 为固相反应源项。

为了得到化学反应对物质变化的影响，源项 $R_i$ 模型化为

$$R_i = \frac{\rho(\xi^*)^2}{\tau^*(1-\xi^{*3})}\left(Y_i^* - Y_i\right) \tag{2.80}$$

式中，$Y_i^*$ 为经过时间 $\tau^*$ 后微细尺度内组分 $i$ 的质量百分数。

一般来说，由式 (2.80) 可以计算出气体组分的质量分数，气体温度可由式 (2.73) 求出的混合物焓值，按以下关系求出：

$$h = \sum_{i=1}^{N} Y_i \int_0^T C_{pi}\mathrm{d}T \tag{2.81}$$

$$C_{pi} = a_i T + b_i \tag{2.82}$$

式中，$C_{pi}$ 为第 $i$ 种气体的定压比热；$a_i$、$b_i$ 为斜率和截距。

但是，由流体湍动造成的气体温度、密度和百分比浓度波动对气化炉内的反应有显著影响。相对于湍流的时间尺度，包括去挥发分、燃烧和气化在内的非均相反应的反应速率是比较慢的，所以，这些非均相反应的反应速率是通过气体性质的平均值而非波动值来计算的。另外，非均相反应产生的气体进一步发生均相反应，这些均相反应包括挥发分燃烧和氮氧化物生成，它们相对于湍流微观混合过程的时间尺度来说是较快的。可采用涡耗散模型和涡耗散概念 (eddy dissipation concept，EDC) 模型来处理湍流与化学反应的相互作用。后者是基于涡耗散模型发展而来的，包含湍流中详细化学机理的模型。它假定反应发生在湍流的微细尺度 (fine scale) 之中。微细尺度的容积比采用下式进行模拟：

$$\xi^* = C_\xi \left(\frac{\nu\varepsilon}{\kappa}\right)^{0.75} \tag{2.83}$$

式中，$C_\xi$ 为容积比常数，值为 2.1377；$\nu$ 为运动黏度；$\varepsilon$ 为湍动能；$\kappa$ 为湍动能耗效率。

物质在微细结构中，反应为时间尺度。

$$\tau^* = C_\tau \left(\frac{\nu}{\varepsilon}\right)^{0.5} \tag{2.84}$$

式中，$C_\tau$ 为值为 0.4082 的间尺度常数，调整该值可以加快反应速度。

EDC 模型计算成本较高，这是由于该模型可以准确地追踪化学反应进程，模拟复杂湍流反应流体。非线性化学动力学机理告诉我们，直接积分是很困难的。多反应耦合运算之所以能够在计算机上实现，完全归功于在线列表 (In-Situ Adaptive Tabulation，ISAT) 算法，它可以较大程度地加快多维空间中的化学运算。

在湍流流动反应中，EDC 模型能使用非常详细的反应机理。然而，典型机理的刚性是不相同的，且在数值积分计算中占用较大的计算资源。所以，EDC 模型更适合于反应速率较低的化学反应，如快速熄灭火焰里 CO 的燃烬及选择性非催化还原中 NO 的转化等。

### 2.5.2  求解步骤

上述气相控制方程在笛卡儿坐标系下的通用形式如下：

$$\frac{\partial}{\partial x_i}(\rho \bar{u}_i \Phi) + \frac{\partial}{\partial x_j}(\rho \bar{u}_j \Phi) + \frac{\partial}{\partial x_k}(\rho \bar{u}_k \Phi)$$

$$= \frac{\partial}{\partial x_i}\left(\frac{\mu_t}{\sigma_\Phi}\frac{\partial \Phi}{\partial x_i}\right) + \frac{\partial}{\partial x_j}\left(\frac{\mu_t}{\sigma_\Phi}\frac{\partial \Phi}{\partial x_j}\right) + \frac{\partial}{\partial x_k}\left(\frac{\mu_t}{\sigma_\Phi}\frac{\partial \Phi}{\partial x_k}\right) + S_\Phi \tag{2.85}$$

式中，$\Phi$ 分别可代表质量、速度分量、湍流动能、湍流动能耗散率、气体焓值、气体成分；$S_\Phi$ 为源项。

划分网格，把偏微分方程转化为有限差分模型，用有限体积法对方程离散化，得到代数方程组，用迭代法则求解代数方程组，则可以得到离散的数值解。

原理上，采用有限差分法或有限体积法，将微分方程或积分方程离散，最终都得到线性代数方程组：

$$A\Phi = Q \tag{2.86}$$

式中，$A$ 为系数矩阵；$\Phi$ 为未知数矩阵，其解为

$$\Phi = A^{-1}Q \tag{2.87}$$

式中，$A^{-1}$ 为系数矩阵 $A$ 的逆矩阵。

给定初值和边界条件，求解上述线性代数方程组，就能够得到每个网格节点或控制体中心的离散数值解。但是，由于下面将要介绍的 N-S 方程的特殊性，以及湍流现象的复杂性，需要采取特别的模拟手法，数值求解才有意义。

在求解过程中，你必须理解压力-速度耦合流场计算过程中存在的问题。观察动量方程(2.72)，它实际上由 3 个坐标方向的 3 个动量守恒方程组成，但每个方程都包含压力和 3 个速度分量共 4 个未知数，所以需要用连续性方程(2.71)对方程组加以封闭才能求解。但是，压力梯度只出现在动量方程中，造成求解速度时压力未知，却又没有直接获得压力场的方程。

这里，采用半隐式压力耦合方程(Semi-Implicit Method for Pressure-Linked Equations，SIMPLE)算法可以提供一个巧妙的解决方案。SIMPLE 算法基于压力修正法原理，在每一步计算中，先给出压力场的猜测值，求出猜测的速度场。再求解根据连续性方程导出的压力修正方程，对猜测的压力场和速度场进行修正。如此循环往复，直到获得压力场和速度场的收敛解。可是，如何才能通过连续性方程得到修正压力场呢？直觉上，可以把动量方程的离散方程所规定的压力与速度的关系式代入连续性方程的离散方程中，从而获得压力修正方程，即可通过压力修正方程求解得到压力修正值。

定义压力修正值 $p'$ 为正确的压力值 $p$ 与猜测的压力值 $p*$ 之差，即有

$$p = p* + p' \tag{2.88}$$

同样的定义速度修正值 $u'$，$v'$ 和 $w'$，则有正确速度场和猜测速度场的关系式：

$$
\begin{aligned}
u &= u* + u'\\
v &= v* + v'\\
w &= w* + w'
\end{aligned}
\tag{2.89}
$$

将正确的压力场和速度场代入离散的动量方程并适当简化后，即可得到压力修正值与速度修正值的关系式：

$$a_p p' = \sum_{nb} a_{nb} p' + b' \tag{2.90}$$

其中，源项 $b'$ 是不正确的速度场导致的"连续性"不平衡量。求解以上方程，即可得到每个网格的压力修正值。

由以上讨论可以看出，SIMPLE 算法的原理并不复杂，但在推导压力修正方程时有不同的简化处理方法，从而派生了几种 SIMPLE 改进算法，包括 SIMPLER、SIMPLEC 和 PISO 算法，详细可参考计算流体力学相关手册[96]。

求解 N-S 方程(2.85)的有限体积法及对应的计算机程序已经相当成熟，采用任何一个 CFD 商业软件都可以完成。但是，针对任何有待求解的问题，都必须定义初始条件和边界条件。用户必须理解所要求解的问题，并根据特定的问题设定边值条件。对于非稳态流场，还必须给定计算域内所有网格上的初始条件。

常见的边界条件包括入口、出口、壁面、压力边界、对称边界、周期性边界。

首先，每一个 CFD 软件用户都要理解一件事，即任何求解器都只能提供内部网格的物理量的离散近似解。如图 2.18 所示，对每一个网格应用守恒方程后，每个网格的进口物理量值等于相邻网格的出口值。将所有网格的守恒方程联立后，可以求解各个网格中心的物理量值，但前提是边界上的物理量必须设定为已知。

$$\int_V \frac{\partial(\rho\Phi)}{\partial t}\mathrm{d}V + \int_S \left(\rho U_i \Phi - \Gamma \frac{\partial \Phi}{\partial x_i}\right) \cdot n_i \mathrm{d}S = \int_V q_\Phi \mathrm{d}V \tag{2.91}$$

式中，$S$ 为面积；$q_\Phi$ 为源项。

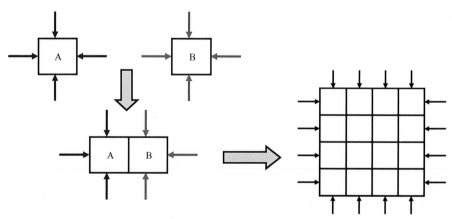

图 2.18   有限体积与计算域的关系

流场的入口边界种类很多，对于单组分、等温和不可压缩流体，最简单的入口流动条件是定义流体流速大小和方向。对于多组分流体，可以给定温度、总质量流率及各组分的质量分率，由计算软件内部换算得到计算所需入口边界流体密度和流速大小。由于流速是矢量，因此还必须提供入口几何位置及其坐标体系表达方法，特别是法向方向。常见边界条件的设定方法参考图 2.19。

对于湍流流场模拟问题，给定合理的湍流边界条件也很重要。使用已知的入口湍动能和耗散率是最理想的情况，也可以使用湍流强度和湍流特征尺寸。根据入口流速的大小，湍流强度取值范围为 1%～6%，湍流特征尺寸一般取入口水力直径。

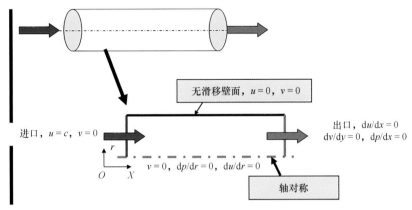

图 2.19　常见边界条件的设定方法

对于单一出口的简单不可压缩流动，因为流体连续性的关系，流体出口速度和方向可由程序自动计算。但是，对于非稳态的复杂流动情况，如果出口存在回流的可能，还需要给定回流物质的温度和成分组成，具体取值范围往往需要一些经验。有些 CFD 软件提供 Outflow 的选项，在使用时一定要十分谨慎，使用压力进口时，不能用 Outflow 作为出口，在密度变化的非定常流，以及出口有回流存在情况，也不能用 Outflow 作为出口边界条件。

使用压力-速度耦合算法求解非稳态流场时，速度场和压力场并不能同时获得，压力场变化引起连续性失衡，从而使速度场偏离收敛值，最终导致出口流量大幅波动的可能性是存在的，这样的模拟结果是方法误差的集合，可能与收敛数值解相差甚远，也可能与实际物理现象完全不符。因此，对于多个出口的复杂流动情况，出口边界尽可能参考已知参数或基于实验测量结果设定。

壁面是常见边界条件，一般设定无滑移速度边界，即紧靠壁面的第一个网格的速度与壁面速度一致。如果是固定壁面，则意味着与壁面平行和垂直方向的速度均设为零。

除了以上边界条件外，有时还可以使用对称边界和周期性边界。对于圆柱形内流流场，使用轴对称边界可以把三维计算简化为二维计算；但对于非稳态流动，由于湍流的三维特性，一般不推荐使用二维轴对称计算。

采用迭代求解时，一定要考虑解的收敛性和稳定性。任何情况下，不收敛的解都是没有物理意义的，不稳定的解也是没有应用价值的。就微分方程的性质而言，稳态不可压缩流动与反应耦合的偏微分方程组属于椭圆形，低松弛迭代法是能够保证收敛性和稳定性的有效方法，表示为

$$\phi_P^{\text{new, used}} = \phi_P^{\text{old}} + U(\phi_P^{\text{new, predicted}} - \phi_P^{\text{old}}) \tag{2.92}$$

式中，$U<1$，为低松弛因子；上标 old 和 new, predicted 及 new, used 分别表示前一次计算值、本次预算值和本次使用的实际值。

假设 $\Phi$ 为方程组 $A\Phi=Q$ 的精确解，其与第 $n$ 次迭代得到的近似解矩阵 $\Phi^n$ 的差为 $\varepsilon^n = \Phi - \Phi^n$，称为迭代误差，且满足：

$$A\varepsilon^n = \rho^n \tag{2.93}$$

或

$$A\Phi^n = Q - \rho^n \tag{2.94}$$

式中，$\rho^n$ 为残差。

很显然，残差越小，迭代误差就越小。因此，在迭代计算中观察残差的变化，并且用残差大小判断解的收敛。

一般地，流场中某一点 $P$ 用无量纲正规化相对残差：

$$R_{P,\,\text{scaled}} = \frac{\left| a_P \phi_P - \sum_{nb} a_{nb} \phi_{nb} - b \right|}{\left| a_P \phi_P \right|} \tag{2.95}$$

而全流场的残差为

$$R^{\phi} = \frac{\displaystyle\sum_{\text{all cells}} \left| a_P \phi_P - \sum_{nb} a_{nb} \phi_{nb} - b \right|}{\displaystyle\sum_{\text{all cells}} \left| a_P \phi_P \right|} \tag{2.96}$$

通常要求无量纲正规化残差值小于 $1 \times 10^{-4} \sim 1 \times 10^{-3}$ 或者更低，才认定收敛并停止迭代计算。

对于初学者而言，判断计算结果已经收敛并不是一件容易的事，必须牢记几条基本原则，避免因为经验不足而被计算结果误导：

(1)残差在迭代过程中持续下降，特别是在最终阶段没有发生波动。

(2)观察流场中某点物理量的变化情况，随迭代次数增加各个物理量均不再变化。

(3)流场边界和进出口的物质、能量基本守恒，误差小于 5%。

# 参 考 文 献

[1] 林海, 马晓茜, 余昭胜. 大型城市生活垃圾焚烧炉的数值模拟[J]. 动力工程学报, 2010, 2：128-132.

[2] 李秋华, 夏梓洪, 陈彩霞, 等. 垃圾焚烧炉拱改造与燃烧优化的数值模拟[J]. 环境工程学报, 2012, 6(11)：4191-4196.

[3] 宁星星. 大型垃圾焚烧炉低氮燃烧优化以及 SNCR 数值模拟研究[D]. 广州. 华南理工大学, 2016.

[4] 刘先荣, 罗翠红, 唐玉婷, 等. 大型城市生活垃圾焚烧炉结构改造的数值模拟研究[J]. 锅炉技术, 2019, 50(5)：64-70.

[5] 陆燕宁, 章洪涛, 许岩韦, 等. 烟气再循环对生物质炉排炉燃烧影响的数值模拟[J]. 浙江大学学报(工学版), 2019, 53(10)：1898-1906.

[6] Essenhigh R H, Kuo T J. Development of physical and mathematical models of incinerators, Part I：Statement of the problem[C]. ASME Conference on Combustion and Emission Phenomena in Incinerators, New York, 1970.

[7] Goh Y R, Lim C N, Zakaria R, et al. Mixing, modelling and measurements of incinerator bed combustion[J]. Process Safety and Environmental Protection, 2000, 78(1)：21-32.

[8] Peters B. A detailed model for devolatilization and combustion of waste material in packed beds[C]. 3rd European Conference on Industrial Furnaces and Boilers(INFUB), Portugal, 1995.

[9] Peters B, Dz A, Hunsinger H, et al. An approach to qualify the intensity of mixing on a forward acting grate[J]. Chemical Engineering Science, 2005, 60(6)：1649-1659.

[10] Yin C, Rosendahl L A, Kær S K. Grate-firing of biomass for heat and power production[J]. Progress in Energy and Combustion Science, 2008, 34(6)：725-754.

[11] Karim M R, Naser J. Progress in numerical modelling of packed bed biomass combustion[C]. Australasian Fluid Mechanics Conference,Melbourne, 2014.

[12] Shin D, Choi S. The combustion of simulated waste particles in a fixed bed[J]. Combustion and Flame, 2000, 121（1-2）：167-180.

[13] Kær S K. Straw combustion on slow-moving grates-a comparison of model predictions with experimental data[J]. Biomass & Bioenergy, 2005, 28（3）：307-320.

[14] van der Lans R P, Pedersen L T, Jensen A, et al. Modelling and experiments of straw combustion in a grate furnace[J]. Biomass & Bioenergy, 2000, 19（3）：199-208.

[15] Zhou H, Jensen A D, Glarborg P, et al. Numerical modeling of straw combustion in a fixed bed[J]. Fuel, 2005, 84（4）：389-403.

[16] Hermansson S, Thunman H. CFD modelling of bed shrinkage and channelling in fixed-bed combustion[J]. Combustion and Flame, 2011, 158（5）：988-999.

[17] Gómez M A, Porteiro J, Patiño D, et al. CFD modelling of thermal conversion and packed bed compaction in biomass combustion[J]. Fuel, 2014（117）：716-732.

[18] Gómez M A, Porteiro J, Chapela S, et al. An Eulerian model for the simulation of the thermal conversion of a single large biomass particle[J]. Fuel, 2018（220）：671-681.

[19] Karim M R, Naser J. CFD modelling of combustion and associated emission of wet woody biomass in a 4 MW moving grate boiler[J]. Fuel, 2018（222）：656-674.

[20] Karim M R, Naser J. Numerical study of the ignition front propagation of different pelletised biomass in a packed bed furnace[J]. Applied Thermal Engineering, 2018（128）：772-784.

[21] Karim M R, Bhuiyan A A, Sarhan A A R, et al. CFD simulation of biomass thermal conversion under air/oxy-fuel conditions in a reciprocating grate boiler[J]. Renewable Energy, 2020（146）：1416-1428.

[22] Yang Y B, Goh Y R, Zakaria R, et al. Mathematical modelling of MSW incineration on a travelling bed[J]. Waste Management, 2002, 22（4）：369-380.

[23] Yang Y B, Yamauchi H, Nasserzadeh V, et al. Effects of fuel devolatilisation on the combustion of wood chips and incineration of simulated municipal solid wastes in a packed bed[J]. Fuel, 2003, 82（18）：2205-2221.

[24] Yang Y B, Sharifi V N, Swithenbank J. Effect of air flow rate and fuel moisture on the burning behaviours of biomass and simulated municipal solid wastes in packed beds[J]. Fuel, 2004, 83（11-12）：1553-1562.

[25] Yang Y B, Lim C N, Goodfellow J, et al. A diffusion model for particle mixing in a packed bed of burning solids[J]. Fuel, 2005, 84（2.3）：213-225.

[26] Ismail T M, El-Salam M A, El-Kady M A, et al. Three dimensional model of transport and chemical late phenomena on a MSW incinerator[J]. International Journal of Thermal Sciences, 2014（77）：139-157.

[27] Sun R, Ismail T M, Ren X, et al. Numerical and experimental studies on effects of moisture content on combustion characteristics of simulated municipal solid wastes in a fixed bed[J]. Waste Management, 2015（39）：166-178.

[28] Sun R, Ismail T M, Ren X, et al. Influence of simulated MSW sizes on the combustion process in a fixed bed：CFD and experimental approaches[J]. Waste Management, 2016（49）：272-286.

[29] Sun R, Ismail T M, Ren X, et al. Effect of ash content on the combustion process of simulated MSW in the fixed bed[J]. Waste Management, 2016（48）：236-249.

[30] Collazo J, Porteiro J, Patino D, et al. Numerical modeling of the combustion of densified wood under fixed-bed conditions[J]. Fuel, 2012（93）：149-159.

[31] Wurzenberger J C, Wallner S, Raupenstrauch H, et al. Thermal conversion of biomass：Comprehensive reactor and particle modeling[J]. AIChE Journal, 2002, 48（10）：2398-2411.

[32] Mehrabian R, Zahirovic S, Scharler R, et al. A CFD model for thermal conversion of thermally thick biomass particles[J]. Fuel Processing Technology, 2012（95）：96-108.

[33] Peters B. Measurements and application of a discrete particle model（DPM）to simulate combustion of a packed bed of individual fuel particles[J]. Combustion and Flame, 2002, 131（1-2）：132-146.

[34] Bruch C, Peters B, Nussbaumer T. Modelling wood combustion under fixed bed conditions[J]. Fuel, 2003, 82（6）：729-738.

[35] Kita T, Sugiyama H, Kamiya H, et al. Effect of shape and size of solid wastes on their combustion time in a fluidized bed[J]. Kagaku Kogaku Ronbunshu, 1999, 25（1）：37-44.

[36] Thunman H, Leckner B, Niklasson F, et al. Combustion of wood particles：A particle model for Eulerian calculations[J]. Combustion and Flame, 2002, 129（1-2）：30-46.

[37] Porteiro J, Míguez J L, Granada E, et al. Mathematical modelling of the combustion of a single wood particle[J]. Fuel Processing Technology, 2006, 87（2）：169-175.

[38] Porteiro J, Granada E, Collazo J, et al. A model for the combustion of large particles of densified wood[J]. Energy & Fuels, 2007, 21（6）：3151-3159.

[39] Lu H, Robert W, Peirce G, et al. Comprehensive study of biomass particle combustion[J]. Energy & Fuels, 2008, 22（4）：2826-2839.

[40] Lu H, Ip E, Scott J, et al. Effects of particle shape and size on devolatilization of biomass particle[J]. Fuel, 2010, 89(5)：1156-1168.

[41] Mehrabian R, Scharler R, Weissinger A, et al. Optimisation of biomass grate furnaces with a new 3D packed bed combustion model-on example of a small-scale underfeed stoker furnace[C]. Proceedings of the 18th European Biomass Conference, Lyon, France, 2010：1175-1183.

[42] Mehrabian R, Shiehnejadhesar A, Scharler R, et al. Multi-physics modelling of packed bed biomass combustion[J]. Fuel, 2014（122）：164-178.

[43] 马晓茜, 刘国辉, 余昭胜. 基于 CFD 的城市生活垃圾焚烧炉燃烧优化[J]. 华南理工大学学报（自然科学版）, 2008（2）：101-106.

[44] 刘国辉, 马晓茜, 余昭胜. 利用 CFD 技术对城市生活垃圾富氧燃烧特性分析[J]. 热能动力工程, 2009, 24（2）：247-251.

[45] 黄昕, 黄碧纯, 纪辛, 等. 二次风对垃圾焚烧炉燃烧影响的数值模拟[J]. 华东电力, 2010, 38（6）：930-933.

[46] 刘瑞媚, 刘玉坤, 王智化, 等. 垃圾焚烧炉排炉二次风配风的 CFD 优化模拟[J]. 浙江大学学报（工学版）, 2017, 51（3）：500-507.

[47] 赖志燚, 马晓茜, 余昭胜. 前、后拱和二次风对垃圾焚烧炉燃烧影响研究[J]. 锅炉技术, 2011, 42（4）：70-74.

[48] 李秋华, 夏梓洪, 陈彩霞, 等. 垃圾焚烧炉拱改造与燃烧优化的数值模拟[J]. 环境工程学报, 2012, 6（11）：4191-4196.

[49] 李坚, 夏梓洪, 吴亭亭, 等. 二次风喷嘴角度对炉排式垃圾焚烧炉内燃烧及选择性非催化还原脱硝的影响[J]. 环境工程学报, 2016, 10（10）：5907-5913.

[50] Xia Z, Li J, Wu T, et al. CFD simulation of MSW combustion and SNCR in a commercial incinerator[J]. Waste Management, 2014, 34（9）：1609-1618.

[51] Chan W C R, Kelbon M, Krieger B B. Modelling and experimental verification of physical and chemical processes during pyrolysis of a large biomass particle[J]. Fuel, 1985, 64（11）：1505-1513.

[52] Azam M, Jahromy S S, Raza W, et al. Comparison of the combustion characteristics and kinetic study of coal, municipal solid waste, and refuse-derived fuel：Model-fitting methods[J]. Energy Science & Engineering, 2019, 7（6）：2646-2657.

[53] Di Blasi C. Modeling chemical and physical processes of wood and biomass pyrolysis[J]. Progress in Energy and Combustion Science, 2008, 34（1）：47-90.

[54] Xia Z, Shan P, Chen C, et al. A two-fluid model simulation of an industrial moving grate waste incinerator[J]. Waste Management, 2020（104）：183-191.

[55] Grønli M G, Várhegyi G, Di Blasi C. Thermogravimetric analysis and devolatilization kinetics of wood[J]. Industrial & Engineering Chemistry Research, 2002, 41（17）：4201-4208.

[56] Johansson R, Thunman H, Leckner B. Influence of intraparticle gradients in modeling of fixed bed combustion[J]. Combustion and Flame, 2007, 149（1-2）：49-62.

[57] Boriouchkine A, Zakharov A, Jämsä-Jounela S L. Dynamic modeling of combustion in a BioGrate furnace：The effect of operation parameters on biomass firing[J]. Chemical Engineering Science, 2012, 69（1）：669-678.

[58] Gómez M A, Porteiro J, Patiño D, et al. Eulerian CFD modelling for biomass combustion. Transient simulation of an underfeed pellet boiler[J]. Energy Conversion and Management, 2015（101）：666-680.

[59] Li J, Paul M C, Younger P L, et al. Prediction of high-temperature rapid combustion behaviour of woody biomass particles[J]. Fuel, 2016,165（2）：205-214.

[60] Ström H, Thunman H. CFD simulations of biofuel bed conversion：A submodel for the drying and devolatilization of thermally thick wood particles[J]. Combustion and Flame, 2013, 160（2）：417-431.

[61] Hosseini Rahdar M, Nasiri F, Lee B. A review of numerical modeling and experimental analysis of combustion in moving grate biomass combustors[J]. Energy & Fuels, 2019, 33（10）：9367-9402.

[62] Peters B. Classification of combustion regimes in a packed bed of particles based on the relevant time and length scales[J]. Combustion and Flame, 1999, 116（1-2）：297-301.

[63] Smith I W. The combustion rates of coal chars：A review[C]. 19th Symposium(International)on Combuslion, Haifa Israel, 1982.

[64] Di Blasi C. Combustion and gasification rates of lignocellulosic chars[J]. Progress in Energy and Combustion Science, 2009, 35（2）：121-140.

[65] Kashiwagi T, Nambu H. Global kinetic constants for thermal oxidative degradation of a cellulosic paper[J]. Combustion and Flame, 1992, 88（3-4）：345-368.

[66] Luo M, Stanmore B. The combustion characteristics of char from pulverized bagasse[J]. Fuel, 1992, 71（9）：1074-1076.

[67] Magnaterra M, Fusco J R, Ochoa J, et al. Kinetic Study of the Reaction of Different Hardwood Sawdust Chars with Oxygen. Chemical and Structural Characterization of the Samples[M]. Dordrecht: Springer, 1993.

[68] Janse A M C, de Jonge H G, Prins W, et al. Combustion kinetics of char obtained by flash pyrolysis of pine wood[J]. Industrial & Engineering Chemistry Research, 1998, 37（10）：3909-3918.

[69] Di Blasi C, Buonanno F, Branca C. Reactivities of some biomass chars in air[J]. Carbon, 1999, 37（8）：1227-1238.

[70] Adánez J, de Diego L F, García-Labiano F, et al. Determination of biomass char combustion reactivities for FBC applications by a combined method[J]. Industrial & Engineering Chemistry Research, 2001, 40（20）：4317-4323.

[71] Zolin A, Jensen A, Jensen P A, et al. The influence of inorganic materials on the thermal deactivation of fuel chars[J]. Energy & Fuels, 2001, 15（5）：1110-1122.

[72] Cozzani V. Reactivity in oxygen and carbon dioxide of char formed in the pyrolysis of refuse-derived fuel[J]. Industrial & Engineering Chemistry Research, 2000, 39（4）：864-872.

[73] Branca C, Di Blasi C. Global kinetics of wood char devolatilization and combustion[J]. Energy & Fuels, 2003, 17（6）：1609-1615.

[74] Várhegyi G, Mészáros E, Antal M J, et al. Combustion kinetics of corncob charcoal and partially demineralized corncob charcoal in the kinetic regime[J]. Industrial & Engineering Chemistry Research, 2006, 45（14）：4962-4970.

[75] Branca C, Iannace A, Di Blasi C. Devolatilization and Combustion Kinetics of Q uercus c erris Bark[J]. Energy & Fuels, 2007, 21（2）：1078-1084.

[76] Li J, Paul M C, Younger P L, et al. Prediction of high-temperature rapid combustion behaviour of woody biomass particles[J]. Fuel, 2016（165）：205-214.

[77] Jones J M, Pourkashanian M, Williams A, et al. A comprehensive biomass combustion model[J]. Renewable Energy, 2000, 19（1-2）：229-234.

[78] Gómez M A, Porteiro J, Patiño D, et al. Eulerian CFD modelling for biomass combustion. Transient simulation of an underfeed pellet boiler[J]. Energy Conversion and Management, 2015, 101（9）: 666-680.

[79] Gómez M A, Porteiro J, De la Cuesta D, et al. Numerical simulation of the combustion process of a pellet-drop-feed boiler[J]. Fuel, 2016, 184（11）：987-999.

[80] Karim M R, Bhuiyan A A, Naser J. CFD simulation of biomass thermal conversion under air/oxy-fuel conditions in a reciprocating grate boiler[J]. Renewable Energy, 2020（146）：1416-1428.

[81] Zhou H, Jensen A D, Glarborg P, et al. Numerical modeling of straw combustion in a fixed bed[J]. Fuel, 2005, 84（4）：389-403.

[82] Cooper J, Hallett W L H. A numerical model for packed-bed combustion of char particles[J]. Chemical Engineering Science, 2000, 55(20)：4451-4460.

[83] Sankar G, Kumar D S, Balasubramanian K R. Computational modeling of pulverized coal fired boilers：A review on the current position[J]. Fuel, 2019, 236(1)：643-665.

[84] Johansson R, Thunman H, Leckner B. Influence of intraparticle gradients in modeling of fixed bed combustion[J]. Combustion and Flame, 2007, 149(1-2)：49-62.

[85] Mehrabian R, Shiehnejadhesar A, Scharler R, et al. Numerical modelling of biomass grate furnaces with a particle based model[C]. 10th European Conference on Industrial Furnaces and Boilers, Porto, Portugal, 2015：1-14.

[86] Porteiro J, Granada E, Collazo J, et al. A model for the combustion of large particles of densified wood[J]. Energy & Fuels, 2007, 21(6)：3151-3159.

[87] Collazo J, Porteiro J, Patino D, et al. Numerical modeling of the combustion of densified wood under fixed–bed conditions[J]. Fuel, 2012, 93(3)：149-159.

[88] Yang Y B, Ryu C, Khor A, et al. Effect of fuel properties on biomass combustion. Part II. Modelling approach-identification of the controlling factors[J]. Fuel, 2005, 84(16)：2116-2130.

[89] Chen J, Yin W, Wang S, et al. Modelling of coal/biomass co-gasification in internal circulating fluidized bed using kinetic theory of granular mixture[J]. Energy Conversion and Management, 2017,148(9)：506-516.

[90] Rajika J, Narayana M. Modelling and simulation of wood chip combustion in a hot air generator system[J]. SpringerPlus, 2016, 5(1)：1166.

[91] Okasha F. Modeling combustion of straw–bitumen pellets in a fluidized bed[J]. Fuel Processing Technology, 2007, 88(3)：281-293.

[92] Fatehi H, Bai X S. A comprehensive mathematical model for biomass combustion[J]. Combustion Science and Technology, 2014, 186(4-5)：574-593.

[93] Miltner M, Makaruk A, Harasek M, et al. Computational fluid dynamic simulation of a solid biomass combustor：Modelling approaches[J]. Clean Technologies and Environmental Policy, 2008, 10(2)：165-174.

[94] Siegel R, Howell J R. Thermal Radiation Heat Transfer[M]. Washington DC: Hemisphere Pub. Corp, 1992.

[95] Modest M F. Radiative Heat Transfer[M]. New York: Academic Press, 2013.

[96] Fluent Inc. FLUENT 6. 3 documentation[Z]. 2001.

# 第 3 章　床层-炉膛迭代耦合模拟方法与应用

研究垃圾焚烧炉的燃烧过程，关键在于研究垃圾焚烧炉炉内温度场、浓度场及流场分布。准确地掌握炉膛内的运行状况，对后期 SNCR 脱硝系统的设计和优化起到至关重要的作用。在实际运行中，垃圾成分和热值变化明显，焚烧炉体积庞大，现场测试存在很大难度，垃圾在床层上燃烧的相关数据难以获取。除此之外，小规模试验装置获得的实验数据存在一定的局限性，不能作为实际运行的垃圾焚烧炉内烟气的相关数据，而通过数值模拟方法建立床层燃烧模型，能够合理、准确地预测床层燃烧的过程，在很大程度上为研究提供了便利。本章将重点介绍炉排式焚烧炉床层-炉膛迭代耦合模型的建立及其应用。

## 3.1　床层-炉膛迭代耦合原理与计算步骤

炉排式垃圾焚烧炉主要由炉排和炉膛两部分构成。在实际运行过程中，垃圾以一定的投料量进入炉排，随着炉排以一定的速度向燃烬段移动。由于炉排所处的环境具有一定的温度和空气气氛，因此垃圾会发生以下一系列物理变化和化学反应：

(1) 干燥。垃圾投入焚烧炉后，经过预热的一次风由炉排下方的风室进入，与炉排上的垃圾产生对流换热作用；同时，在炉膛内的高温烟气和炉拱辐射的作用下，水分蒸发开始。

(2) 脱挥发分。随着水分的不断蒸发吸收热量，固体垃圾温度升高，同时随着炉排不断向前运动，反应气氛温度升高，触发垃圾热解脱挥发分过程，$H_2$、$H_2O$、$CO$、$CO_2$、$CH_4$、$C^{2+}$ 等挥发分逐渐释放。

(3) 挥发分燃烧。(2) 中的可燃性气体挥发至炉膛后，在高温条件下与氧气剧烈混合并发生均相燃烧反应，主要产生 $H_2O$ 和 $CO_2$ 等产物。

(4) 焦炭燃烧。在垃圾的热解过程中，随着挥发分不断析出，焦炭在床层上形成，在高温和空气共存的条件下，发生燃烧反应，产生 $CO$ 和 $CO_2$ 等产物。

需要指出的是，炉排中的(1)、(2)为强吸热过程，所需热量主要来自炉膛的高温烟气和炉拱的辐射，该部分热源主要由炉排中的焦炭和由炉排扩散至炉膛中的挥发分燃烧反应提供。可见，垃圾焚烧炉炉排和炉膛两个区域存在"三传一反"现象的相互影响和渗透，为了满足模拟结果的合理性和准确性，在焚烧炉模拟中采用床层燃烧与炉膛燃烧模拟相耦合的方法是非常必要的。

Yang 等[1-3]综合考虑垃圾燃烧的物理变化和化学反应过程，通过引入化学反应机理和守恒控制方程，建立了一套双流体模型，准确地描述了气固两相在炉排上的温度分布和组分浓度分布。在 Yang 等开发的迭代耦合算法中，炉排燃烧可以由他们开发的 FLIC 程序进行模拟，炉膛燃烧可以直接采用商用 CFD 软件 Fluent 进行计算。

FLIC 程序对炉排燃烧过程做出如下假设：

(1) 将炉排上的垃圾固体床层当作均匀连续的多孔介质来处理。

(2)类比于煤的工业分析，认为固体垃圾由水分、挥发分、固定碳和灰分构成。

(3)一次风流以层流的形式通过垃圾床层，忽略湍流对炉排燃烧产生的影响。

(4)认为垃圾在炉排纵深方向均匀分布，忽略气固两相在该方向上的运动，即认为垃圾在炉排上的运动是一个二维(炉排长度和床层高度)过程。

(5)气固床层沿炉排移动的速度向前运动。

(6)炉排上的床层体积的收缩是由异相化学反应造成的固相质量减少导致的。

在实际炉排燃烧过程中，床层体积(固体垃圾体积)沿炉排长度逐渐减少。在干燥和热解过程中，垃圾中的水分和挥发分不断被释放，剩余垃圾固体(由焦炭和灰分组成)的孔隙率不断增加。Yang 等[4]引入内部孔隙空间(internal pore space)表征剩余固体孔隙率随干燥、热解过程的变化，这一概念的引入将固体的孔部孔隙空间与垃圾外表面气体占据的气相空间(gas space)区分出来。内部孔隙空间是一个假想的概念，它没有质量和焓值，只是一个量化床层体积变化的参数。内部孔隙空间随干燥和热解过程的进行而逐渐增加，部分抵消了水分和挥发分释放后导致的床层体积的减小。在随后的焦炭燃烧、气化过程中，内部孔隙空间开始被慢慢移除，从而降低了床层的体积。炉排燃烧过程中的床层体积变化可由图 3.1 形象地展现。

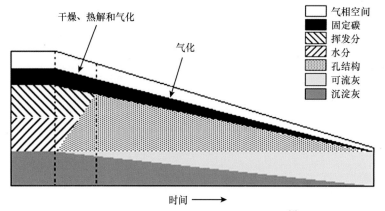

图 3.1　炉排燃烧过程中的床层体积变化[4]

图 3.1 左侧第一列显示了床层内 5 种组分的初始体积分布，具体包括床内的气相空间、固定碳、挥发分、水分和沉淀灰。随着干燥和热解过程的进行，内部孔隙空间的增加部分弥补了水分和挥发分释放导致的床层体积减小。在燃烧气化过程中，内部孔隙空间不再继续生成，而是随焦炭的气化而逐渐减小；同时，焦炭中碳量的减小把沉淀灰逐渐转换为可流动灰(free ash)，且内部孔隙空间的体积减小速率与沉淀灰相同。如果干燥、热解造成的内部孔隙空间的生成量大于气化的消耗量，内部孔隙空间将一直增加，直至干燥和热解过程结束。当炉排燃烧结束(气化反应结束)时，可流动灰中孔隙率很小。

图 3.2 展示了 FLIC 程序与 Fluent 软件迭代耦合过程，其核心思想就是炉排燃烧为炉膛燃烧提供包括气相温度、气相速度和气体组分浓度在内的"入口条件"，而炉膛燃烧反过来提供炉膛的辐射热流密度来为炉排燃烧提供热量。其具体的操作步骤是：首先，输入垃圾的基本特性(工业分析、元素分析、颗粒密度和均匀直径)，以及炉排特性参数(炉排

的横截面积、炉排运动速度、一次风的质量流率和温度)。其次，在初始计算时，假定一
个炉膛对炉排的辐射热流密度，根据 FLIC 程序
计算获得床层顶端的气相温度和气体组分浓度
分布曲线，以此作为"入口条件"带入炉膛燃
烧计算，反馈出对应的炉膛辐射热流密度变化
曲线。最后，将该反馈曲线作为初始条件输入
FLIC 程序，将计算得到的气体温度和浓度曲线
再次导入 Fluent 模拟计算，获得更新的炉膛热
辐射结果。如此不断进行 FLIC 和 Fluent 的迭代
耦合，直到更新过的辐射曲线与更新前的曲线
基本一致。最后，将二维"入口条件"拓展成
三维条件(认为气体物性在炉排宽度的第 3 个方
向上均匀分布)，带入三维的炉膛燃烧。结合我
国垃圾存在的高水分、低热值特性，国内研究
人员[5, 6]展开了炉排式垃圾焚烧炉的燃烧和
SNCR 脱硝的 CFD 模拟研究，并分析了垃圾热
值、炉排结构、炉拱结构对炉膛燃烧的影响。

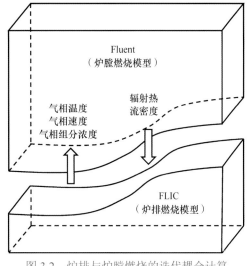

图 3.2　炉排与炉膛燃烧的迭代耦合计算

## 3.2　不同垃圾热值的模拟

### 3.2.1　生活垃圾燃烧模拟计算结果与分析

众所周知，生活垃圾的成分十分复杂，而垃圾成分的特性分析数据是生活垃圾焚烧
厂设计、建设和运行管理的关键基础材料，不同的垃圾成分势必导致焚烧炉的燃烧状况
不同。因此，在建立垃圾焚烧炉的模型之前，有必要对收集到的不同成分的生活垃圾进
行一定的处理和分析，获得其分析数据。上海市某大型垃圾焚烧厂生活垃圾性质如表 3.1
和表 3.2 所示。

表 3.1　生活垃圾的工业分析(干燥基)

| 工业分析 | 水分 | 挥发分 | 固定碳 | 灰分 |
|---|---|---|---|---|
| 含量/%(质量分数) | 49.99 | 27.60 | 8.00 | 14.41 |
| 低位热值/(kJ/kg) | | | 7118 | |

表 3.2　生活垃圾的元素分析(干燥无灰基)

| 元素分析 | C | H | O | N | S | Cl |
|---|---|---|---|---|---|---|
| 含量/%(质量分数) | 58.08 | 7.84 | 30.76 | 1.03 | 1.13 | 1.16 |

生活垃圾热值模拟对象为应用在上海市某大型垃圾焚烧厂的机械式炉排炉，其基本特
性如表 3.3 所示。

表 3.3　焚烧炉排的基本特性

| 项目 | 数值 | 项目 | 数值 |
|---|---|---|---|
| 炉排长度/m | 13.6 | 垃圾停留时间/min | 90 |
| 炉排宽度/m | 9.13 | 垃圾平均密度/(t/m$^3$) | 0.4 |
| 炉排高度/m | 22.5 | 垃圾处理量/(t/d) | 750 |

与煤燃烧类似，垃圾燃烧的理论空气量可以由垃圾的各成分与氧气的化学反应求得。由于垃圾处理追求的目标是无害化、减量化和资源化，为了保证垃圾的完全燃烧，减少不必要的二次污染，通常采用增加过量空气系数的办法。过量空气系数对垃圾焚烧状况有很大的影响，较大的过量空气系数对燃烧是有利的，因为其不仅可以提供过量的氧气，而且炉内的湍流度也会增加；但是，过大的过量空气系数会给燃烧带来不利影响，炉腔内的温度可能会降低，而且提供输送空气和预热的能量也会增加。综合考虑，根据工程实际，选取一次风的过量空气系数为 1.3，焚烧炉总过量空气系数为 1.6。由表 3.1 和表 3.2 数据计算可知，燃烧 1kg 的基准垃圾所需理论空气量为 2.389Nm$^3$/kg，由此确定出炉排燃烧总空气流率为 1617.54Nm$^3$/min。

垃圾沿炉排长度方向上展开 4 个连续过程：蒸发、热解、燃烧、燃烬。虽然 4 个阶段交错进行，相互影响，但由于炉排长度方向上各个区域的燃烧过程并不是完全相同的，因此每一个区段需要的风量也就不同。为使垃圾在炉排上充分燃烧，必须沿炉排长度方向合理地组织分配好一次风与二次风的比例及一次风各风室的分配比例，即"按需分配"各个阶段的空气量。张衍国等[7]通过理论计算、测量火焰温度和炉腔烟气成分的分布及运行经验数据等综合分析给出了一次风沿炉排长度方向的配风情况，如图 3.3 所示。

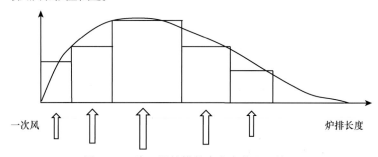

图 3.3　一次风沿炉排长度方向的配风情况

从图 3.4 中可以看到，一次空气供给量最大的区域是挥发分大量释放、迅速燃烧并大量放热的阶段；垃圾的固定碳含量较少，因此燃烬段相对来说只需要较少的燃烧空气；由于垃圾中水分含量较高，本节研究的垃圾水分含量为 49.99%，蒸发过程虽不耗氧，但需要吸收大量热量进行干燥，若完全依靠炉拱的辐射是比较困难的，因此一部分能量就需要通过一次风的对流来提供，从而需要蒸汽或烟气通过传热过程来适当提高燃烧空气的温度。若空气温度过高，床层内部结渣或结块的可能性会提高。根据国内外多年的垃圾焚烧经验：当垃圾热值小于 8000kJ/kg 时，需要给一次风预热。一次风预热温度与垃圾热值的关系如表 3.4 所示，图 3.4 为国外供货厂家给出的建议工况。

表 3.4　一次风预热温度与垃圾热值的关系[8]

| LHV/(kJ/kg) | ≤5000 | 5000~8100 | >8100 |
|---|---|---|---|
| 一次风预热温度/℃ | 200~250 | 100~220 | 20~100 |

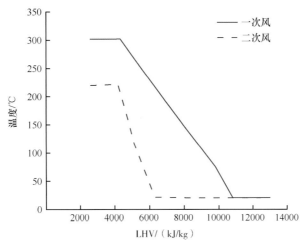

图 3.4　国外供货厂家给出的建议工况[8]

根据上述分析，结合工程实际，可确定基准垃圾的一次风风温为 523K，各风室的配风比例和通入的一次风风量如表 3.5 所示。

表 3.5　各风室的运行工艺参数

| 风室段 | 1# | 2# | 3# | 4# | 5# | 6# |
|---|---|---|---|---|---|---|
| 炉排长度/m | 2.14 | 2.00 | 2.50 | 2.50 | 2.16 | 2.25 |
| 停留时间/min | 10 | 9 | 11 | 11 | 9 | 10 |
| 进风比例/% | 15 | 20 | 24 | 20 | 12 | 9 |

建立垃圾焚烧炉三维几何模型，利用 ICEM CFD 软件对垃圾焚烧炉几何体进行计算网格的划分，采用六面体网格，对进口处的湍流作用复杂区域的网格进行局部加密。垃圾焚烧炉计算网格如图 3.5 所示。

根据上述条件，模拟垃圾焚烧炉炉膛内的燃烧过程，将 FLIC 计算得到的床层顶端烟气温度及气体组分沿炉排长度方向的分布作为焚烧炉炉膛燃烧的入口条件。利用 Fluent 软件选择不同模型，设置边界条件并选取合适的求解器类型。本节模拟计算中，湍流模型、辐射模型、燃烧模型的选择在前文已经做了介绍；边界条件设置中，入口均设置为质量流率入口(mass-flow-inlet)，炉膛出口选择压力出口(pressure-outlet)，炉膛壁面均采用标准壁面函数，设置恒定壁面温度。各控制方程对流相的离散均采用精确度较高的二阶迎风格式。采用 SIMPLE 算法进行求解。

图 3.5　垃圾焚烧炉计算网格

通过 FLIC 和 Fluent 软件多次迭代耦合计算,得到 MCR(最大连续稳定运行)工况下床层气固两相燃烧的结果,具体如下。

床层表面烟气温度及气体组分浓度沿炉排长度方向的分布如图 3.6 所示。由图 3.6 可知,水分蒸发迅速,在炉排长度约 3m 处,蒸发过程已基本完成。随着床层温度的不断升高,$C_mH_n$ 和 CO 浓度逐渐增大,$C_mH_n$ 和 CO 浓度达到峰值位置比气相温度峰值位置稍有提前。随着挥发分的点燃,床层温度快速升高,部分焦炭与氧气发生氧化反应,释放出大量的 CO,并产生大量热量。经床层与炉膛的多次迭代耦合计算,得到图 3.7 所示的炉膛辐射强度沿炉排长度方向的分布。由图 3.7 可知,在炉排长度约 6m 处,炉膛辐射强度达到最大值。结合图 3.6 和图 3.7 可知,炉膛辐射强度和气相温度峰值的出现具有一致性,这决定了炉排上的着火位置。此时,CO 浓度与气相温度的变化呈相同趋势,这表明 CO 是挥发分燃烧和焦炭气化的主要产物。$O_2$ 浓度随着挥发分的燃烧出现波动,在挥发分燃烧过程结束后,氧气浓度缓慢上升,最终浓度达到约 20%。

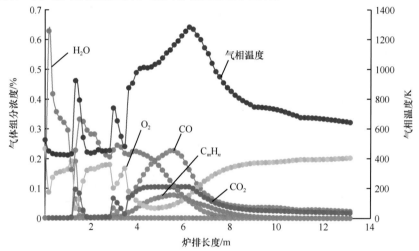

图 3.6　床层表面烟气温度及气体组分浓度沿炉排长度方向的分布

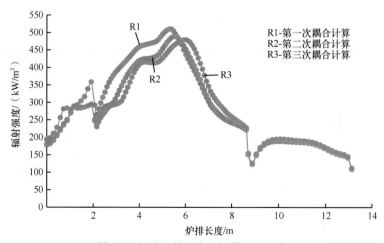

图 3.7　炉膛辐射强度沿炉排长度方向的分布

将图 3.6 所示的烟气温度及气体组分浓度分布作为三维垃圾焚烧炉模型炉膛燃烧的入口边界条件，假设 Z 方向上的组分分布均相同。由床层释放的可燃性气体与剩余氧气及二次风注入的新鲜空气再次混合燃烧。前后墙二次风具体的分配比例为：前墙处的二次风的过量空气系数为 0.2，后墙处的过量空气系数为 0.1。

垃圾焚烧炉炉膛中间截面温度分布如图 3.8 所示。垃圾在炉排燃烧后，可燃气体从床层顶端逸出，进入燃烧室，继续与 $O_2$ 混合燃烧，释放出大量热量。因此，在炉膛燃烧室的中下部，对应于炉排着火燃烧区域上方，温度达到最大值 1500K。燃烧产生的烟气不断上升，与炉拱处进入的二次风混合，烟气中剩余的可燃气继续与二次风中的 $O_2$ 发生燃烧反应，大量的反应热再次使得炉膛内温度升高至 1573K 左右。从图 3.8 中可以明显看出，二次风的射入抑制了烟气的火焰，在一定程度上起到了降温作用，同时使炉膛内的燃烧更加充分。由于炉膛周围水冷壁的吸热作用，烟气在上升过程中温度逐渐降低，经过折焰角后，烟气温度下降约 200K，炉膛出口温度为 1080K。

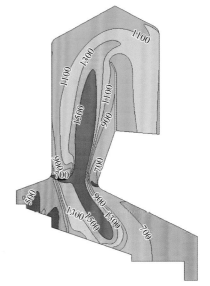

图 3.8　垃圾焚烧炉炉膛中间截面温度分布
（单位：K）

图 3.9 为垃圾焚烧炉中间截面速度与速度矢量分布。在炉排上部烟气的流速最小，在炉膛中部较大；而在炉膛尾部，烟气在经过折焰角时流速突然增大，形成涡流。通过流场的速度矢量图可以看出，二次风的射入极大地扰动了烟气的流场，加快了上升的烟气流速。

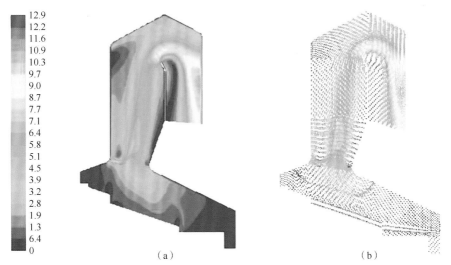

（a）　　　　　　　　　　　　　　　（b）

图 3.9　垃圾焚烧炉中间截面速度(a)及速度矢量分布(b)（单位：m/s）

炉膛内的 $NO_x$ 浓度分布如图 3.10 所示。在炉排着火位置上方，燃烧室中下部区域，$NO_x$ 浓度最高，为 2240mg/$Nm^3$(273K，1atm，$O_2$ 浓度为 11%，EU2000/76/EEC，下同)。

结合图 3.11 所示的炉膛内的 $O_2$ 浓度分布可知，该区域燃烧剩余的 $O_2$ 较多，有利于 $O_2$ 与燃料中的有机氮结合生成大量的 $NO_x$。在炉膛中部的燃烧较为剧烈区域，$NO_x$ 的生成量却不多，主要原因在于该区域内的 $O_2$ 含量较低，不利于 $NO_x$ 的生成。综合分析可知，燃烧温度对燃料型 $NO_x$ 生成的影响不大，真正起显著作用的是 $O_2$ 含量。这验证了燃料型 $NO_x$ 的主要生成机理。随着生成的 $NO_x$ 与外层烟气及二次风的混合稀释，$NO_x$ 的浓度逐渐减小，在炉膛出口处，$NO_x$ 的浓度降至 262mg/$Nm^3$。

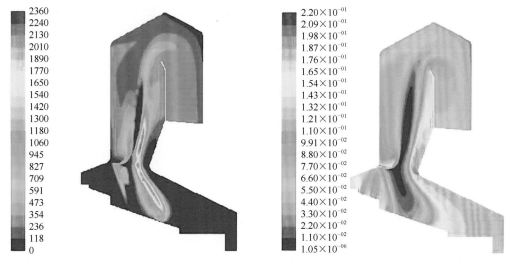

图 3.10　炉膛内 $NO_x$ 浓度分布(单位：mg/$Nm^3$)　　图 3.11　炉膛内 $O_2$ 浓度分布[单位：%(摩尔分数)]

由图 3.11 中的 $O_2$ 浓度分布可以看出，炉膛内燃烧最剧烈的区域 $O_2$ 含量最低，仅约为 1%。图 3.11 中，靠近前墙处的 $O_2$ 浓度明显低于后墙处，这表明由前拱二次风带入的 $O_2$ 促进了炉膛内的燃烧。

综上所述，在 MCR 工况下，通过模拟垃圾焚烧炉床层燃烧过程，获得了床层表面烟气组分浓度分布及烟气温度分布；通过模拟垃圾焚烧炉炉膛内的燃烧，得到了炉膛内温度场、流场及浓度场的分布情况。模拟计算结果与工程实际吻合，间接验证了该模型的准确性。

### 3.2.2　低热值生活垃圾燃烧模拟计算结果

由于经济欠发达地区生活垃圾热值较低，对低热值生活垃圾的燃烧过程进行模拟分析具有重要的现实意义。选取有代表性的低热值生活垃圾，其工业分析和元素分析如表 3.6 和表 3.7 所示。

表 3.6　低热值生活垃圾的工业分析(干燥基)

| 工业分析 | 水分 | 挥发分 | 固定碳 | 灰分 |
|---|---|---|---|---|
| 含量/%(质量分数) | 56.12 | 23.88 | 5.00 | 15.00 |
| 低位热值/(kJ/kg) | | 5830 | | |

表 3.7　低热值生活垃圾的元素分析(干燥无灰基)

| 元素分析 | C | H | O | N | S | Cl |
|---|---|---|---|---|---|---|
| 含量/%(质量分数) | 57.83 | 7.93 | 30.82 | 1.11 | 1.13 | 1.18 |

由以上分析结果计算可得,燃烧 1kg 低质垃圾所需理论空气量为 $1.816Nm^3/kg$。在本章中,高低质垃圾的总空气过剩系数、一次风空气过剩系数、二次风空气过剩系数、炉排配风比例、一次风温、二次风温等条件均保持相同。

床层表面烟气温度及气体组分浓度分布如图 3.12 所示。由图 3.12 可知,水分含量到达峰值,约 65%,水分蒸发迅速。在炉排长度约 3.8m 处,蒸发过程已基本完成。由 $C_mH_n$ 和 CO 的浓度分布可以看出,当 $C_mH_n$ 和 CO 浓度达到峰值时,随着燃烧反应的加剧,床层顶端烟气温度逐渐升高,在炉排长度约 7.7m 处达到最大。图 3.13 为炉膛辐射强度沿炉排长度方向的分布。由图 3.13 可知,在炉排长度约 6.5m 处,炉膛辐射达到最大值。与图 3.7 MCR 工况下的辐射强度分布比较发现,当垃圾热值降低时,辐射强度峰值的出现推迟了约 0.5m,最大辐射强度略有下降。

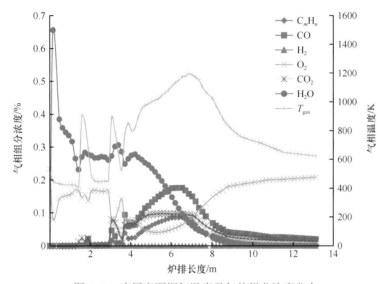

图 3.12　床层表面烟气温度及气体组分浓度分布

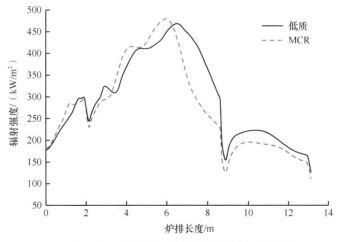

图 3.13　炉膛辐射强度沿炉排长度方向的分布

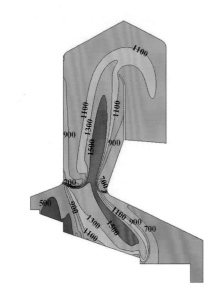

图 3.14 为炉膛中间截面温度分布。与图 3.8 所示 MCR 工况下的温度比较，发现温度的分布变化并不明显。整体来看，炉膛温度分布不均，靠近前墙的温度低于后墙，这与 MCR 工况下的趋势基本一致；只是炉排着火位置向后移动，高温区域范围缩小，这主要是由于垃圾含水量变大、垃圾热值降低引起的，炉膛出口温度为 1040K。

图 3.15 为炉膛中间截面速度和速度矢量分布。低质垃圾在炉膛内燃烧时，二次风的进入同样对烟气的流场产生了扰动，烟气的上升速度加快。在炉排上部烟气的流速最小，在炉膛中部较大，而在炉膛尾部形成涡流。由于低热值生活垃圾在焚烧炉内所需的空气量与 MCR 工况下相比有所减少，在相同过量空气系数下，进入炉膛的二次风量相应减少，对炉膛内的烟气扰动作用与 MCR 工况相比有

图 3.14　炉膛中间截面温度分布(单位：K)

所减弱，尤其在烟气经过折焰角位置时，流速的变化没有 MCR 工况下明显。

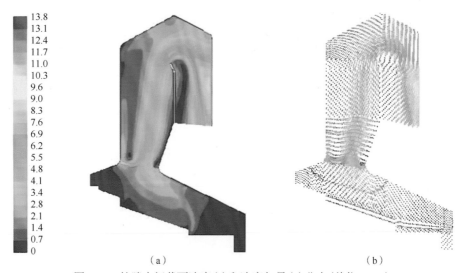

(a)　　　　　　　　　　　　　(b)

图 3.15　炉膛中间截面速度(a)和速度矢量(b)分布(单位：m/s)

炉膛 $NO_x$ 和 $O_2$ 浓度分布分别如图 3.16 和图 3.17 所示。炉膛高温区域燃烧剧烈，$O_2$ 浓度最低，此区域不利于 $NO_x$ 生成，浓度最低。$NO_x$ 最高浓度为 2570mg/Nm³，同样集中在炉膛中下部，炉排着火位置上方。该区域的温度及 $O_2$ 浓度满足燃料型 $NO_x$ 生成所需条件。炉膛出口 $NO_x$ 浓度为 256mg/Nm³。

综上所述，通过对低热值生活垃圾在焚烧炉内燃烧过程的模拟，得到了炉膛内温度场、流场及浓度场的分布情况。通过与 MCR 工况的结果对比发现，降低垃圾热值会使炉排着火位置滞后，引起炉内燃烧不完全，以及炉内温度场和流场分布的高度不均匀；同时，炉膛内剩余的 $O_2$ 浓度过高会导致炉内燃料型 $NO_x$ 生成量有所增加，这需要在炉排式垃圾焚

烧炉优化设计和运行过程中予以重视。

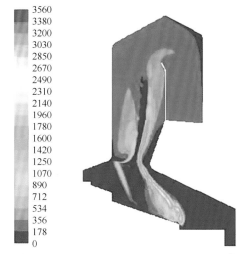

图 3.16　炉膛 $NO_x$ 浓度分布(单位：$mg/Nm^3$)

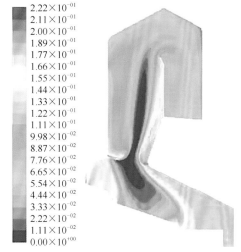

图 3.17　炉膛 $O_2$ 浓度分布[单位：%(摩尔分数)]

## 3.3　不同炉排结构的模拟

在不同的垃圾焚烧炉工艺中，存在结构不同的炉排形式，如无落差墙的一段式炉排和有落差墙的三段式炉排。本章研究的焚烧炉采用的是三段式炉排。本节以 3.2.1 小节的生活垃圾为计算燃料，在保持每段炉排长度及其通过的一次风流量、温度恒定的基础上，分析了两种炉排几何结构(一段式与三段式)对垃圾燃烧的影响。不同炉排几何结构如图 3.18 所示，图中数字编号代表一次风进风口位置。

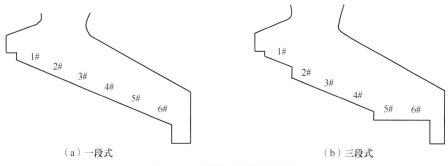

（a）一段式　　　　　　　　　　　（b）三段式

图 3.18　不同炉排几何结构

图 3.19 显示了一段式炉排的床层气相和固相温度分布。垃圾在一次风对流和炉膛辐射的双重作用下，依次发生干燥和热解过程，在炉排长度约 6.0m 处，挥发分开始燃烧过程，释放大量的热量，气相温度达到最大值，并带动固体垃圾的燃烧，固相温度达到最大值。随挥发分的燃尽，垃圾进入燃烬状态，气相温度又开始下降。炉排上的垃圾由于受到炉膛辐射作用，固相温度仍然较高。

图 3.20 显示了三段式炉排的气相和固相温度分布。垃圾的最高气相温度产生于炉排长度约 6.4m 处，气相的剧烈燃烧带动床层固相的燃烧，使得固相温度急剧升高。随后，气

相温度随垃圾的燃烬而逐渐降低,而固相温度则随垃圾的燃烬保持在较高值。

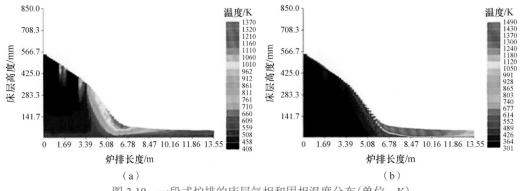

图 3.19　一段式炉排的床层气相和固相温度分布(单位:K)

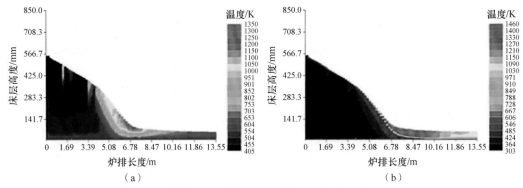

图 3.20　三段式炉排的床层气相和固相温度分布(单位:K)

通过比较一段式与三段式炉排的床层气固相温度分布,可知两者的最高气相、固相温度分布基本一致,但三段式炉排的最高气相温度位置要稍微滞后于一段式炉排。同样的结果也可以通过观察燃烧气体组分 $C_mH_n$(图 3.21)与 CO(图 3.22)随炉排长度变化曲线得出:三段式炉排的着火位置也略微滞后,滞后值约为 0.4m。

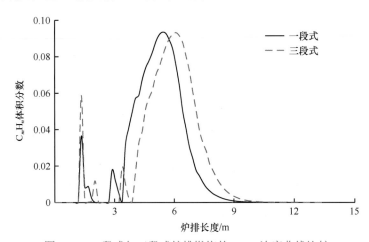

图 3.21　一段式与三段式炉排燃烧的 $C_mH_n$ 浓度曲线比较

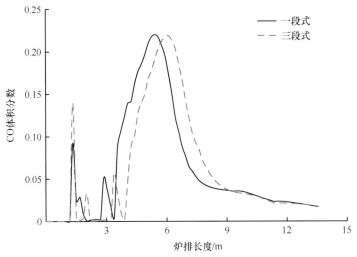

图 3.22　一段式与三段式炉排燃烧的 CO 浓度曲线比较

　　基于炉排床层燃烧与炉膛燃烧的迭代耦合计算关系，床层着火位置的滞后源于炉膛内烟气对炉排的热辐射的差异，详见图 3.23。观察图 3.23 可知，三段式炉排所受的烟气热辐射强度低于一段式炉排，并且辐射热峰值滞后一段式炉排 0.5m 左右。这是由于垃圾床层所受热辐射的大小主要取决于后拱对床层的辐射强度，三段式的炉排扩大了炉膛喉部以下的烟气流动空间，却增大了其与炉膛后拱的距离，导致热辐射强度降低。在三段式炉排长度约 9m 处出现了波谷值，这是由于该位置正好对应于第 5#炉排的起始位置，此处由于垃圾燃烧进入燃烬阶段，烟气产生的辐射较低，加之受制于前一段炉排的梯形形状阻断高温烟气的热辐射，导致波谷的出现。

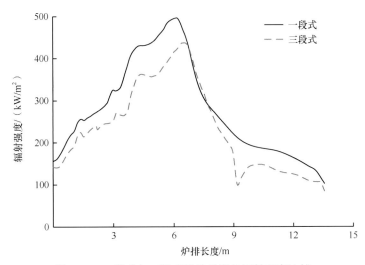

图 3.23　一段式与三段式炉排长度热辐射强度比较

　　一段式与三段式炉膛温度分布如图 3.24 所示，炉排的几何模型由一段式改为三段式之后，对炉膛的温度分布主要产生了 3 方面的影响：

（1）三段式炉排的着火位置略微后移 0.4m 左右。

（2）三段式炉排上方的整体温度明显升高，这是由于更改炉排型式后，增加了炉排上方的燃烧空间，延长了烟气在炉膛内的停留时间，有利于炉排上部的可燃气的燃烧。

（3）三段式炉排的炉膛火焰中心向后墙偏移，有效地利用了后墙空间。火焰中心的后移主要源于炉排着火点的滞后，使得大量可燃气燃烧更靠近后墙。

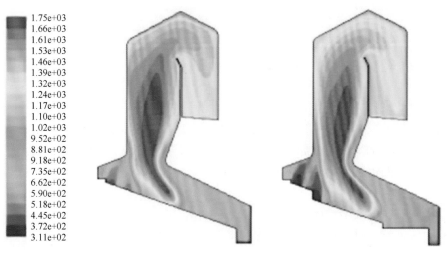

图 3.24　一段式与三段式炉膛温度分布（单位：K）

一段式与三段式炉膛速度分布如图 3.25 所示，从中可以看出，炉排型式对炉内速度分布影响不大。

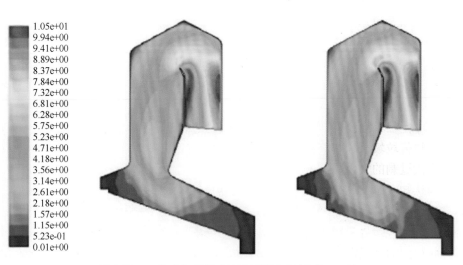

图 3.25　一段式与三段式炉膛速度分布（单位：m/s）

# 3.4 不同炉拱结构的模拟

炉拱(包括前拱和后拱)作为燃烧室的重要组成部分,具有积蓄热量和辐射热量的功能。本研究针对的是机械炉排炉,其前后拱形状是炉膛设计中的一个极为关键的部分。不同特性垃圾的着火、燃烧性能大不相同,因此对炉拱的结构也有着特殊的要求。

对经济发达地区的生活垃圾来说,其含水率较低,热值较高,挥发分含量也较高,故比较容易着火,而且燃烧后有较为强烈的火焰辐射,从而使得垃圾层容易着火,垃圾更易燃烬,燃烧效率较高。当锅炉容量较大时,火焰的辐射能力会更强,这种效果更为明显。针对上述情况,可以采用开式炉膛,即较为简单的炉拱结构,借助火焰的辐射加热新进炉膛的垃圾,使其及时着火,并保证燃烬。

然而,对于低热值垃圾来说,其含水率较高,热值较低,挥发分含量也较低,所以它较难着火,而且火焰的辐射较弱,因此必须设法借助炉拱对燃烧强烈区的辐射热来加强对湿垃圾的干燥[9]。为解决火焰辐射较弱的问题,常采取加大炉膛中的前后拱的措施,将垃圾燃烧高温烟气的辐射热传递给新进炉膛的垃圾,辅助垃圾着火燃烬。有时,除前后拱之外,还需要在中间部位加中间炉拱。

综上可以看出:改造焚烧炉炉拱是工程上调整燃烧的手段之一。

垃圾焚烧锅炉炉膛布置按垃圾与烟气流向可分为顺流式、逆流式和混流式。顺流式的烟气流向与垃圾运动方向相同,炉膛烟气辐射区域的进口位于炉排尾部,这种布置方式适用于高热值焚烧垃圾。逆流式的烟气流向与垃圾运动方向相反,炉膛气辐射区域的进口位于炉排前部,这种布置适用于低热值垃圾。混流式的烟气流向与垃圾运动方向介于顺流式与逆流式之间,炉膛气辐射区域的进口位于炉排中部,适用于前两者之间的垃圾[8]。对上述三种炉膛布置形式分别处理不同热值垃圾的燃烧情况进行了模拟,顺流式焚烧炉处理垃圾热值为12000kcal/kg,逆流式焚烧炉处理垃圾热值为5000kcal/kg,混流式焚烧炉处理垃圾热值为8000kcal/kg,模拟结果如图3.26所示。顺流布置的焚烧炉干燥段部分的低温烟气在炉拱作用下流向炉排尾部,可防止高热值垃圾过早被点燃,使炉排火线后移,有利于炉排温度控制;相反,处理低热值垃圾时火焰集中在燃烬段前端和燃烧段末端,整体火线靠后,逆流布置的焚烧炉后拱低矮,可使燃烧段和燃烬段的高温烟气向前流动,加快低热值垃圾干燥,使垃圾着火前移,从而保证处理低热值垃圾的稳定性;混流式布置的焚烧炉在处理中等热值垃圾时,火焰集中在燃烧段中部,由于前拱和后拱在喉部收缩,可以将干燥段和燃烬段过剩的空气集中到主燃区上部,补充氧气,更利于挥发分的二次燃烧。综上模拟结果与认知一致,从侧面也说明了模拟结果的可靠性。目前我国基本采用混流式布置。

本节针对某城市生活垃圾焚烧炉因焚烧高水分、低热值垃圾,导致着火位置滞后、垃圾"烧不透"、残炭含量较高等一系列问题,采用3.1节所述方法模拟垃圾在炉排上的燃烧过程,将得到的烟气温度、速度、各组分的浓度沿床层长度方向的分布作为炉膛入口的边界条件,对炉膛空间的辐射强度和流场进行模拟,通过广泛的数值实验,比较优化前后的炉拱辐射强度、挥发分质量分数、温度沿炉排长度方向的分布及炉膛内的速度矢量图,探索后拱高度和挡板的有无对着火位置的影响。

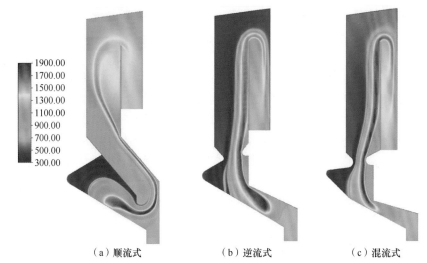

(a) 顺流式　　　　　(b) 逆流式　　　　　(c) 混流式

图 3.26　顺流式、逆流式及混流式焚烧炉炉膛温度分布(单位：K)

### 3.4.1　原始炉型的模拟结果

　　以日处理量 500t/d 的生活垃圾焚烧炉为研究对象，一次风预热至 498K，从炉排下方的 5 个风室分别送入炉膛。生活垃圾的工业分析和元素分析如表 3.8 和表 3.9 所示。

表 3.8　生活垃圾的工业分析(干燥基)

| 工业分析 | 水分 | 挥发分 | 固定碳 | 灰分 |
|---|---|---|---|---|
| 含量/%(质量分数) | 59 | 25.62 | 2.08 | 13.3 |
| 低位热值/(kJ/kg) | | 4328 | | |

表 3.9　生活垃圾的元素分析(干燥无灰基)

| 元素分析 | C | H | O | N | S | Cl |
|---|---|---|---|---|---|---|
| 含量/%(质量分数) | 55.64 | 5.64 | 35.15 | 1.37 | 1.01 | 1.19 |

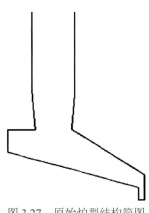

图 3.27　原始炉型结构简图

　　根据该焚烧炉实际结构进行几何建模，计算对象如图 3.27 所示。为满足计算精度要求，采用结构化网格对计算对象进行网格划分。

　　垃圾在床层上进行气固两相燃烧，通过 FLIC 软件进行模拟计算。图 3.28 是原始炉型床层表面气相和固相温度沿炉排长度方向的分布。湿垃圾投入焚烧炉内，水分在炉膛火焰的辐射热和固体垃圾与一次风对流传热的双重作用下开始蒸发，干燥过程完成后垃圾进入热解过程，挥发分释放，燃烧过程中释放大量热量，炉排上的垃圾质量减少。从图 3.28 中可以清晰地看出：床层表面气相的温度随着水分的蒸发、挥发分与焦炭的燃烧而不断升高，在炉排长度的 2/3 左右，气相温度达到最高值 1040K；而固相由于含水率较高，温度升高较为缓慢，达到最高温度的时间滞后于气相。随着挥发分和固定碳的燃烬，床层表面气相温度逐渐降低；而对应的固体温度由于受到炉膛高温烟气的辐射作用，温度依然较高。

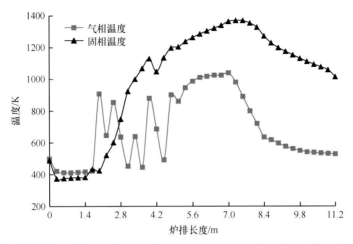

图 3.28　原始炉型床层表面气相和固相温度沿炉排长度方向的分布

图 3.29 是床层表面烟气中气体组分浓度沿炉排长度方向的分布。水分蒸发过程中，氧含量为 20%左右。由于垃圾含水率较高，大约在炉排的 7.8m 处，蒸发过程才基本结束。在炉排 1.9m 左右处，受局部高温的影响，$C_mH_n$ 和 CO 出现第一个波峰，燃烧使得氧浓度急剧降低至几乎为 0，随后快速回升到初始浓度。在炉排 6.2m 左右，$C_mH_n$ 和 CO 出现第二个波峰，此阶段垃圾发生热解，挥发分大量释放，$C_mH_n$ 和 CO 的含量较高，燃烧过程的进行使得 $O_2$ 浓度再次迅速下降，此后反应过程变慢，$O_2$ 浓度逐渐上升，最后达到初始浓度。此外，床层表面烟气中的 $CO_2$ 主要来源于燃烧过程，在垃圾干燥和燃烬段含量较少。

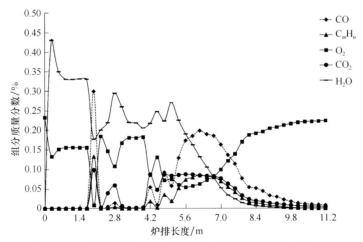

图 3.29　床层表面烟气中气体组分浓度沿炉排长度方向的分布

　　综合图 3.28、图 3.29 及上述分析，可以得出如下结论：由于低热值生活垃圾含水率较高，干燥段持续时间较长，垃圾热解过程延后，挥发分的着火燃烧阶段发生在炉排末端，焦炭来不及燃烧即进入灰斗，因此会导致垃圾"烧不透"、残炭含量较高等问题。在实际运行中，该垃圾焚烧厂确实存在此类问题。

　　仔细观察垃圾焚烧炉的结构可以发现，前拱出口端和后拱出口端几乎处在同一水平线上(图 3.27)，且后拱高度较高，这些对于低热值、高水分的垃圾焚烧来说极其不利。焚烧低热值垃圾时，火焰的辐射较弱，须借助炉拱对燃烧强烈区的垃圾辐射来保证垃圾的干燥、着火并较好地燃烬。基于上述考虑，在设计炉拱结构时，优先选择低而长的后拱，且要保证前拱的出口端高于后拱的出口端，同时要有合理的高度差，这样高温烟气可以进入前拱区域，加强炉拱的辐射强度。此外，增加挡板也是工程上常用的加强炉拱辐射强度的方式[9]。

### 3.4.2　优化炉拱结构设计的模拟结果

　　根据前文分析，结合工程实际情况，在原始炉拱结构的基础上，设计了图 3.30 所示的 3 种炉拱结构：保证前拱高度不变，降低后拱高度；在原始炉拱的基础上，在后拱处增加挡板；降低后拱高度的同时，在后拱处增加挡板。为方便比较，将优化设计的各炉拱按上述说明分别记为 B、C、D，并将原始炉拱记为 A。

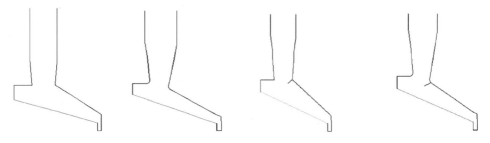

　　（a）原始炉拱（炉型A）　　　（b）降低后拱（炉型B）　　　（c）增加挡板（炉型C）　　　（d）降低后拱＆增加挡板（炉型D）

图 3.30　各炉拱结构简图

　　图 3.31 是不同炉拱结构下辐射强度沿炉排长度方向的分布，可以看出原始炉型 A 的辐射强度最弱，炉型 B 的最强，炉型 C 与 D 的差别不大。很明显，炉型 A 的峰值最为滞后，对炉排前端的湿垃圾的辐射作用很弱；炉型 B 的峰值虽然最大，但是相对于炉型 D 来说较为滞后，而且覆盖区域较小，对炉排前端的湿垃圾的辐射效果也不理想；炉型 D 的峰值虽不是最大，但最为靠前，且覆盖区域较广，从而湿垃圾可以在较强的辐射强度下进行干燥，水分蒸发时间缩短，挥发分较早释放，焦炭有充分的时间燃烧，可使垃圾"烧透"，焦炭含量降低。总体来说，辐射强度并不是越高越好，还要充分考虑辐强度在炉排上的分布。在保证辐射强度的条件下，高强度辐射区域尽量分布在炉排前端，且分布区域尽量广。

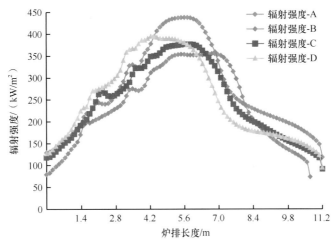

图 3.31　不同炉拱结构下辐射强度沿炉排长度方向的分布

辐射强度-A 代表炉型 A 辐射强度变化曲线，以此类推，下同

图 3.32 是挥发分($CO$、$C_mH_n$)质量分数沿炉排长度方向的分布。由图 3.32 可以看出，炉型 D 的挥发分释放最为靠前，第一个波峰出现在炉排长度的 1.4m 左右，比原始炉型前移约 0.7m，第二个波峰比原始炉型前移 1.1m，这意味着炉型 D 的着火位置比原始炉型 A 的着火位置提前，即干燥过程提前结束，热解过程也随之提前发生，挥发分较早释放燃烧，焦炭得以充分燃烧，从而保证垃圾在床层上充分燃烧。比较炉型 B 和 C 可以得出，第一个波峰几乎同时出现，而在第二个波峰处，炉型 B 比 C 提前约 0.7m，该结果说明降低炉拱高度的效果要优于增加挡板。比较炉型 C 和 D 可以发现，炉型 C 的波峰均滞后于炉型 D，该结果表明，同时降低炉拱高度并增加挡板效果要明显优于只在原始炉拱基础上增加挡板。比较炉型 B 和 D 可得出同样的结论。

该结论也印证了上述辐射强度对床层燃烧影响的结论，即在保证辐射强度的条件下，尽量使高强度辐射区域较广地分布在炉排前端。

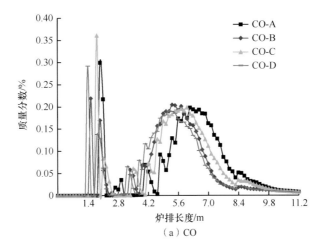

（a）CO

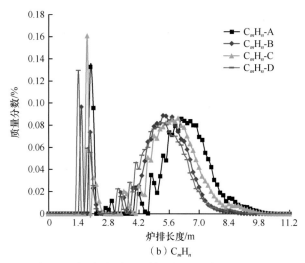

图 3.32 挥发分质量分数沿炉排长度方向的分布

图 3.33 是温度沿炉排长度方向的分布。由图 3.33 可以发现，随着挥发分释放和燃烧过程的进行，不同炉型在炉排前端的不同位置分别出现第一个波峰；随着挥发分的大量释放及焦炭的燃烧，温度在不同位置达到峰值。4 种炉型的温度峰值差异不大，出现位置却相差很远，炉型 D 较 A 提前了约 1.5m。图 3.33 验证了挥发分释放和燃烧的比较结果：同时降低炉拱高度并增加挡板效果要明显优于只在原始炉拱基础上增加挡板。

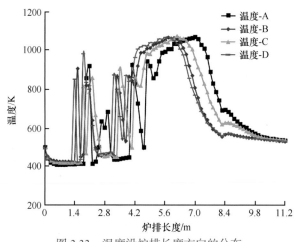

图 3.33 温度沿炉排长度方向的分布

图 3.34 是 4 种炉型的速度矢量在炉膛内的分布。从图 3.34 中可以看出，原始炉型 A 由于后拱较高，且喉部区域较开阔，高温烟气沿后拱直接进入炉膛，对炉排前端的湿垃圾辐射作用较弱，起不到加热干燥的作用；由于采取降低后拱高度、增加挡板的措施，炉型 B、C、D 有不同程度的压火作用，其中炉型 D 的效果最为明显。后拱高度的降低迫使高温烟气流向炉排前方，增强着火区和燃烧区的辐射及对流传热；此外，烟气从后拱冲向炉排前端时，吹起的炽热灰粒和碳粒回流落到垃圾层表面，可以起到一定的引燃作用。挡板的增加不同程度地改变了烟气的流向，加强了扰动作用，在喉部区域形成涡流，烟气充分

混合，达到完全燃烧的目的。

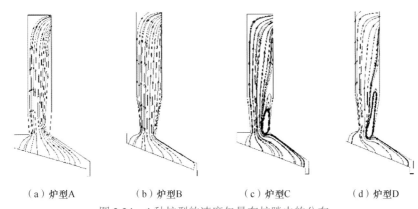

| （a）炉型A | （b）炉型B | （c）炉型C | （d）炉型D |

图 3.34　4 种炉型的速度矢量在炉膛内的分布

　　综上，针对原始炉型来说，炉膛对床层垃圾辐射强度较弱，导致湿垃圾干燥不充分，在床层燃烧时，挥发分释放靠后，着火位置位于炉排尾端，与实际情况吻合。降低后拱高度、增加挡板均有助于引导高温烟气至前拱区域，增强了炉拱和高温烟气的辐射热，从而提高了对湿垃圾的干燥能力，挥发分释放和着火位置都有所前移，保证了垃圾的充分燃烧。若同时降低后拱高度并增加挡板，效果最为显著。后拱的降低不仅满足了引燃的需要，同时也保证了垃圾的燃烬。

### 3.4.3　不同炉拱结构案例模拟分析

　　近年来，为了实现垃圾处理的无害化、减量化、资源化，全国各地相继建成了不同规模的垃圾焚烧厂。由于国内垃圾焚烧技术的研究起步较晚，行业发展初期垃圾焚烧厂较多引进国外设备，如三菱-马丁逆推炉排、日立造船顺推列动炉排等。

　　在我国部分地区，垃圾水分、灰分含量高，热值低等特性一直是影响垃圾焚烧炉正常运行的重要因素。上述特性导致了在垃圾焚烧过程中炉排料层出现着火位置滞后、炉内燃烧效率低、灰渣含碳量高等问题。从机械炉排炉的结构来看，炉排和燃烧室的设计是焚烧炉能否高效运行的关键。目前，炉排的设计研发经过多年发展，技术已经日趋成熟，而燃烧室的合理设计是当下需要解决的主要问题。作为燃烧室的重要组成部分，炉拱的设计至关重要。炉拱的主要功能在于积蓄热量和辐射热量，燃烧热值不同的垃圾，炉拱的设计也有所不同。对于含水率低、热值高的高热值生活垃圾，由于着火容易，燃烧后的炉膛火焰辐射能力较强，炉拱辐射对着火的影响相对较小；而对于含水率高、热值低的低热值生活垃圾，着火位置滞后，炉膛火焰辐射强度弱，炉拱的辐射作用显得特别重要。

　　图 3.35 给出了两种典型垃圾焚烧炉的结构。由图 3.35(a)可以看出，A 型焚烧炉炉膛进口位于炉排前部，焚烧炉后拱低于前拱，较低的后拱能使辐射增强，对于低热值生活垃圾的处理较为合适；后拱设计较长，保证了垃圾进入炉膛后有充足的时间进行干燥。图 3.35(b)所示的 B 型焚烧炉从结构上看与 A 型焚烧炉存在较大差别，B 型焚烧炉燃烧室设置了中间隔板，炉排燃烧所需的辐射热量来自中间隔板的下部，在燃烧过程中，由于中

间隔板的存在，烟气将被分流，分别从前后两个方向向炉膛喉部运动，在到达炉膛喉部位置前，在中间隔板上方，烟气将再次混合。

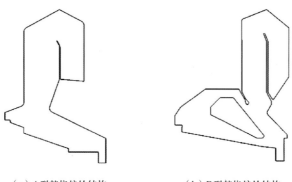

（a）A型焚烧炉的结构 　　　　　（b）B型焚烧炉的结构

图 3.35　焚烧炉的结构

　　图 3.36 为 A 型焚烧炉的温度分布和速度分布云图。图 3.36(a)中，炉排前段为干燥段，水分吸收炉膛辐射热和炉排风中的热量形成水蒸气，造成了该段上部区域温度较低；炉排中段为燃烧段，此时挥发分大量析出，与一次风中的 $O_2$ 发生燃烧反应，释放大量热量，炉膛内温度快速上升，未燃烬的可燃气体进入第一烟道，与二次风继续反应，使得一烟道内温度升高；炉排后端为燃烬段，此时水分和挥发分已完全析出，剩余焦炭氧化释放部分热量。图 3.36(b)中，炉排中段上部流速相对较快，说明此处的挥发分析出剧烈燃烧，产生大量烟气，在喉口处烟气速度接近 5m/s。在实际运行中通过调整炉排运动速度和配风比来合理控制垃圾在炉排上的燃烧状态，保证尽可能完全燃烬，降低炉渣热灼减率。

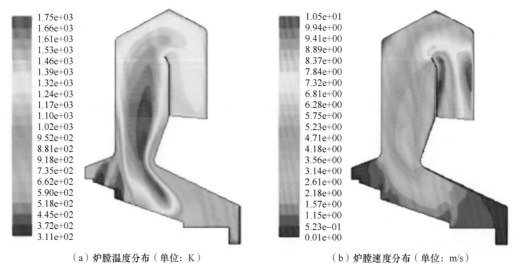

（a）炉膛温度分布（单位：K） 　　　　　（b）炉膛速度分布（单位：m/s）

图 3.36　炉膛温度分布和速度分布

　　图 3.37 为 B 型焚烧炉的温度分布和速度分布云图。图 3.37(a)中，在炉排前半段，垃圾干燥、热解、挥发分析出着火，在燃烧旺盛区域的贫氧高温烟气从中间隔板向前端逆向

绕流后，从隔板上方再向喉口区域流动。在炉排前半段和中间隔板前半段覆盖的炉膛区域容积热负荷较大，产生局部高温，在炉排中间温度达到最高，有利于低热值生活垃圾的着火。在炉排的后半段，炉排上剩余焦炭继续氧化并释放部分热量，富氧烟气向后流经中间隔板的后端后绕流至喉口区域，与炉排前半段烟气混合，在二次风扰动下混合燃尽。图 3.37(b)中，B 型焚烧炉因为中间隔板的存在，燃烧室整体通流面积减少，在中间隔板顶部和下部区域烟道狭长，高温烟气流速较大，有利于增强喉口区域两股烟气的混合，同时对燃烧室设备亦存在一定的高温烟气冲刷风险。

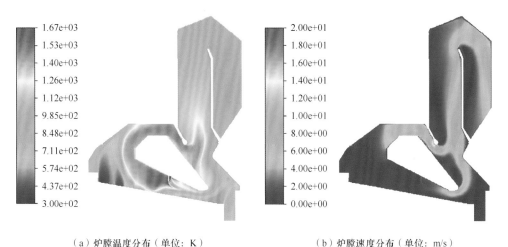

（a）炉膛温度分布（单位：K）　　　　　　　（b）炉膛速度分布（单位：m/s）

图 3.37　炉膛温度分布和速度矢量分布图

综上所述，A 型焚烧炉通过有落差墙的三段式炉排设计将垃圾燃烧过程较为明显地区分为干燥、燃烧和燃尽，有助于实际运行过程中的燃烧控制，同时较低的后拱有利于增强辐射换热，保证垃圾充分燃烧的同时也提高了炉内换热强度，通过对炉排运动速度及一次风配风方式的调整可以提高不同垃圾热值的适应性。B 型焚烧炉中间隔板的设计能够使炉排前后烟气分流，结合一次风的调控，可以将炉排前部旺盛燃烧区域贫氧烟气和炉排后部燃尽区域的富氧烟气在喉口再次混合，保证可燃气体燃尽的同时降低总体过量空气系数，有利于降低焚烧炉原始 NO$x$ 浓度。同时，中间隔板下方位置较低，对低热值生活垃圾适应性更好。对于高热值生活垃圾，需考虑合理组织一次风的分配，从而将炉内温度保持在合适的区间内，避免发生炉膛高温结焦、结渣。

# 参 考 文 献

[1] Yang Y B, Goh Y R, Zakaria R, et al. Mathematical modelling of MSW incineration on a travelling bed[J]. Waste Management, 2002, 22(4)：369-380.

[2] Yang Y B, Sharifi V N, Swithenbank J. Effect of air flow rate and fuel moisture on the burning behaviours of biomass and simulated municipal solid wastes in packed beds[J]. Fuel, 2004, 83(11)：1553-1562.

[3] Yang Y B, Yamauchi H, Nasserzadeh V, et al. Effects of fuel devolatilisation on the combustion of wood chips and incineration of simulated municipal solid wastes in a packed bed[J]. Fuel, 2003, 82(18)：2205-2221.

[4]Yang Y B, Sharifi V N, Goh Y R, et al. The fluid dynamic incinerator code (FLIC) for modeling incinerator bed combustion: User's Manual [Z]. Sheffield University Waste Incineration Centre, 1999.

[5] 李秋华, 夏梓洪, 陈彩霞, 等. 垃圾焚烧炉炉拱改造与燃烧优化的数值模拟[J]. 环境工程学报, 2012, 6 (11)：4191-4196.

[6] 李坚, 夏梓洪, 吴亭亭, 等. 二次风喷嘴角度对炉排式垃圾焚烧炉内燃烧及选择性非催化还原脱硝影响[J]. 环境工程学报, 2016 (10)：5907-5913.

[7] 张衍国, 李清海, 康建斌. 垃圾焚清洁烧发电技术[M]. 北京：中国水利水电出版社, 2004：96-100.

[8] 白良成. 生活垃圾焚烧处理工程技术[M]. 北京：中国建筑工业出版社, 2000.

[9] 林宗虎, 张永照. 锅炉手册[M]. 北京：机械工业出版社, 1989：145-159.

# 第4章　床层-炉膛实时耦合模型的开发与应用

第 3 章介绍了床层-炉膛迭代耦合模拟方法及其在垃圾焚烧炉的炉排和炉拱结构优化设计与改造中的应用，展示了 CFD 对炉排式垃圾焚烧炉燃烧优化与工程领域的应用潜力。在床层-炉膛迭代耦合模型中，焚烧炉被人为地分割成炉排上的垃圾床层和床面以上的炉膛两个模拟空间，通过床面上的气体组分、温度分布及炉膛火焰对床面热辐射强度分布将床层和炉膛两个空间内发生的反应和传热过程加以耦合。到目前为止，床层-炉膛迭代耦合模拟方法在炉排式垃圾焚烧炉的模拟中得到广泛的应用。但是，该方法有以下几个问题：

(1) 多数床层模型是求解一维瞬态固定床模型方程，将求得的床层特性随时间变化投影到实际床层的长度方向，其结果与床高方向的离散尺度及积分时间步长有关。

(2) 忽略了第二或第三方向的对流和扩散，求解一维固定床模型得到的气固相参数分布与实际的炉排式移动床内性质并不等效。

(3) 床层模型暂未考虑实际炉排的几何结构。

(4) 床层和炉膛分别计算，需要数次迭代才能获得收敛解，计算复杂且耗费时间。

为了克服以上缺陷，上海康恒环境股份有限公司与华东理工大学共同开发了床层-炉膛实时全三维耦合模拟方法。本章重点介绍该方法的数学物理模型，通过广泛的数值实验和现场实验对模型的可靠性进行评价，还提出了面向工程应用的二维实时耦合模拟方法，并将模拟结果与实时全三维耦合模拟方法进行比较，验证了模型的精度。

## 4.1　床层-炉膛实时全三维耦合模型

### 4.1.1　基于颗粒动力学假设的垃圾焚烧炉气固两相流模型

连续性方程、动量守恒方程和能量守恒方程与文献[1]保持一致。

1. 连续性方程

气相：

$$\frac{\partial}{\partial t}(\alpha_g \rho_g) + \nabla \cdot (\alpha_g \rho_g \vec{v}_g) = S_{gs} \tag{4.1}$$

固相：

$$\frac{\partial}{\partial t}(\alpha_s \rho_s) + \nabla \cdot (\alpha_s \rho_s \vec{v}_s) = S_{sg} \tag{4.2}$$

式中，$\alpha_g$ 和 $\alpha_s$ 分别为气相和固相的体积分数；$\rho_g$ 和 $\rho_s$ 分别为气相和固相的密度，$kg/m^3$；$t$ 为时间，$s$；$\vec{v}_g$ 和 $\vec{v}_s$ 分别为气相和固相的速度，$m/s$；源项 $S_{gs}$ 和 $S_{sg}$ 为异相反应引起的两相质量交换。

$$S_{sg} = -S_{gs} = w_i \sum Y_i R_{het,i} \tag{4.3}$$

式中，$w_i$ 为组分 $i$ 的分子量，kg/kmol；$Y_i$ 为组分 $i$ 的质量分数；$R_{het,i}$ 为组分 $i$ 的异相反应速率，kg/(m³ · s)。

2. 动量守恒方程

气相：

$$\frac{\partial}{\partial t}(\alpha_g \rho_g \vec{v}_g) + \nabla \cdot (\alpha_g \rho_g \vec{v}_g \vec{v}_g) = -\alpha_g \nabla p + \nabla \cdot \overline{\overline{\tau}}_g + \alpha_g \rho_g \vec{g} + \vec{R}_{gs} + S_{gs} \vec{v}_{gs} \tag{4.4}$$

固相：

$$\frac{\partial}{\partial t}(\alpha_s \rho_s \vec{v}_s) + \nabla \cdot (\alpha_s \rho_s \vec{v}_s \vec{v}_s) = -\alpha_s \nabla p - \nabla p_s + \nabla \cdot \overline{\overline{\tau}}_s + \alpha_s \rho_s \vec{g} + \vec{R}_{sg} + S_{sg} \vec{v}_{sg} \tag{4.5}$$

式中，$\vec{v}_{gs}$ 和 $\vec{v}_{sg}$ 为相间速度交换，m/s，$\vec{v}_{gs} = -\vec{v}_{sg}$；$\overline{\overline{\tau}}_g$ 和 $\overline{\overline{\tau}}_s$ 分别为气相和固相的应力应变张量；$p$ 为压力，Pa；$g$ 为重力加速度，m/s²；$\vec{R}_{gs}$ 为相间作用力；$p_s$ 为固相压力，Pa。

$\overline{\overline{\tau}}_g$ 和 $\overline{\overline{\tau}}_s$ 的计算公式分别如下：

$$\overline{\overline{\tau}}_g = \alpha_g \rho_g (\nabla \vec{v}_g + \nabla \vec{v}_g^{\mathrm{T}}) - \frac{2}{3} \alpha_g \mu_g (\nabla \cdot \vec{v}_g) \overline{\overline{I}} \tag{4.6}$$

$$\overline{\overline{\tau}}_s = \alpha_s \rho_s (\nabla \vec{v}_s + \nabla \vec{v}_s^{\mathrm{T}}) + \alpha_s \left( \lambda_s - \frac{2}{3} \mu_s \right) \nabla \cdot \vec{v}_s \tag{4.7}$$

式中，$\overline{\overline{I}}$ 为单位张量；$\lambda_s$ 为固相体积黏度[2]；$\mu_g$ 为气相黏度；$\mu_s$ 为固相黏度。

引入颗粒动力学模型(KTGF)描述颗粒的压力和黏性，详细封闭模型与文献[3]一致。类比气体的热力学温度，引入颗粒温度作为颗粒速度波动的度量：

$$0 = \left( -\nabla p_s \overline{\overline{I}} + \overline{\overline{\tau}}_s \right) : \nabla \vec{v}_s - \frac{12(1 - e_{ss}^2) g_{0,ss}}{d_s \sqrt{\pi}} \rho_s \alpha_s^2 \Theta_s^{3/2} \tag{4.8}$$

式中，$e_{ss}$ 为碰撞恢复系数。$g_{0,ss}$ 为径向分布函数；$d_s$ 为颗粒直径；$\Theta_s$ 为颗粒温度。

$$\lambda_s = \frac{4}{3} \alpha_s \rho_s d_s g_{0,ss} (1 + e_{ss}) \left( \frac{\Theta_s}{\pi} \right)^{\frac{1}{2}} \tag{4.9}$$

剪切黏度 $\mu_s$ 由运动黏度 $\mu_{s,kin}$、碰撞黏度 $\mu_{s,col}$ 和摩擦黏度 $\mu_{s,f}$ 组成，引入碰撞恢复系数 $e_{ss} = 0.92$ 来计算颗粒碰撞造成的能量损失[4, 5]。

$$\mu_{s,kin} = \frac{1}{15} \sqrt{\Theta_s \pi} \rho_s d_s g_{0,ss} (1 + e_{ss}) \alpha_s^2 + \frac{1}{6} \sqrt{\Theta \pi} \rho_s d_s \alpha_s + \frac{10}{96} \sqrt{\Theta \pi} \frac{\rho_s d_s}{(1 + e_{ss}) g_{0,ss}} \tag{4.10}$$

$$\mu_{s,col} = \frac{4}{5} \varepsilon_s \rho_s d_s g_{0,ss} (1 + e_{ss}) \left( \frac{\Theta_s}{\pi} \right)^{\frac{1}{2}} \alpha_s \tag{4.11}$$

$$\mu_{s,f} = \frac{p_s \sin \phi}{2\sqrt{I_{2D}}} \tag{4.12}$$

式中，$I_{2D}$ 为固相应变张量偏量的第二不变量，$1/s^2$；$\phi$ 为内摩擦角，(°)。

对于固相压力 $p_s$：

$$p_s = \alpha_s \rho_s \Theta_s + 2\rho_s(1+e_{ss})\alpha_s^2 g_{0,ss}\Theta_s \tag{4.13}$$

使用径向分布函数 $g_{0,ss}$ 修正颗粒碰撞概率[6]：

$$g_{0,ss} = 1 + 4\alpha_s \left\{ \frac{1 + 2.5000\alpha_s + 4.5904\alpha_s^2 + 4.515439\alpha_s^3}{\left[1-\left(\dfrac{\alpha_s}{\alpha_{s,\max}}\right)^3\right]^{0.67802}} \right\} \tag{4.14}$$

$$\alpha_{s,\max} = \frac{\rho_{bulk}}{\rho_s} \tag{4.15}$$

式中，$\rho_{bulk}$ 为容积密度，$kg/m^3$；$\alpha_{s,\max}$ 为最大固含率。

曳力 $\vec{R}_{gs}$ 是气固相动量交换的主要作用力：

$$\vec{R}_{gs} = \sum_{p=1}^{2} K_{gs}\left(\vec{v}_g - \vec{v}_s\right) \tag{4.16}$$

式中，$K_{gs}$ 为相间动量交换系数，使用 Ergun 模型[7]计算：

$$K_{gs} = 150\frac{\alpha_s^2 \mu_g}{\alpha_g d_s^2} + 1.75\frac{\rho_g \alpha_s \left|\vec{v}_s - \vec{v}_g\right|}{d_s} \tag{4.17}$$

3. 能量守恒方程

输运方程：

$$\frac{\partial}{\partial t}\left(\alpha_q \rho_q Y_{i,q}\right) + \nabla\cdot\left(\alpha_q \rho_q \vec{v}_q Y_{i,q}\right) = -\nabla\cdot\alpha_q \vec{J}_{i,q} + \alpha_q R_{i,q} + R_{het,i} \tag{4.18}$$

式中，q 为 g 或 s，分别代表气相和固相；i 为组分；$\vec{J}_{i,q}$ 为质量流率，$kg/(m^2 \cdot s)$；$R_{i,q}$ 为均相反应速率；$R_{het,i}$ 为非均相反应速率。

能量守恒方程：

$$\frac{\partial}{\partial t}(\alpha_q \rho_q h_q) + \nabla\cdot(\alpha_q \rho_q \vec{v}_q h_q) = -\alpha_q \frac{\partial p}{\partial t} + \overline{\overline{\tau}}_q : \nabla\vec{v}_q + h_{pq}(T_p - T_q) + S_q + S_r \tag{4.19}$$

式中，$h_{pq}$ 为气固两相传热系数[8]；$h_q$ 为比焓(J/kg)；$p$ 为压力；$T$ 为温度；$S_q$ 为反应热源相；$S_r$ 为辐射源相。

$$h_{pq} = \frac{6k_q \alpha_p \alpha_q Nu_p}{d_s^2} \tag{4.20}$$

$$Nu_p = 2.0 + 1.1Re_p^{0.6}Pr^{1/3} \tag{4.21}$$

式中，$Nu_p$ 为努塞特数；$Pr$ 为普朗特数；$Re$ 为雷诺数。

辐射对点燃垃圾床层有着至关重要的作用，本节使用 P-1 模型[9, 10]。辐射引入的焓的源项可由下式计算：

$$\nabla \cdot \left( \frac{1}{3a} \nabla G \right) - aG + 4a\sigma T^4 = 0 \tag{4.22}$$

式中，$a$ 为辐射吸收系数；$\sigma$ 为玻尔兹曼常数。

$$S_q = \alpha_q a_q \left( G - 4\sigma T_q^4 \right) \tag{4.23}$$

式中，$G$ 为辐射强度，$W/m^2$；$a_q$ 为吸收系数。

通过 UDF 修正由反应 $(S_r)$ 引起的焓源，以重新分配反应热。Fluent 中对非均相化学反应（水分蒸发、焦炭-$O_2$ 燃烧）的默认处理方式是将总反应热以能量源的形式分配到气相；固相则是通过表面热对流加热或冷却，而非直接接收热量。本节假设蒸发热被固相吸收，20%的燃烧热量分配到气相，其余的分配到固相。

### 4.1.2 反应模型

#### 1. 水分蒸发

水分蒸发由两步机制控制。当温度低于饱和温度时，蒸发速率取决于传质；当温度高于饱和温度时，蒸发速率取决于温度变化[11]。

当 $T_s < 100℃$ 时：

$$R_{evap} = \frac{D_{H_2O}(2.0 + 1.1Re_p^{0.6}Pr^{1/3})}{d_s}(C_{w,s} - C_{w,g}) \tag{4.24}$$

式中，$R_{evap}$ 为水的蒸发速率，$kmol/(m^3 \cdot s)$；$D_{H_2O}$ 为水的扩散系数；$d_s$ 为颗粒直径，m；$C_{w,s}$ 为固相状态下的饱和水蒸气密度，$kg/m^3$；$C_{w,g}$ 为气相中的水蒸气密度，$kg/m^3$。

当 $T_s \geqslant 100℃$ 时：

$$R_{evap} = \frac{(T_s - T_{evap})\rho_w c_{p,w}}{H_{evap}\Delta t} \tag{4.25}$$

式中，$T_s$ 为颗粒温度，K；$T_{evap}$ 为蒸发温度，K；$\rho_w$ 为固相密度，$kg/m^3$；$c_{p,w}$ 为固相中颗粒的比热容，$kJ/(kg \cdot K)$；$H_{evap}$ 为水的气化潜热，$J/kmol$；$\Delta t$ 为时间步长，s。

#### 2. 挥发分释放

脱挥发分的过程是垃圾燃烧的关键步骤，垃圾脱挥发分之后产生可燃性气体和焦炭。脱挥发分速率和垃圾中剩余的挥发分与温度相关，采用阿伦尼乌斯形式的单步反应动力学模型[12]：

$$R_{devol} = 3000\exp\left(-\frac{69000}{RT_s}\right)\rho_s Y_{vol} \tag{4.26}$$

式中，$R_{devol}$ 为挥发分析出速率，$kmol/(m^3 \cdot s)$；$R$ 为通用气体常数，$8.3145J/(K \cdot mol)$；$\rho_s$ 为固相密度，$kg/m^3$；$Y_{vol}$ 为床层中挥发分的质量分数；$T_s$ 为颗粒温度。

从固相中释放的挥发分组分为 $C_mH_n$（$m=4.144$，$n=11.645$）、$CO_2$ 和 $H_2O$，基于质量守

恒和能量守恒可以得出，各组分所占体积分数分别为 33%、28% 和 39%。

3. 挥发分燃烧

在床层中，可燃性气体从固相中释放之后，需要先与周围一次风混合，因此挥发分的燃烧主要受到挥发分和空气的混合速率控制[11, 13]：

$$R_{\mathrm{mix}} = C_{\mathrm{mix}}\rho_{\mathrm{g}}\left[150\frac{D_{\mathrm{g}}(1-\alpha_{\mathrm{g}})^{2/3}}{d_{\mathrm{s}}^2\alpha_{\mathrm{g}}}+1.75\frac{U_{\mathrm{g}}(1-\alpha_{\mathrm{g}})^{1/3}}{d_{\mathrm{s}}\alpha_{\mathrm{g}}}\right]\times\min\left\{\frac{C_{\mathrm{fuel}}}{S_{\mathrm{fuel}}},\frac{C_{\mathrm{O_2}}}{S_{\mathrm{O_2}}}\right\} \tag{4.27}$$

式中，$R_{\mathrm{mix}}$ 为气固混合速率，kg/(m³·s)；$C_{\mathrm{mix}}$ 为经验系数；$\rho_{\mathrm{g}}$ 为气相密度，kg/m³；$D_{\mathrm{g}}$ 为气体质量扩散系数；$\alpha_{\mathrm{g}}$ 为床层气含率；$U_{\mathrm{g}}$ 为气体速度，m/s；$C_{\mathrm{fuel}}$ 和 $C_{\mathrm{O_2}}$ 分别为气相反应物和氧气对应的质量分数；$S_{\mathrm{fuel}}$ 和 $S_{\mathrm{O_2}}$ 分别为反应中气相反应物和氧气对应的化学计量系数。

在床层上方的炉膛中，气相混合燃烧速率采用有限速率/涡耗散模型[14]。其中，反应速率由阿伦尼乌斯公式求得。

$C_mH_n$ 和 CO 的燃烧速率[11,13] 分别为

$$C_mH_n + \left(\frac{m}{2}+\frac{n}{4}\right)O_2 = mCO + \frac{n}{2}H_2O \tag{4.28}$$

$$R_{C_mH_n} = 2.345\times10^{12}\times\exp\left(-\frac{1.7\times10^5}{RT_{\mathrm{g}}}\right)\times C_{C_mH_n}^{0.5}\times C_{O_2} \tag{4.29}$$

$$CO+\frac{1}{2}O_2 = CO_2 \tag{4.30}$$

$$R_{CO} = 2.239\times10^{12}\times\exp\left(-\frac{1.7\times10^5}{RT_{\mathrm{g}}}\right)\times C_{CO}\times C_{O_2}^{0.25}\times C_{H_2O}^{0.5} \tag{4.31}$$

式中，$R_{C_mH_n}$ 和 $R_{CO}$ 分别为 $C_mH_n$ 和 CO 的燃烧速率，kmol/(m³·s)；$C_{C_mH_n}$、$C_{CO}$、$C_{O_2}$、$C_{H_2O}$ 分别为 $C_mH_n$、CO、$O_2$ 和 $H_2O$ 对应的气体摩尔浓度，kmol/m³。

4. 焦炭氧化

焦炭的消耗速率由表面反应速率和气体扩散速率共同控制[15]：

$$C+O_2 = CO_2 \tag{4.32}$$

$$R_{\mathrm{char}} = \frac{P_{O_2}}{\left(\dfrac{1}{k_{\mathrm{d}}}+\dfrac{1}{k_{\mathrm{r}}}\right)} \tag{4.33}$$

$$k_{\mathrm{d}} = \frac{\varphi Shw_{\mathrm{c}}D_{O_2}}{RT_{\mathrm{m}}d_{\mathrm{s}}} \tag{4.34}$$

$$k_{\mathrm{r}} = 0.871\times\exp(-20000/1.987/T_{\mathrm{p}}) \tag{4.35}$$

式中，$R_{\mathrm{char}}$ 为焦炭的燃烧速率，kmol/(m³·s)；$P_{O_2}$ 为氧气分压，Pa；$k_{\mathrm{r}}$ 和 $k_{\mathrm{d}}$ 分别为化学

反应动力学速率常数和扩散速率常数；$\varphi$ 为化学计量数；$Sh$ 为舍伍德数；$w_c$ 为焦炭的分子量；$D_{O_2}$ 为氧气的分子扩散系数，$m^2/s$；$T_m$ 为气固平均温度，K；$T_p$ 为颗粒温度，K。

### 4.1.3 网格和计算方法

采用六面体网格对焚烧炉进行划分，网格总数约为 141 万，质量良好。网格通过无关性验证，增加网格数量对于模拟结果没有明显的影响。如图 4.1 所示，将焚烧炉分为炉排区、落差墙区和炉膛区 3 个计算域，对不同的计算域分别进行处理。将垃圾运动范围限制在炉排区和落差墙区，在炉排区运动速度固定且等于炉排运动速度。垃圾在落差墙区做自由落体运动。垃圾入口、炉排下方一次风入口及后补二次风入口均设置为质量流量入口。根据经验，喉部以下区域设置为绝热边界，喉部以上区域设置为定温边界。壁面附近使用标准壁面函数，$y+$ 在 50～300 范围。气相边界设置为无滑移，固相边界设置为部分滑移，镜面反射系数设置为 0.5。炉膛出口设置为压力出口。在实际的焚烧炉中，为了减少污染物的生成，需要喷入辅助燃料，以保证炉温提升到 1123K 以上才能开始向炉内投放垃圾。因此，将气相和固相初始温度均设置为 1123K，炉膛中的气体设置为氮气，炉排上刚开始没有垃圾。使用相耦合 SIMPLE 算法求解压力-速度耦合动量方程[16]。采用 QUICK 离散格式，动量、能量、湍流、组分方程求解采用二阶迎风格式。时间步长设置为 1s，每个时间步内最大迭代次数为 20。计算表明，使用更小的时间步长对模拟结果没有明显的影响。模拟总时长为 6300s，在 8 个 AMD 6376 16-CPU 工作站上完成计算大约需要 70h。如无特别说明，模拟结果中的显示位置均为焚烧炉中心截面。

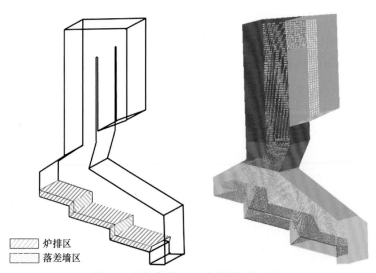

图 4.1　垃圾焚烧炉三维结构网格划分

### 4.1.4 模型评价

#### 1. 温度场分布

垃圾进入焚烧炉后，不同时刻内炉内的燃烧状态不同。图 4.2 选取了从垃圾进入焚烧炉后的 1500s、3000s、4500s 和 6300s 的炉内温度分布云图。从图 4.2 中可以看出，在 1500s 时，垃圾运动到干燥段末端，此时垃圾已经被点燃；在 3000s 时，垃圾运动到燃烧段中后段，燃烧段整体温度明显升高；到了 4500s，垃圾运动到燃烬段前半段，垃圾在燃烬段的温度相对于燃烧段降低，表明垃圾中的挥发分在燃烧段已完全释放并燃烧；在 6300s 时，垃圾走完炉排全程。由于先进入焚烧炉的垃圾燃烧提高了炉内温度，有利于后续垃圾的干燥和燃烧，因此 6300s 时的炉内温度水平相比于之前明显升高。由于 6300s 时刻的炉内燃烧状态更能代表焚烧炉平稳运行的燃烧情况，因此后续研究均围绕 6300s 时刻的结果开展。

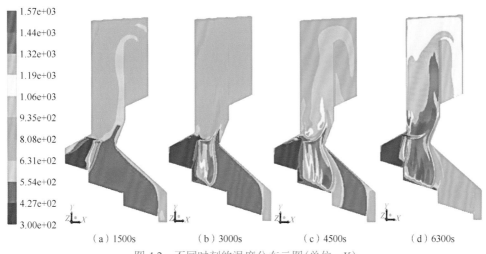

图 4.2　不同时刻的温度分布云图(单位：K)

焚烧炉内不同深度处的温度分布云图如图 4.3 所示，垃圾在进入焚烧炉后温度开始升高，床层中的大量水蒸发吸热，炉排干燥段温度没有明显升高。在干燥段末端，垃圾中的水分几乎全部蒸干并且炉膛辐射显著增强，垃圾中的挥发分开始释放并燃烧，炉膛温度上升。进入燃烧段后，挥发分大量释放并剧烈燃烧，此处温度达到 1570K 左右，直至炉排距入口 8.5m 左右的位置挥发分全部释放。燃烧段产生的高温气体在向上流动的过程中温度稍有下降。在炉膛喉部位置，大量二次风射入炉膛，增强了炉膛中烟气的扰动并提高了氧气浓度，可燃气体与氧气混合并燃烧，温度再次升高。经过二次风口进入第一烟道后，温度随着热量被炉壁吸收逐步降低直至排出烟道，此时烟气温度约为 1100K。炉排上垃圾中的挥发分全部析出燃烧后温度明显降低，炉排上只剩下焦炭和灰。焦炭燃烧放热量低于挥发分燃烧，温度降低至 900K 左右，直到燃烬段结束，灰渣排出焚烧炉。从深度(Z)为 2m、4m 和 6m 处的截面温度分布云图可以看出，不同深度对应的横截面上的温度分布基本无变化，因此深度对燃烧状态无影响。

焚烧炉的前后墙二次风喷嘴交错布置，如图 4.4(a)所示，呈现出高温低温交错分布。图 4.4(a)中右侧为前墙，由于靠近前墙的是干燥段炉排，此处水分大量蒸发，温度较低，导致前墙二次风入口处温度较低；同理，后墙二次风入口处的气体温度则与燃烬段炉排温度接近，所以图 4.4(a)中后墙二次风入口处温度相对较高。在截面中心区域，燃烧段产生的高温气体经过，二次风交错喷入，增强了气体中可燃成分和空气的混合，燃烧加剧，温度分布更均匀。

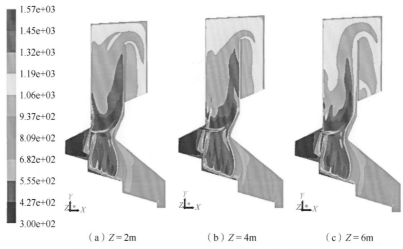

(a) Z=2m        (b) Z=4m        (c) Z=6m

图 4.3    焚燃炉不同深度截面温度分布云图(单位：K)

炉膛辐射分布云图如图 4.4(b)所示，可以明显看出炉排上燃烧段辐射强度较高，蒸发段和燃烬段辐射强度较低。另外，在炉排干燥段和燃烧段前半段，床层下部辐射极低，说明垃圾并未烧透，火焰前沿还未到达床层底部。在燃烧段中部位置，床层中辐射强度明显升高，此时床层已经烧透。在炉膛气相空间中，二次风口上部的位置辐射强度最高，主要原因是经过二次风的混合及氧含量的增加，使得气相中的可燃组分在这里发生了燃烧，温度进一步提高，辐射强度也进一步增强。在后面的烟道中，由于可燃物已完全燃烧，因此辐射强度逐渐降低。

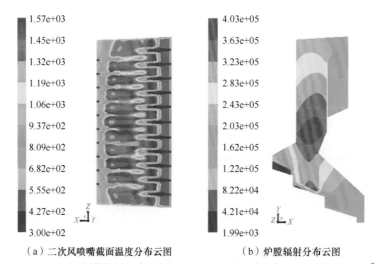

(a) 二次风喷嘴截面温度分布云图        (b) 炉膛辐射分布云图

图 4.4    二次风喷嘴截面温度(单位：K)和炉膛辐射分布云图(单位：W/m²)

### 2. 流场分布

从图 4.5 中可以看出，在燃烧段上方气体速度较高。从图 4.5 的床层位置可以看出，燃烧段一次风送风量大于干燥段和燃烬段，从而使燃烧段挥发分产物燃烧，导致气体体积增加。再者，燃烧段温度的升高也会导致气体膨胀流速增大。在靠近喉部的位置，炉膛水平截面面积缩小，气速升高。至二次风口时，二次风以 30m/s 左右的速度进入炉膛，产生强烈扰动。第一烟道和第二烟道气速增加，由于惯性的作用，气体速度在第一烟道前后墙两侧位置及第二烟道外侧位置较大，第一烟道中心位置和第二烟道内侧速度较小。在深度距离分别为 2m、4m、6m 的截面上，速度分布基本相同。

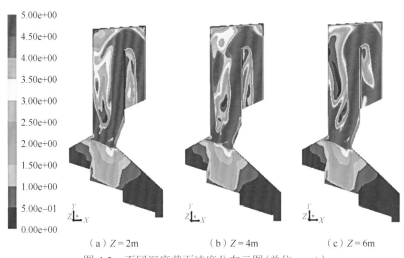

（a）$Z=2$m　　　　　（b）$Z=4$m　　　　　（c）$Z=6$m

图 4.5　不同深度截面速度分布云图（单位：m/s）

图 4.6 为二次风喷嘴截面速度分布云图，图中前后墙速度分布呈交错形式，且前后墙二次风射流速度大小不对称。其主要原因在于前后墙风口布置角度不同，前墙与水平线夹角约 20° 向下喷射，而后墙水平喷射。再者，由于前后墙喷嘴进风量与喷嘴横截面积相同，前墙二次风方向与墙面不垂直，这就导致前后墙实际风速不同，因此二次风截面上的射流非对称分布。

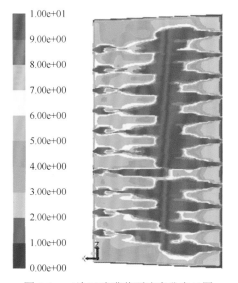

图 4.6　二次风喷嘴截面速度分布云图
（单位：m/s）

3. 床层组分分布

床层中水分含量和蒸发速率分布云图如图 4.7 所示，垃圾在进入焚烧炉后，受到炉膛辐射和对流传热作用，水分最先蒸发。水分的蒸发速度随着水分含量降低而不断下降，且较高位置处的垃圾比较低位置处的垃圾干燥更快。垃圾在干燥段中间位置已经基本烘干。

从图 4.8 所示挥发分的含量云图可以看出，挥发分在干燥段变化不明显，几乎没有释放；在干燥段尾部位置，挥发分微降，图 4.8 中此处的释放速率已经有所升高；垃圾经过落差墙落到燃烧段，在下落过程中挥发分与一次风充分混合并燃烧，大量的挥发分在此处释放；床层温度在燃烧段大幅提高，挥发分释放速度加快并保持稳定，在燃烧段结束之前完全释放。

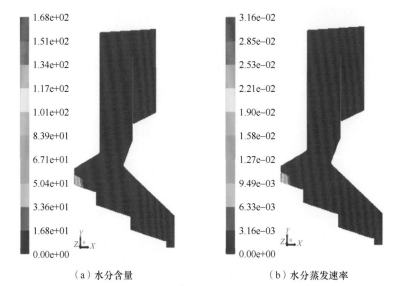

（a）水分含量　　　　　　　　（b）水分蒸发速率

图 4.7　床层中水分含量（单位：kg/m³）和蒸发速率［单位：kmol/(m³·s)］分布云图

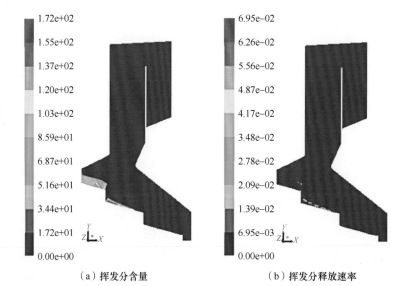

（a）挥发分含量　　　　　　　　（b）挥发分释放速率

图 4.8　床层中挥发分含量（单位：kg/m³）和释放速率［单位：kmol/(m³·s)］分布云图

如图 4.9（a）所示，垃圾中的焦炭在炉排干燥段未参与反应，含量没有变化；燃烧段和燃烬段中，焦炭密度相对前一段都有所升高，这是由垃圾从前一段掉落后床层高度降低引起的。速率云图中［图 4.9（b）］，焦炭在燃烧段已经发生反应，只是速率较小，床层中焦炭含量变化不明显；而在燃烬段焦炭氧化速率大大增加，这是由于此处床层中已经没有挥发分，有更多的氧气能参与焦炭氧化反应。

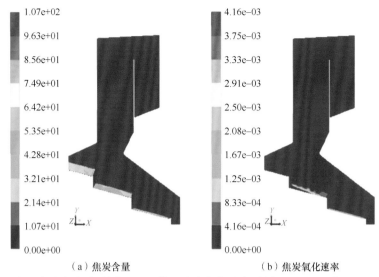

（a）焦炭含量　　　　　　　　（b）焦炭氧化速率

图 4.9　床层中焦炭含量(单位：kg/m³)和焦炭氧化速率[单位：kmol/(m³·s)]分布云图

　　如图 4.10 所示,床层固含率整体呈阶梯式降低趋势。在炉排干燥段,固含率随着床层水分的大量蒸发迅速从 0.2 降至 0.1 左右后保持相对稳定。直至燃烧段挥发分开始释放,固含率出现降低。由于垃圾从干燥段到燃烧段的压实,因此固含率出现了一定的增加。随后,随着挥发分的释放,固含率进一步降低至约 0.05;在挥发分释放完以后,固含率降低至约 0.03。燃烬段床层先压实,固含率增加,床层中只剩下焦炭和灰分,此时的床层固含率约在 0.08。随着床层焦炭反应完,垃圾中只剩下灰分,最后的固含率还保持在 0.05 左右。

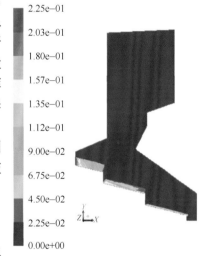

图 4.10　床层固含率分布云图

**4. 气体组分分布**

　　垃圾在进入焚烧炉后,水分大量蒸发,空气中的水含量急剧升高,最高达 95%。如图 4.11 所示,垃圾中的水分释放完后,空气中的水含量便迅速降低,干燥段末端垃圾中的挥发分释放并燃烧产生了水蒸气,水蒸气含量升高,此时摩尔分数约为 20%;到燃烧段结束,挥发分燃烬,不再有水蒸气产生。所以,在燃烬段,炉排及其上部空间中的水蒸气浓度为 0。水蒸气在经过二次风口以后含量有所增加,且强烈的混合使分布更加均匀。由于惯性作用,水蒸气在烟道外侧浓度较高。

　　图 4.12(a)中,$C_mH_n$ 在炉排干燥段的末端开始生成,此时垃圾中的水分已完全蒸发。在燃烧段炉排上床层温度升高,$C_mH_n$ 大量释放,但是由于一次风通过垃圾床层造成浓度分布不均匀,导致挥发分释放不连续,使 $C_mH_n$ 呈现间断的条形分布。$C_mH_n$ 离开床层后,在上升过程中与氧气混合并燃烧,使浓度略有降低。在二次风口位置,氧气浓度增加且混合更均匀,$C_mH_n$ 在此处全部反应。

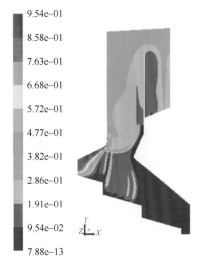

图 4.11　水蒸气分布云图[单位：%(摩尔分数)]

图 4.12(b)中，CO 从干燥段末端开始产生，并在燃烧段大量释放，至燃烧段末段消失。在上升过程中，CO 与 $O_2$ 混合反应，含量逐渐降低，到二次风口时，CO 全部燃烧没有剩余。CO 主要是由于 $C_mH_n$ 的燃烧产生的，因此 CO 的含量分布与 $C_mH_n$ 的分布基本一致。

如图 4.13(a)所示，$O_2$ 在垃圾入口处浓度极低，主要原因是入口处床层中的水分大量蒸发，导致 $O_2$ 被稀释。$O_2$ 浓度在水分蒸干之后升高至 21%左右，直到挥发分开始释放，$O_2$ 被消耗，浓度降低。由于床层没有烧透，燃烧段前半段底部 $O_2$ 浓度较高，在靠近床层顶部位置浓度迅速降低。燃烧段中，$O_2$ 与 $C_mH_n$ 及 CO 反应致使氧气被迅速消耗，在床层上方的空间中 $O_2$ 浓度

几乎为 0，$O_2$ 浓度在燃烧段尾部出现回升。燃烬段床层中的焦炭开始燃烧，浓度降低至 10% 左右。燃烬段尾部垃圾中的剩余焦炭全部反应，气相中的 $O_2$ 浓度逐渐回升至 21%。在二次风喷嘴附近，由于二次风的加入，气相中的 $O_2$ 浓度增加，但很快与可燃气体反应被消耗，在一烟道仍有剩余。但由于混合不均匀，因此 $O_2$ 浓度分布也不均匀。

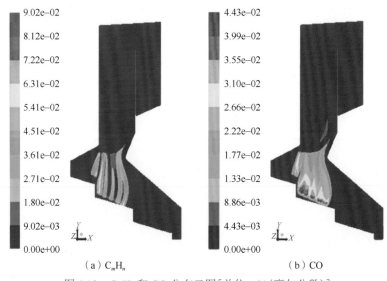

（a）$C_mH_n$　　　　　　　　　　（b）CO

图 4.12　$C_mH_n$ 和 CO 分布云图[单位：%(摩尔分数)]

如图 4.13(b)所示，$CO_2$ 在干燥段末段开始产生，并在燃烧段大量生成。从床层逸出 $CO_2$ 浓度的不断增加是烟气中 CO 逐渐燃烧产生的。在燃烬段 $CO_2$ 含量相对燃烧段有所降低，焦炭反应速率较慢，$CO_2$ 含量低于燃烧段。在二次风口处，燃烧段产生的高浓度 $CO_2$ 被二次风稀释扰动，混合更加均匀。此处剩余可燃物的反应会继续产生 $CO_2$，所以在第一烟道 $CO_2$ 更加均匀，且浓度较高。

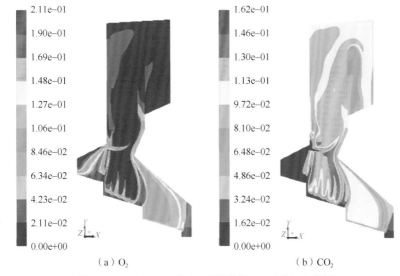

图 4.13 $O_2$ 和 $CO_2$ 分布云图[单位：%(摩尔分数)]

### 4.1.5 模型验证

为了对模拟结果进行验证，作者获取了某大型垃圾焚烧厂的运行现场数据，包括炉膛出口处的烟气中的 $O_2$ 浓度和 $H_2O$ 浓度，以及炉膛中的温度测温点数据。在焚烧炉的一烟道中分布有多个测温点，测温点距垃圾入口的高度从低到高分别为 8.8m、12.2m、15.0m 和 17.6m。在每一个高度上都有多个测温点，由于不同时刻每个测温点的值都在波动，因此取每一个高度上每个测温点的时均温度值的均值作为该点的温度值，表示为 $T_1$、$T_2$、$T_3$，其中 $T_1$、$T_2$、$T_3$ 各包含前侧 1 个和两侧 2 个共 3 个测温点，如图 4.14 所示。

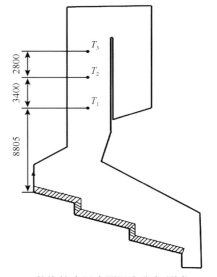

图 4.14 焚烧炉内温度测温点分布(单位：mm)

炉膛温度和出口气体组分的现场模拟值和实测值如表 4.1 所示，模拟结果对应数值是每个测温点对应高度处平面上的平均值。从表 4.1 中可以看出，模拟结果中炉膛的温度与现场炉膛中的温度几乎一致，3 个温度测温点的误差均小于 5%。烟气组分的误差较大，尤其是 $H_2O$ 误差最大，这是因为垃圾中的水分占比较大，其质量分数接近 50%；又由于垃圾组分波动较大所带来的水分占比的变化波动，这就会造成烟气中的水蒸气含量也会出现较大的波动，而其他烟气组分的波动则会相对较小。因此，模拟结果中 $H_2O$ 的误差较大而 $O_2$ 的误差很小。

表 4.1 炉膛温度和出口气体组分的现象模拟值和实测值

| 项目 | $T_1$ | $T_2$ | $T_3$ | $O_2$ | $H_2O$ |
|------|-------|-------|-------|-------|--------|
| 模拟值/K | 1262 | 1222 | 1191 | 6.8 | 23.2 |
| 实测值/K | 1225 | 1211 | 1172 | 6.7 | 20.5 |
| 误差/% | 3.0 | 0.9 | 1.6 | 1.5 | 13.1 |

床层温度在干燥段一直较低，直到干燥段末端才开始升高。到了燃烧段，床层剧烈燃烧，温度达到 1570K 左右。在燃烧段末端挥发分完全释放后，床层温度明显降低到 900K 左右，并维持至燃烬段结束。炉膛中二次风的加入促进了燃烧，使温度升高。随后烟气经过一烟道和二烟道，温度逐渐降低。从中心截面和不同深度的温度截面上看，炉内温度分布较为均匀合理。

辐射最强的区域在二次风位置。从中心截面及二次风流场可以看出，二次风的加入加剧了炉膛内的扰动。二次风口以上的炉膛区域，气体流速和湍动能明显增加，这对可燃物的完全燃烧有重要作用。

从炉排上垃圾组分的分布可以看出，垃圾进入焚烧炉以后，垃圾经历了干燥、脱挥发分和燃烧的过程。各个子过程虽然有先后顺序，但过程之间没有明显界限。干燥段前中段主要进行水分蒸发，后段开始释放挥发分。燃烧段前中段主要进行挥发分释放和燃烧及焦炭的燃烧，燃烬段则主要发生焦炭的燃烧。

从气体组分分布看出，$H_2O$ 主要分布在干燥段，在燃烧段也有少量分布，在二次风口以上则分布较为均匀。$C_mH_n$ 主要分布在燃烧段，伴随着挥发分释放浓度增加。CO 由 $C_mH_n$ 燃烧生成，也主要分布在燃烧段，二者在上升过程中浓度不断降低，直到喉部区域遇到二次风后才基本完全燃烧。$O_2$ 在垃圾进口处因为大量水蒸气的生成浓度较低，在燃烧段与 $C_mH_n$ 和 CO 反应被完全消耗。在燃烬段与焦炭反应被部分消耗，经过二次风口后剩余浓度较低。$CO_2$ 则主要在燃烧段生成，浓度较高，在燃烬段也有部分生成，经过二次风口后伴随着少量增加混合更加均匀。

从焚烧炉现场获取了炉膛中 3 个测温高度上的 9 个测温点的连续运行数据，以及炉膛出口处的烟气氧浓度及水蒸气浓度的数据，将模拟结果中相应位置处的温度值和炉膛出口的氧含量、水蒸气浓度与实测数据进行对照。对照显示，模拟结果与现场实测结果吻合良好，验证了模型的有效性和准确性。

## 4.2 不同垃圾热值的模拟与验证

### 4.2.1 工况说明

垃圾焚烧厂常根据垃圾焚烧的燃烧状况调整工况，以改善燃烧，控制污染，提高热效率。但是，现场操作人员无法直观地获得不同工况下焚烧炉内的燃烧情况。另外，垃圾在焚烧炉内的燃烧情况反馈存在一定延迟，导致操作人员在进料控制时存在一定的盲目性和滞后性。本节将根据实际情况计算低负荷 60%工况和超负荷 110%工况下焚烧炉内的燃烧状况，研究不同工况下的炉内燃烧差异，以进一步验证模型的合理性，为工厂运行提供参考性指导，辅助决策。60%工况是指焚烧炉运行条件不变，而入炉物料量为 MCR 工况的 60%，包括入炉垃圾量、一次风量和二次风量；同样地，110%工况是指入炉物料量为 MCR 工况的 110%，而其他条件则与 MCR 工况保持一致。

### 4.2.2　温度和辐射分布

不同工况下温度分布如图 4.15 所示。与 MCR 工况相比，60%工况燃料大量减少，整体温度明显降低。床层温度在干燥段炉排上始终没有超过 500K，炉膛辐射的降低和一次风量的减少使得床层烘干速度变慢，推迟了垃圾着火位置。垃圾到了燃烧段，温度开始慢慢升高，升温速度较慢，以至于在燃烧段中部床层才燃烧，燃烧以后温度明显上升，最高约为 1400K。由于垃圾量较少，床层较薄，挥发分快速完全释放并燃烧，导致高温区域较小，温度在燃烧段末段就迅速降低。燃烬段温度由于焦炭氧化放热，保持在 900K 左右。在二次风口位置，气相中的可燃分进一步燃烧，温度有所升高。但由于反应物量较少，温度升高的幅度有限，温度在第一烟道出口处已降至 1000K 左右。

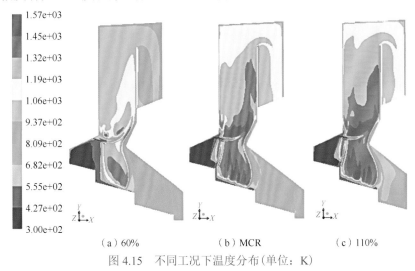

（a）60%　　　　　　　（b）MCR　　　　　　（c）110%

图 4.15　不同工况下温度分布(单位：K)

与 MCR 工况相比，110%工况全炉整体温度水平略有升高。干燥段与 MCR 工况基本保持一致，由于干燥段水分蒸发加快，挥发分的释放和燃烧略有提前。在燃烧段温度整体变化不明显，110%工况略有升高。在燃烧段末段温度降低稍有滞后，主要原因是垃圾进料量增加，导致整体燃烧区域扩大。燃烬段由于焦炭的增加，温度增加到 950K 左右。在二次风口上部位置，高温区域扩大，更多的二次风进入，促使气相中更多的可燃物燃烧，产生更多的热量，温度升高更显著。

炉膛辐射对床层水分蒸发和挥发分释放有至关重要的作用，决定了垃圾的着火位置和燃烧强度等。从图 4.16 中可以明显看出，3 个工况的辐射强度最大值均处于二次风口上部位置，整体分布趋势相同，但 3 个工况的辐射强度值差异较大。相比于 MCR 工况，60%工况的炉内辐射强度远低于 MCR 工况，最大值相当于 MCR 工况的一半，其他区域辐射强度更低；110%工况中辐射强度略高于 MCR，其他区域辐射强度相对于 MCR 工况均有所升高。

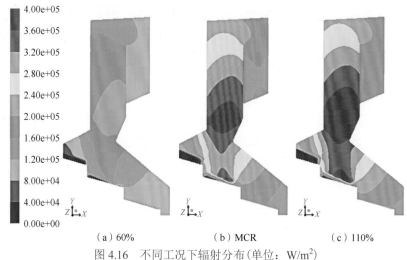

（a）60%　　　　　　　　（b）MCR　　　　　　　　（c）110%

图 4.16　不同工况下辐射分布（单位：W/m²）

### 4.2.3　多工况中固相组分分布

1. 水分

不同工况下床层中水分分布如图 4.17 所示。3 个工况进料量不同，初始床层高度也不同。从 60%工况到 110%工况，床层厚度不断增加，水分蒸发速率不断增加，干燥所需时间减少。其主要原因是炉膛辐射存在差异，60%工况的炉膛辐射远低于 MCR 工况和 110%工况。除此之外，60%工况下一次风的量也远小于 MCR 工况。

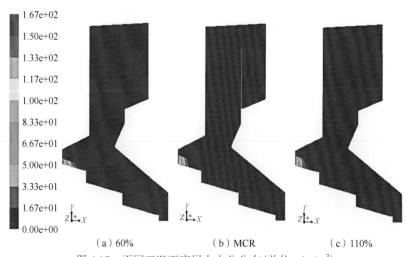

（a）60%　　　　　　　　（b）MCR　　　　　　　　（c）110%

图 4.17　不同工况下床层中水分分布（单位：kg/m³）

2. 挥发分

不同工况下床层中挥发分分布如图 4.18 所示。在 60%工况中，挥发分的含量不同于 MCR 工况从燃烧段开始就迅速减少，而是经过一段距离后才开始减少；另外，挥发分在很短的距离内就全部释放，在燃烧段中段就全部烧完。在 110%工况中，挥发分在干燥段炉排上就开始减少，早于 MCR 工况中开始减少的位置。燃烧段中挥发分含量迅速减少，但由于挥发分含量较多，完全释放的位置要滞后于 MCR 工况。挥发分从开始释放到完全释放所需的距离相对较长。

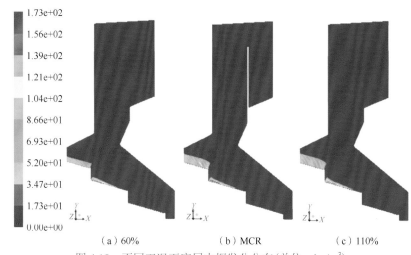

图 4.18　不同工况下床层中挥发分分布(单位：$kg/m^3$)

## 3. 焦炭

不同工况下床层中焦炭分布如图 4.19 所示。3 个工况中，焦炭在干燥段和燃烧段前半段的分布基本相同，可见焦炭在此过程中基本没有参与反应。在燃烧段后半段，焦炭含量开始减少，但不同工况差异不明显。其主要差异体现在燃烬段，相对于 MCR 工况，110%工况中焦炭烧完的位置相对提前，而 60%工况中烧完的位置相对滞后。产生这种差异的原因是床层中焦炭含量不同，导致炉膛辐射强度有差异。

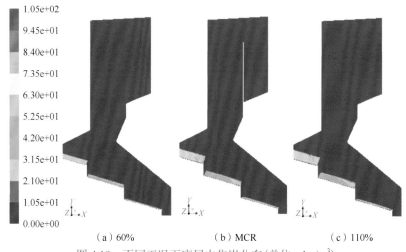

图 4.19　不同工况下床层中焦炭分布(单位：$kg/m^3$)

### 4.2.4 多工况中气相组分分布

#### 1. CO 质量分数

不同工况下床层表面 CO 质量分数随炉排长度的变化如图 4.20 所示，MCR 工况和 110%工况中 CO 在 2.8m 左右位置就开始生成。MCR 工况中，CO 在 2.8m 处升高到 1.8% 左右，随即稍有降低，然后回升到约 4%，此时垃圾走完干燥段炉排。相比之下，110% 工况中，CO 先升高至 2.5%左右，随即降低并回到 4%左右。在 4m 位置，MCR 工况 和 110%工况中 CO 都降低到极低的含量，然后恢复到 4%左右的水平，此处 CO 含量的 剧烈波动是落差墙的存在造成的。MCR 工况和 110%工况中，CO 含量随后在波动中降低， 直到在 8.5m 处 MCR 工况中 CO 完全释放，110%工况中 CO 在 9m 处全部释放完。60% 工况中，CO 在 4m 处即燃烧段炉排才开始生成，随后快速升高，并在约 5.2m 处含量超 过 MCR 和 110%工况，到 6.5m 处含量达到约为 4.5%的最高水平。随后开始下降，并在 7.8m 处迅速降低至 0。从炉排上的 CO 含量曲线可以看出，MCR 和 110%工况基本一致， 110%工况燃烧范围更大；60%工况中 CO 释放范围小，释放强度大，CO 短时间快速生成 并燃烧。

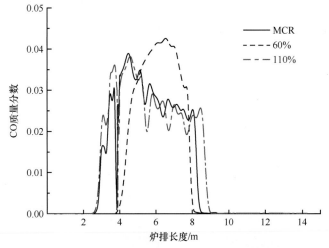

图 4.20　不同工况下床层表面 CO 质量分数随炉排长度的变化

如图 4.21 所示，在炉膛中，CO 逸出床层后在上升过程中与剩余 $O_2$ 反应，在二次风 口位置与二次风混合进一步反应消耗 CO，这导致 60%工况中二次风口上部没有 CO，而在 MCR 和 110%工况中还有少量的 CO 剩余，在一烟道进一步混合并消耗完全。

#### 2. $C_mH_n$ 质量分数

不同工况下床层表面 $C_mH_n$ 质量分数随炉排长度的变化如图 4.22 所示。MCR 工况和 110%工况中，$C_mH_n$ 在 3m 处几乎同时开始生成，随后开始波动升高。MCR 工况最高升高 到约 14%，110%工况最高升至 11%左右，$C_mH_n$ 浓度在 4m 即落差墙处瞬间降低至 0 并升 至最高。其中，110%工况升至 16%左右，MCR 工况升高至 14%左右。随后 $C_mH_n$ 在燃烧段开始波动，110%工况在 $C_mH_n$ 浓度燃烧段相对高于 MCR 工况，直到 8.5m 处 MCR 工况含量降至 0。110%工况在 9m 处含量也降低为 0。60%工况中，$C_mH_n$ 浓度在 4m 处开始升高，直到 5.3m 处质量分数升至 8%。之后 $C_mH_n$ 在波动中降低，在 7.2m 处降低到 4%左右之后升高至 8%，然后一直降低到 0。60%工况中 $C_mH_n$ 的波动性小于 MCR 工况和 110%工况，MCR 工况和 110%工况中 $C_mH_n$ 的分布基本一致。60%工况中，$C_mH_n$ 从燃烧段炉排开始生成，直到 8m 处浓度降至 0，范围小于 MCR 工况和 110%工况。

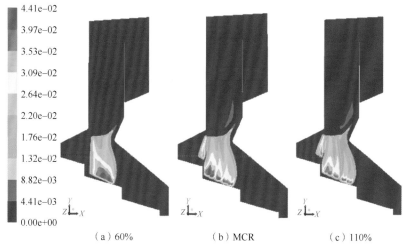

(a) 60%　　　　　　(b) MCR　　　　　　(c) 110%

图 4.21　不同工况下炉膛中 CO 分布[单位：%(摩尔分数)]

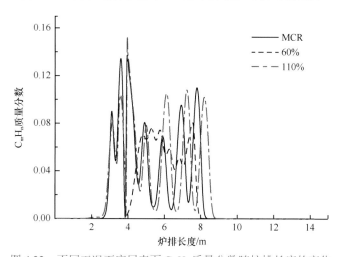

图 4.22　不同工况下床层表面 $C_mH_n$ 质量分数随炉排长度的变化

如图 4.23 所示，3 个工况中的 $C_mH_n$ 在炉膛中的分布基本一致，$C_mH_n$ 从炉排表层往上浓度不断降低。直到二次风口处进一步燃烧，含量迅速减少。经过二次风口后，3 个工况中的 $C_mH_n$ 浓度基本为 0。

3. $CO_2$ 质量分数

不同工况下床层表面 $CO_2$ 质量分数随炉排长度的变化如图 4.24 所示。在 MCR 工况

100 垃圾焚烧炉燃烧优化及工程应用

和 110%工况中，$CO_2$ 在 3m 处开始生成。与 CO 在干燥段的分布相似，在 4m 处经过落差墙时，$CO_2$ 质量分数升高至 23%左右。随后在燃烧段 $CO_2$ 处于波动状态，直到 8.5m 处和 9m 处对应 MCR 工况和 110%工况下 CO 和 $C_mH_n$ 质量分数为 0 的位置，$CO_2$ 质量分数不断降低。在 60%工况中，$CO_2$ 在燃烧段炉排开始生成，然后质量分数不断升高。直到 7.5m 处 $CO_2$ 质量分数升至最高点，此时质量分数约为 20%，然后到 9.5m 处降低至 6%左右。经过落差墙后，$CO_2$ 质量分数迅速升高，在 MCR 工况和 110%工况升高至 16%和 17%左右；60%工况升高至约 13%，然后基本维持不变，直到 13m 处质量分数开始下降。这说明此时床层中的焦炭已经基本燃烬，随后持续降低，直到垃圾烧完，剩余灰分从灰斗排出焚烧炉。

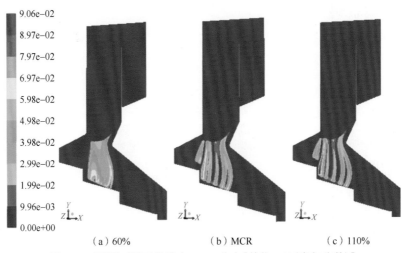

（a）60%　　　（b）MCR　　　（c）110%

图 4.23　不同工况下炉膛中 $C_mH_n$ 分布［单位：%（摩尔分数）］

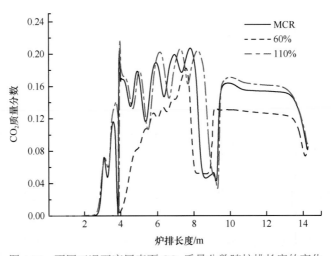

图 4.24　不同工况下床层表面 $CO_2$ 质量分数随炉排长度的变化

如图 4.25 所示，在上部炉膛空间中，气相组分在经过二次风后，可燃分进一步燃烧生成 $CO_2$。在 60%工况中，$CO_2$ 平均质量分数约为 13%，局部浓度较高，约为 17%；在 MCR 工况和 110%工况中，二次风上部平均质量分数约为 17%，局部较高浓度，约为 23%。经过气相在一烟道的混合，$CO_2$ 整体分布更加均匀，在二烟道中由于惯性作用使得分布出现了不均匀。

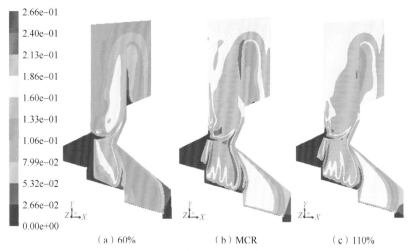

图 4.25　不同工况下炉膛中 $CO_2$ 分布[单位：%（摩尔分数）]

4. $O_2$ 质量分数

不同工况下床层表面 $O_2$ 质量分数随炉排长度的变化如图 4.26 所示。在焚烧炉入口位置，由于垃圾中大量的水分蒸发，因此一次风中 $O_2$ 被大大稀释。垃圾进料量越大，水分蒸发量越大，$O_2$ 浓度越低。110%工况和 MCR 工况中 $O_2$ 相差不大，其浓度约为 1.5%；60%工况约为 4%。随着垃圾中水分的减少，气相中水蒸气也随之减少，因此 $O_2$ 浓度不断升高。直到 3m 处，MCR 工况和 110%工况中 $O_2$ 质量分数开始降低，至干燥段落差墙处升高又瞬间降低。这是由于此处对应有大量的 CO 和 $C_mH_n$ 生成，消耗了大量的 $O_2$。其浓度在随后的炉排上不断波动，直到 8m 处 MCR 工况中 $O_2$ 浓度开始升高，9m 处 110%工况中 $O_2$ 浓度也开始升高。而 60%工况中，$O_2$ 质量分数在 3m 处并未出现降低，到 4m 处垃圾进入第一段落差墙，$O_2$ 开始与逐渐生成的 CO 及 $C_mH_n$ 反应被消耗，质量分数不断降低，到 7.5m 处降至最低，此处对应燃烧最为剧烈的位置。然后 $O_2$ 质量分数开始升高，说明挥发分产生的可燃气体已经完全释放。垃圾进入燃烬段炉排后，此时只有焦炭与 $O_2$ 发生反应，$O_2$ 在一个较高水平保持稳定状态。由于垃圾中的焦炭含量不同，60%、MCR 和 110%工况中 $O_2$ 质量分数分别为 14%、11%和 10%左右。在 13m 处，随着垃圾中焦炭的耗尽，$O_2$ 质量分数开始升高，直至剩余灰渣从焚烧炉中排出。

不同工况下炉膛中 $O_2$ 分布如图 4.27 所示。在二次风口处，大量的 $O_2$ 被送进炉膛，随后与气相可燃分反应被大量消耗。在 60%工况中，$O_2$ 质量分数较高，约为 8%左右，在二烟道有所降低，可以明显地看出这是受到了回流的影响。在 MCR 工况和 110%工况中，一烟道剩余的 $O_2$ 质量分数更低，这主要是因为垃圾中包含大量的水分，垃圾处理量的增加使得烟气中水分含量大大增加，$O_2$ 被稀释，质量分数降低。

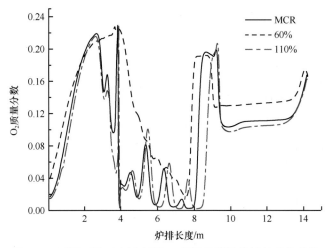

图 4.26    不同工况下床层表面 $O_2$ 质量分数随炉排长度的变化

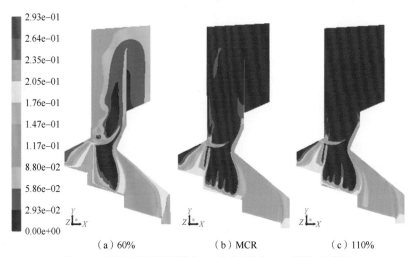

(a) 60%    (b) MCR    (c) 110%

图 4.27    不同工况下炉膛中 $O_2$ 分布[单位：%(摩尔分数)]

5. $H_2O$ 质量分数

不同工况下床层表面 $H_2O$ 质量分数随炉排长度的变化如图 4.28 所示。在垃圾进入焚烧炉后，水分大量蒸发，床层表面 $H_2O$ 浓度非常高，进料量越大，$H_2O$ 质量分数越高。随着炉排的移动，质量分数不断降低。到 3m 处，MCR 工况和 110%工况降到最低值，约为 5%，然后开始升高并有所波动。在 4m 处，$H_2O$ 质量分数发生骤降后维持在 10%左右波动。在 MCR 工况中，$H_2O$ 浓度到 8.5m 处降低为 0；在 110%工况中于 9m 处降低为 0。60%工况中，从垃圾进入焚烧炉，$H_2O$ 质量分数就持续降低，直到 4m 处开始升高。这是由于燃烧段垃圾燃烧程度不断增强，生成的 $H_2O$ 不断增多造成的。直到 7.8m 处，$H_2O$ 质量分数达到最大，随后迅速下降到 0。

不同工况下炉膛中 $H_2O$ 分布如图 4.29 所示。3 个工况的主要差别在喉部以上部分。从床层出来的烟气经过与二次风的混合和进一步反应之后，$H_2O$ 含量增加。集中在前拱的 $H_2O$ 被二次风稀释扰动，MCR 工况和 110%工况中 $H_2O$ 含量要远大于 60%工况，这造成

了 $H_2O$ 质量分数在喉部以上区域的显著差异。

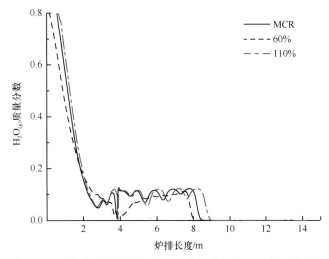

图 4.28　不同工况下床层表面 $H_2O$ 质量分数随炉排长度的变化

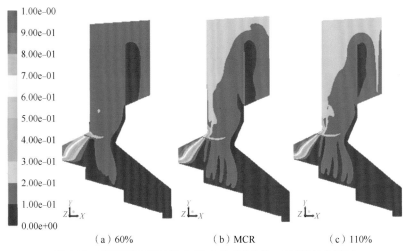

（a）60%　　　　（b）MCR　　　　（c）110%

图 4.29　不同工况下炉膛中 $H_2O$ 分布［单位：%（摩尔分数）］

## 4.2.5　总结

本章使用全炉模型计算了焚烧炉在低负荷(60%)和超负荷(110%)工况下的燃烧情况，并与额定工况下的炉内燃烧情况进行了对比。在温度分布方面，低负荷工况下焚烧炉内整体温度相比 MCR 工况明显降低，辐射强度也显著降低。辐射最强的位置在二次风口上方，强度远低于 MCR 工况对应位置。床层表面最高温度约为 1400K，高温区域分布较小。烟气经过二次风口后温度下降速度较快，第一烟道出口处温度约为 1000K。高负荷工况下整体温度相比 MCR 工况略有升高，整体辐射能也有所升高。炉排上温度升高位置提前，高温区域扩大，燃烧段床层温度为 1500K 左右，燃烬段温度略有升高。烟气温度在二次风口处升高，在一烟道出口处的温度约为 1100K。

在垃圾组分方面，低负荷工况下垃圾干燥时间明显延长，而挥发分释放和燃烧时间变短。这是因为较低的辐射强度不利于水分蒸发，而垃圾一旦开始燃烧，含量较少的挥发分就会以更快的速度完全释放。同理，110%工况中垃圾干燥时间变短，而挥发分释放时间有所延长，此模拟结果也与预期基本一致。

在床层表面气体组分分布方面，不同工况的主要差异表现在 $C_mH_n$、CO、$O_2$、$CO_2$ 的分布上。相比于 MCR 工况，低负荷工况下 $C_mH_n$ 和 CO 的分布范围减小，主要出现在炉排 4～8m 区间内，在此范围内的 $C_mH_n$ 的浓度波动幅度较小。CO 的浓度则迅速升高，在 5～8m 范围内高于 MCR 工况。在燃烧段，$O_2$ 浓度逐渐降低，而 $CO_2$ 浓度逐渐升高。在燃烬段，$O_2$ 浓度更高，$CO_2$ 浓度更低。而在超负荷工况下，$C_mH_n$、CO、$O_2$、$CO_2$ 分布基本与 MCR 工况保持一致，仅燃烧段代表的气体分布区域有所增大。

从模拟结果对比得出，无论是低负荷还是超负荷工况，其炉内燃烧情况均与预期基本吻合，这进一步说明了全炉模型的有效性和适用性。

## 4.3 不同炉膛结构的模拟与模型准确性分析

通过对炉膛的结构进行适当调整，改变前拱后拱的长度和高度，可以影响炉膛内的传热，改变炉内的燃烧状况。通过数值模拟方法可以找到合适的炉内结构形状，确定炉膛结构技术要求和热力技术要求。本节通过模拟日处理量为 600t、750t 和 1000t 不同炉膛结构的焚烧炉的燃烧状况，分析模型准确性。

### 4.3.1 焚烧炉及余热锅炉出口烟风参数

垃圾处理量为 600t/d 的垃圾焚烧炉参数：入炉垃圾的低位热值为 1911kcal/kg，堆密度为 $0.4t/m^3$，额定工况下一次风量为 70044Nm³/h，风温为 418K，二次风量为 16961Nm³/h，风温为 293K。垃圾的元素分析与工业分析如表 4.2 所示。

表 4.2  垃圾的元素分析和工业分析（垃圾处理量：600t/d）

| 元素分析/% | | 工业分析/% | |
| --- | --- | --- | --- |
| 成分 | 数值 | 成分 | 数值 |
| C | 20.94 | 水分 | 43.21 |
| H | 3.16 | 挥发分 | 28.29 |
| O | 11.69 | 固定碳 | 8.5 |
| N | 0.52 | 灰分 | 20 |
| S | 0.02 | — | — |
| Cl | 0.46 | — | — |

垃圾处理量为 750t/d 的垃圾焚烧炉参数：与 600t/d 的垃圾焚烧炉参数相同。

垃圾处理量为 1000t/d 的垃圾焚烧炉参数：入炉垃圾的低位热值为 1900kcal/kg，额定工况下一次风量为 115260Nm³/h，风温为 453K，二次风量为 35800Nm³/h，风温为 293K。垃圾的元素分析和工业分析如表 4.3 所示。

表 4.3　垃圾的元素分析和工业分析(垃圾处理量：1000t/d)

| 元素分析/% | | 工业分析/% | |
|---|---|---|---|
| 成分 | 数值 | 成分 | 数值 |
| C | 20.87 | 水分 | 43.4 |
| H | 3.14 | 挥发分 | 36.6 |
| O | 11.6 | 固定碳 | |
| N | 0.52 | 灰分 | 20 |
| S | 0.02 | — | — |
| Cl | 0.45 | — | — |

### 4.3.2　网格和计算方法

本研究采用 ICEM CFD 软件对垃圾焚烧炉进行网格划分，在满足计算要求的前提下，需要使用较少的网格数量，达到减少计算成本的目的。本研究采用结构化六面体网格对计算域进行划分且网格质量良好。

### 4.3.3　炉膛内温度场分布

处理量为 600t/d 的焚烧炉改变，两种炉膛(1、2)中间截面温度分布如图 4.30 所示。

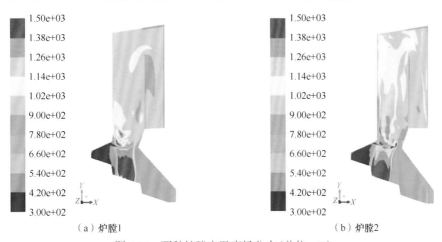

（a）炉膛1　　　　　　　　　　　　　　　（b）炉膛2

图 4.30　两种炉膛内温度场分布(单位：K)

垃圾在进入焚烧炉后温度开始升高，床层中大量水分吸热蒸发，干燥段的温度没有明显升高，维持在 300K 左右。在干燥段末端的垃圾中水分几乎全部蒸发，并且炉膛内的辐射强度明显增强，垃圾中的挥发分开始释放并燃烧，炉膛温度开始升高，垃圾运动到燃烧段中段，挥发分大量释放并且剧烈燃烧，燃烧段整体温度明显升高，达到 1580K 左右。燃烧段产生的高温气体在向上运动的过程中温度有所下降，在炉膛喉部位置的二次风口射入大量二次风，增强了炉内的烟气扰动并且带入了大量氧气，氧气浓度升高，可燃气体与氧气混合充分燃烧，因此喉部位置温度有所升高。在经过二次风口进入一烟道后，由于水冷壁吸收了一部分能量，导致烟气温度逐步降低直至排出烟道，且此时烟气温度大概在 950K。炉排上垃圾中的挥发分在燃烧段全部析出后并燃烧，此时温度明显降低，炉排上只剩下焦炭和灰。焦炭燃烧放出的热量要低于挥发分燃烧释放的热量,炉膛内的温度降低至 900K 左右直到燃烬段结束,剩余的灰渣排出焚烧炉。从图 4.30 中可以看出,结构改变后,右侧炉膛的着火点位置前移。

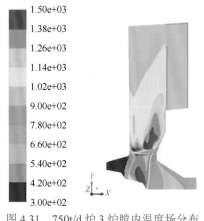

图 4.31   750t/d 炉 3 炉膛内温度场分布
(单位:K)

由图 4.31 可知,750t/d 炉膛结构 3 的炉排燃烬段设计成水平方向,并对此进行模拟,以分析炉膛内的燃烧状况。从计算结果可知,当垃圾运动到燃烧段末端时,燃烧段整体温度明显上升到 1500K;而运动到燃烬段的前半段温度有所降低,说明垃圾中的挥发分在燃烧段已经完全释放并燃烧;燃烬段的中间位置温度有小幅度上升,达到 1100K 左右,应该是焦炭燃烧放出热量,最终只剩下灰渣排出炉外。

1000t/d 炉 1、2 炉膛内温度场分布如图 4.32 所示。炉 1 在炉排的中间位置,温度最高达到 1520K,随后温度开始下降,到了出口位置降至 800K 左右。炉 2 在炉膛喉部位置,由于大量二次风的喷入,二次风口处的温度较低,在 300K 左右;二次风的喷入增强了炉膛内的烟气扰动,并且增加了氧气浓度,可燃气体与射入的氧气充分混合燃烧,释放出大量热量,温度明显升高,达到 1500K 左右;随着热量被水冷壁逐渐吸收直至排出烟道,温度下降到 1080K 左右。

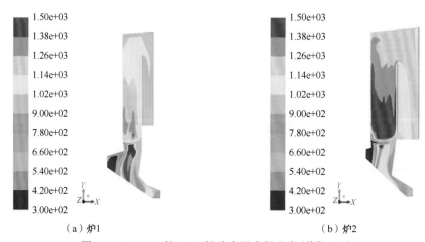

(a)炉1                    (b)炉2

图 4.32   1000t/d 炉 1、2 炉膛内温度场分布(单位:K)

600t/d 炉 1、2 炉膛辐射分布如图 4.33 所示,图中显示燃烧段辐射强度较高,干燥段和燃烬段辐射强度较低;在干燥段的前半段辐射强度极低,此时的垃圾刚刚入炉,垃圾还没有烧透,火焰的前沿还没有达到床层底部;在燃烧段中段辐射强度明显增强,此时垃圾已经烧透;在二次风口上部位置辐射强度最高,主要原因是二次风与可燃气体的混合及氧气含量的增加,使得气相组分在这里充分燃烧,温度进一步升高,辐射强度也进一步增强;在后面烟道,辐射强度随着可燃气体燃烧完全逐渐减弱。炉 1 最高辐射强度达到

$2.47 \times 10^5 \mathrm{W/m^2}$，炉 2 最高辐射强度达到 $2.94 \times 10^5 \mathrm{W/m^2}$。

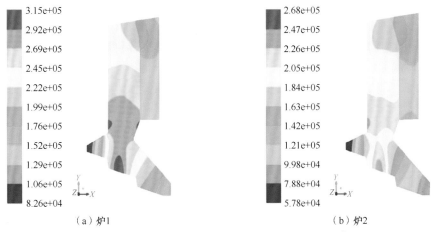

（a）炉1　　　　　　　　（b）炉2

图 4.33　600t/d 炉 1、2 炉膛辐射分布（单位：$\mathrm{W/m^2}$）

750t/d 炉 3 炉膛辐射分布（图 4.34）与 600t/d 炉 3 大体一致。与 600t/d 炉膛辐射强度结果不同的是，700t/d 炉排最强辐射强度的位置出现在燃烧段后半段；炉膛内辐射强度最高位置在二次风口上部，达到 $2.81 \times 10^5 \mathrm{W/m^2}$。

1000t/d 炉 1、2 炉膛辐射分布如图 4.35 所示，二次风口上部位置辐射强度最强，炉膛结构 1 辐射强度最大值能达到 $2.96 \times 10^5 \mathrm{W/m^2}$，炉膛结构 2 辐射强度最大值能达到 $3.79 \times 10^5 \mathrm{W/m^2}$，随后辐射强度逐渐减弱直至烟道出口。

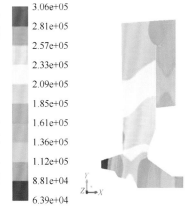

图 4.34　750t/d 炉 3 炉膛辐射分布
（单位：$\mathrm{W/m^2}$）

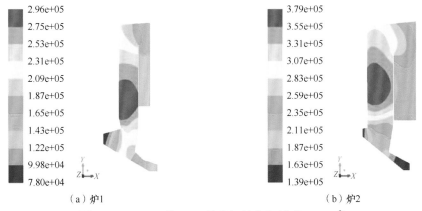

（a）炉1　　　　　　　　（b）炉2

图 4.35　1000t/d 炉 1、2 炉膛辐射分布（单位：$\mathrm{W/m^2}$）

### 4.3.4 流场分布

从图 4.36 中可以看出，燃烧段上方气体速度相对于干燥段和燃烬段较高，这是因为燃烧段一次风送风量大于干燥段和燃烬段。从图 4.36 中还可以看出，燃烧段上方速度得到进一步提高，这是因为燃烧段挥发分燃烧导致的气体体积增加，燃烧段温度的升高会导致气体膨胀，流速增大。炉膛喉部位置的流速增大主要是因为喉部位置水平截面面积减小。到了二次风口位置，二次风高速射入炉膛，导致一烟道和二烟道的流速迅速增加。同时，又因为惯性的作用，气体流速在一烟道前后墙两侧位置及二烟道外侧位置较大，而在一烟道中心位置及二烟道内侧位置流速较小。另外，炉 2 的中心截面速度与炉 1 大致相同。

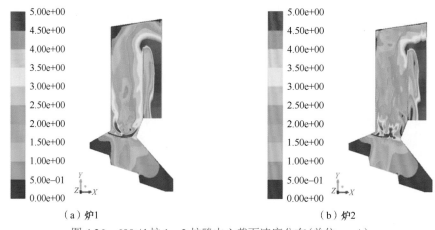

(a) 炉1          (b) 炉2

图 4.36　600t/d 炉 1、炉 2 炉膛中心截面速度分布（单位：m/s）

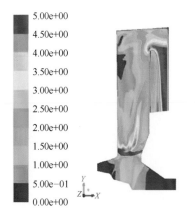

图 4.37　750t/d 炉 3 炉膛中心截面速度分布（单位：m/s）

从图 4.37 中可以看出，750t/d 炉 3 在燃烧段和燃烬段落差墙位置气体速度较大，说明在燃烧段处的一次风量比较大。在靠近喉部位置，由于炉膛水平截面面积突然缩小，此处气速也急剧升高。二次风口喷入大量二次风，对炉膛内部产生强烈扰动，从图 4.37 中可以明显看出喉部位置速度比较大，一烟道和二烟道处的气速增加，由于二烟道的截面减小，惯性作用引起二烟道的外侧气体流速较大。

1000t/d 炉 1、2 炉膛中心截面速度分布如图 4.38 所示。在炉膛喉部位置，由于二次风的喷入，加剧了炉膛内的气流扰动，所以喉部位置气体流速较大，在一烟道前后墙两侧位置及第二烟道外侧位置的气体流速较大。

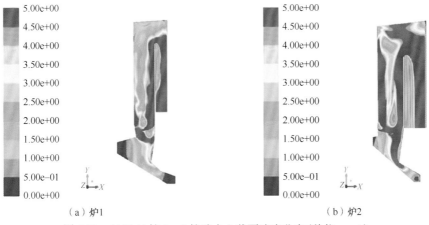

（a）炉1　　　　　　　　　（b）炉2

图 4.38　1000t/d 炉 1、2 炉膛中心截面速度分布（单位：m/s）

### 4.3.5　床层组分分布

#### 1. 垃圾中水分含量和蒸发速率

600t/d 炉 1、2 垃圾中水分含量和蒸发速率云图如图 4.39 和图 4.40 所示，炉 3 与炉 1、2 分布大致相同。垃圾进入焚烧炉后，由于受到炉膛的辐射和对流传热作用，垃圾中的水分最先蒸发，水分的蒸发速率随着水分含量的减少而不断降低。在炉排较高位置处的垃圾比较低处的垃圾更容易蒸发水分，蒸发速度更快，当垃圾运动到干燥段后半段时，垃圾中的水分几乎完全蒸发，说明此时垃圾已经被烘干。

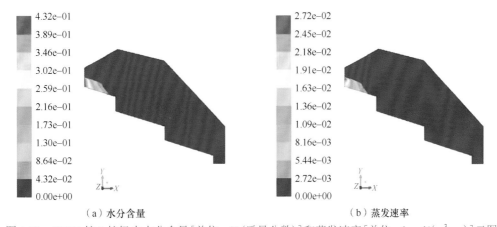

（a）水分含量　　　　　　　　　（b）蒸发速率

图 4.39　600t/d 炉 1 垃圾中水分含量[单位：%(质量分数)]和蒸发速率[单位：kmol/(m³·s)]云图

750t/d 炉 3 垃圾中水分含量和蒸发速率云图如图 4.41 所示，当垃圾运动到干燥段末端时，水分含量降至 0，说明此时垃圾中水分已经完全蒸发。

对于 1000t/d 炉 1、2，当垃圾刚进入焚烧炉时，水分含量最高，并且水分蒸发速率也最快。随着垃圾的前移，吸收更多的热量，水分含量逐渐降低，垃圾中水分的蒸发速率与水分含量呈正相关。炉膛结构 2 相对于炉膛结构 1，垃圾被完全烘干的位置前移，说明干燥得更快(图4.42、图4.43)。

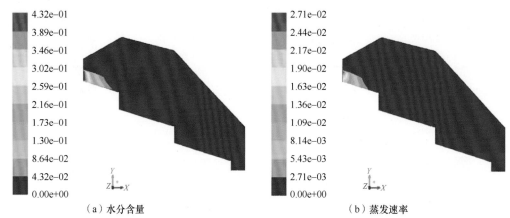

（a）水分含量　　　　　　　　　　　（b）蒸发速率

图4.40　600t/d炉2垃圾中水分含量[单位：%(质量分数)]和蒸发速率[单位：kmol/(m³·s)]云图

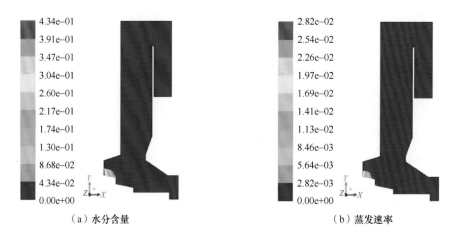

（a）水分含量　　　　　　　　　　　（b）蒸发速率

图4.41　750t/d炉3垃圾中水分含量[单位：%(质量分数)]和蒸发速率[单位：kmol/(m³·s)]云图

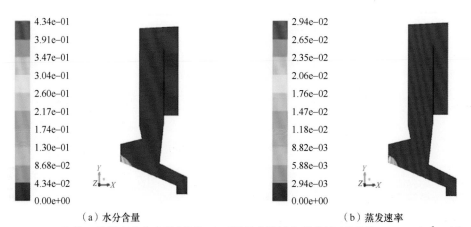

（a）水分含量　　　　　　　　　　　（b）蒸发速率

图4.42　1000t/d炉1垃圾中水分含量[单位：%(质量分数)]和蒸发速率[单位：kmol/(m³·s)]云图

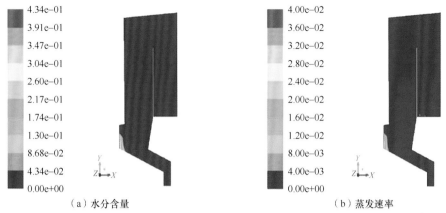

（a）水分含量　　　　　　　　　　（b）蒸发速率

图 4.43　1000t/d 炉 2 垃圾中水分含量[单位：%(质量分数)]和蒸发速率[单位：kmol/(m³·s)]云图

## 2. 垃圾中挥发分含量和释放速率

600t/d 炉 1、3 垃圾中挥发分含量和释放速率云图如图 4.44 和图 4.45 所示，挥发分的含量在干燥段前半段变化不明显，到了干燥段后半段、落差墙及燃烧段前半段，挥发分与

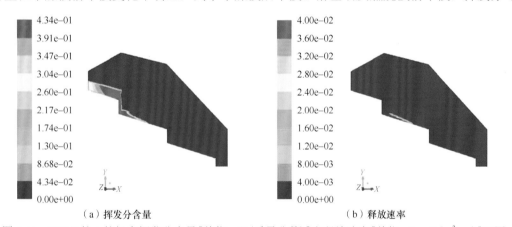

（a）挥发分含量　　　　　　　　　　（b）释放速率

图 4.44　600t/d 炉 1 垃圾中挥发分含量[单位：%(质量分数)]和释放速率[单位：kmol/(m³·s)]云图

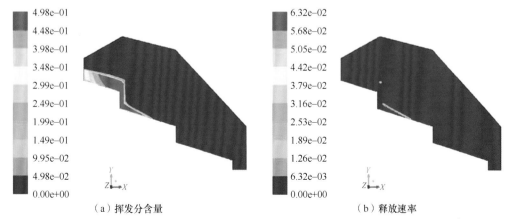

（a）挥发分含量　　　　　　　　　　（b）释放速率

图 4.45　600t/d 炉 3 垃圾中挥发分含量[单位：%(质量分数)]和释放速率[单位：kmol/(m³·s)]云图

一次风充分混合并燃烧，大量的挥发分在此处释放。在燃烧段中段，挥发分含量出现减少，此处挥发分的释放速率已经有所提高。床层温度在燃烧段大幅提高，挥发分释放速率加快并保持稳定，在燃烧段结束之前完全释放。

垃圾经过 750t/d 炉 3 干燥段与燃烧段之间的落差墙，在掉落过程中挥发分与一次风充分混合并燃烧，大量的挥发分在此处释放，图 4.46 中显示此处的挥发分含量很高。在燃烧段中段位置，挥发分的释放速率有所提升。

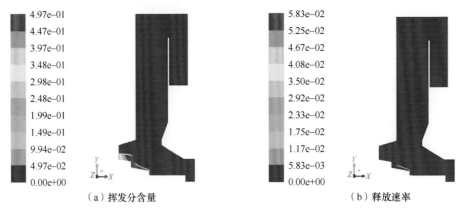

（a）挥发分含量　　　　　　　（b）释放速率

图 4.46　750t/d 炉 3 垃圾中挥发分含量[单位：%(质量分数)]和释放速率[单位：kmol/(m³·s)]云图

1000t/d 炉 1、2 中的垃圾在刚进入焚烧炉之后，挥发分含量先保持不变，然后增加，这是因为垃圾中的挥发分与一次风充分混合并燃烧，并且释放大量的挥发分，挥发分含量与挥发分的释放速率呈负相关，如图 4.47 和图 4.48 所示。炉膛结构 2 与炉膛结构 1 相比，挥发分完全释放的位置前移并且燃烧速度更快，燃烧过程较短。

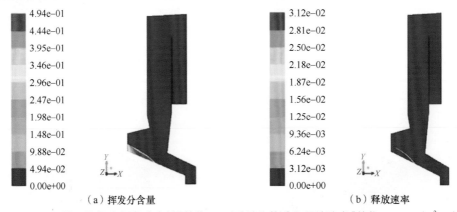

（a）挥发分含量　　　　　　　（b）释放速率

图 4.47　1000t/d 炉 1 垃圾中挥发分含量[单位：%(质量分数)]和释放速率[单位：kmol/(m³·s)]云图

### 3. 垃圾中焦炭含量和焦炭氧化速率

600t/d 炉 1、3 垃圾中焦炭含量和焦炭氧化速率云图如图 4.49 和图 4.50 所示，炉 2 的焦炭分布与炉 1 大致相同。云图显示垃圾中的焦炭含量在炉排干燥段没有太大变化，说明焦炭在干燥段几乎没有参加反应。燃烧段和燃烬段中的焦炭含量有明显升高，这是垃圾从前一段掉落至后一段床层高度降低引起的。从焦炭氧化速率云图可以看出，在燃烧段中段，焦炭已经开始氧化反应，开始速率较小，而到了燃烧段后半段，焦炭氧化速率加快，一直到燃烬段，焦炭氧化速率大大增加。这是由于有更多的氧气参与焦炭氧化反应，导致此处床层的焦炭含量相对于燃烧段大大减少。

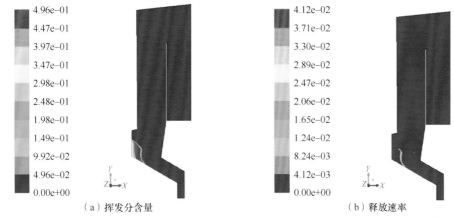

（a）挥发分含量　　　　　　　　　　（b）释放速率

图 4.48　1000t/d 炉 2 垃圾中挥发分含量［单位：%(质量分数)］和释放速率［单位：kmol/(m³·s)］云图

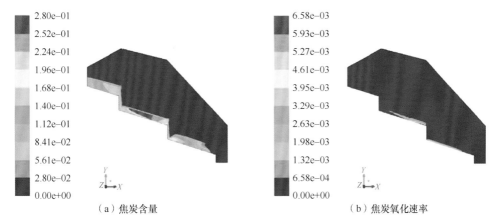

（a）焦炭含量　　　　　　　　　　（b）焦炭氧化速率

图 4.49　600t/d 炉 1 垃圾中焦炭含量［单位：%(质量分数)］和焦炭氧化速率［单位：kmol/(m³·s)］云图

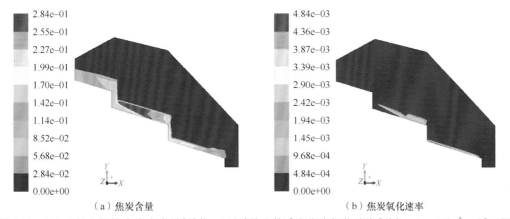

（a）焦炭含量　　　　　　　　　　（b）焦炭氧化速率

图 4.50　600t/d 炉 3 垃圾中焦炭含量［单位：%(质量分数)］和焦炭氧化速率［单位：kmol/(m³·s)］云图

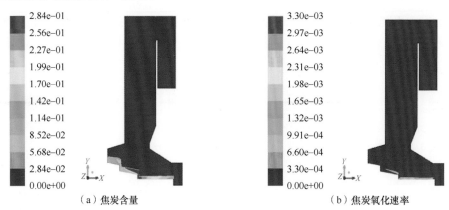

（a）焦炭含量　　　　　　　　（b）焦炭氧化速率

图 4.51　750t/d 炉 3 垃圾中焦炭含量[单位：%（质量分数）]和焦炭氧化速率[单位：kmol/(m³·s)]云图

对于 750t/d 的焚烧炉炉膛结构 3，在燃烧段后半段、落差墙位置及燃烬段前半段焦炭含量最高，这是因为落差墙的高度差导致垃圾在燃烬段前半段产生堆积。焦炭在燃烧段后半段已经开始反应，只是反应速率较小，燃烧段床层焦炭含量变化不是很明显；而在燃烬段前半段，由于有充足的氧气反应，焦炭氧化速率大大增加；在燃烬段焦炭含量由于氧化反应的进行而慢慢减小（图 4.51）。

1000t/d 炉 1、2 垃圾中焦炭含量和焦炭氧化速率云图如图 4.52 和图 4.53 所示。炉排中间位置的焦炭含量最高，此时焦炭开始与氧气发生反应。随着垃圾释放出的挥发分的燃烬，更多的氧气与焦炭进行反应，反应速率增加，最终在炉排末端焦炭反应完全，焦炭含量接近于 0。

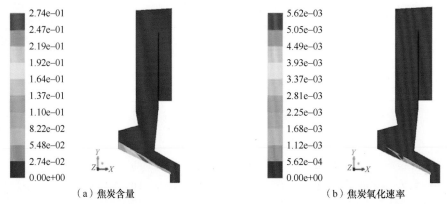

（a）焦炭含量　　　　　　　　（b）焦炭氧化速率

图 4.52　1000t/d 炉 1 垃圾中焦炭含量[单位：%（质量分数）]和焦炭氧化速率[单位：kmol/(m³·s)]云图

## 4. 床层固含率

600t/d 炉 1、3 床层固含率分布云图如图 4.54 所示，固含率整体呈阶梯式下降。在炉排干燥段，固含率随着床层水分的大量蒸发迅速从 0.2 降至 0.1，随后保持相对稳定，直至燃烧段挥发分开始释放，固含率才出现降低。由于垃圾从干燥段落到燃烧段，垃圾堆积压实，因此固含率出现了一定的增加。随着垃圾在燃烧段挥发分的释放，固含率持续降低，在挥发分完全释放之后，固含率降低至 0.03。垃圾在燃烬段床层上只剩下焦炭和灰分，固含率约为 0.08。随着燃烬段焦炭的氧化反应完全，垃圾中灰分最终固含率保持在 0.05 左右。炉膛结构 2 与 1 状况类似。

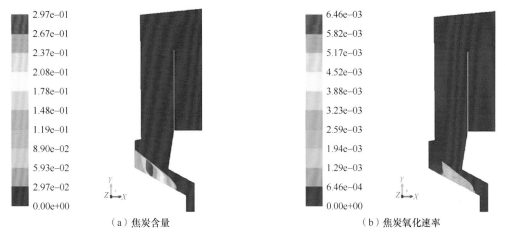

（a）焦炭含量　　　　　　　　　　　　　（b）焦炭氧化速率

图 4.53　1000t/d 炉 2 垃圾中焦炭含量[单位：%(质量分数)]和焦炭氧化速率[单位：$kmol/(m^3 \cdot s)$]云图

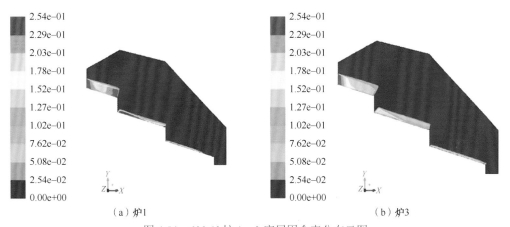

（a）炉1　　　　　　　　　　　　　　（b）炉3

图 4.54　600t/d 炉 1、3 床层固含率分布云图

750t/d 炉 3 床层固含率分布云图如图 4.55 所示。床层固含率也呈阶梯式降低趋势，在炉排的干燥段，由于垃圾中水分的蒸发，固含率从 0.25 降低至 0.07，并保持相对稳定。因为挥发分的释放，固含率在燃烧段持续下降，到了燃烧段末端，固含率降至 0.05。当垃圾中的挥发分完全释放之后，由于燃烬段床层垃圾先压实，固含率稍有增加，此时床层中只剩下焦炭和灰分。最终随着焦炭反应完全，垃圾中只剩下灰分，固含率维持在 0.02 左右。

1000t/d 炉 1、2 床层固含率分布云图如图 4.56 所示。沿炉排运动方向，随着挥发分的完全释放和燃烧，

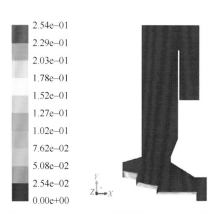

图 4.55　750t/d 炉 3 床层固含率分布云图

床层的固含率慢慢降低。最终垃圾中焦炭反应完，只剩下灰分，炉膛结构 1 固含率保持在
0.05，炉膛结构 2 固含率保持在 0.08。

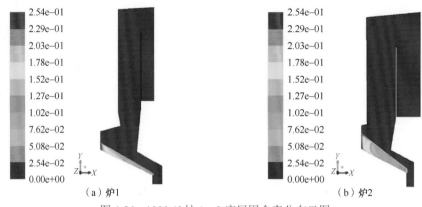

图 4.56　1000t/d 炉 1、2 床层固含率分布云图

### 4.3.6　气相组分分布

#### 1. 水蒸气分布

600t/d 炉 1、炉 2 炉内水蒸气分布云图如图 4.57 所示。进入焚烧炉的垃圾吸收大量热量，水分蒸发释放。空气中的水含量急剧升高，最高达 95%。在干燥段，垃圾中的水分释放完之后，空气中的水含量迅速降低；而当到了干燥段末端，挥发分释放并燃烧生成水蒸气，此时空气中的水蒸气含量有所升高，其质量分数接近 20%。垃圾在燃烧段挥发分完全释放并充分燃烧，燃烧段上部空间水蒸气含量也有所提高。到了燃烬段及上部空间中，水蒸气含量为 0。水蒸气在经过二次风口以后含量有所增加，这是由于二次风的强烈扰动使得水蒸气分布比较均匀。又因为存在惯性作用，所以水蒸气在第二烟道外侧位置浓度较高。

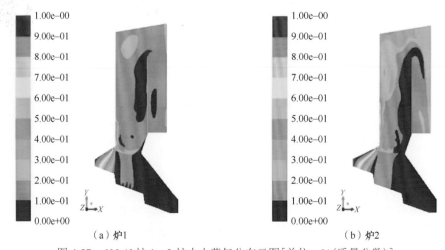

图 4.57　600t/d 炉 1、2 炉内水蒸气分布云图[单位：%（质量分数）]

　　750t/d 炉 3 炉内水蒸气分布云图如图 4.58 所示。垃圾进入焚烧炉干燥段后，垃圾受热水分大量蒸发，空气中的水蒸气含量也随之急剧升高。随着垃圾中水分受热蒸发而减少，空气中的水蒸气含量也不断降低。而垃圾在燃烧段中挥发分释放燃烧，也会生成水蒸气，所以燃烧段上部空间水蒸气含量也会增加。直至到达二次风口位置，水蒸气含量都会有所增加，并且混合更加均匀。

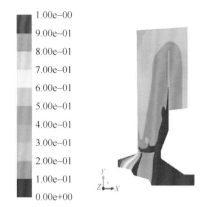

图 4.58　750t/d 炉 3 炉内水蒸气分布云图［单位：%（质量分数）］

　　1000t/d 炉 1、2 炉内水蒸气分布云图如图 4.59 所示。垃圾在进入焚烧炉之后，沿着炉排运动方向，水蒸气含量出现先减少后增加后再降为 0 的过程。这是因为垃圾进入焚烧炉后水分被大量蒸发，所以含量会慢慢减少。又由于垃圾在燃烧段的挥发分释放燃烧产生水蒸气，因此此时空气中的水蒸气含量又会有所增加。随着垃圾中的挥发分完全释放并燃烧，将不再有水蒸气产生，此时空气中的水蒸气浓度降为 0。

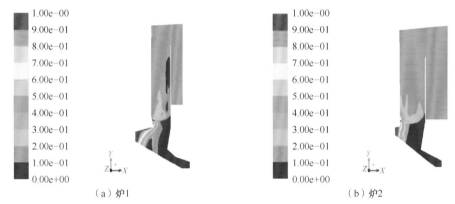

（a）炉1　　　　　　　　　　　　　　　（b）炉2

图 4.59　1000t/d 炉 1、2 炉内水蒸气分布云图［单位：%（质量分数）］

### 2. $C_mH_n$ 和 CO 分布

　　600t/d 炉 1、2 炉膛内 $C_mH_n$ 和 CO 分布云图如图 4.60 和图 4.61 所示，炉 2 中的 $C_mH_n$ 分布与炉 1 类似。从图 4.60 和图 4.61 中可以看出，$C_mH_n$ 在燃烧段前半段开始生成，此时垃圾中的水分已经完全蒸发。随着燃烧段床层温度升高，此处 $C_mH_n$ 被大量释放，但又由于一次风通过垃圾床层造成 $C_mH_n$ 浓度分布不均匀，导致垃圾中的挥发分释放不连续，因此 $C_mH_n$ 呈现间断条形分布。$C_mH_n$ 离开床层之后，在上升过程中与氧气混合并燃烧，浓度略有降低。在二次风口位置，喷入的二次风使炉膛中的氧气浓度增加且混合更均匀，$C_mH_n$ 在此处全部反应，因此第一烟道和第二烟道中的 $C_mH_n$ 含量均降为 0。

　　CO 从燃烧段前半段开始产生，并在燃烧段大量释放，至燃烧段末端消失。CO 从炉排上升过程中与氧气混合反应，含量逐渐降低。当到二次风口位置时，由于与氧气充分混合燃烧，CO 完全没有剩余。CO 主要是由 $C_mH_n$ 燃烧产生的，所以 CO 的含量分布与 $C_mH_n$ 的含量分布基本保持一致。

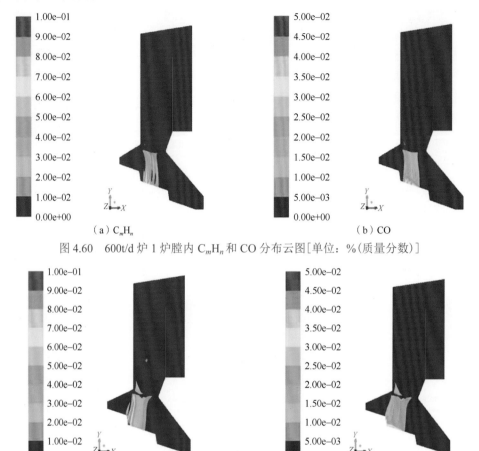

(a) $C_mH_n$       (b) CO

图 4.60 600t/d 炉 1 炉膛内 $C_mH_n$ 和 CO 分布云图［单位：%（质量分数）］

(a) $C_mH_n$       (b) CO

图 4.61 600t/d 炉 2 炉膛内 $C_mH_n$ 和 CO 分布云图［单位：%（质量分数）］

炉 2 的 $C_mH_n$ 与 CO 在炉膛内的分布与炉 1 大致保持一致。

750t/d 炉 3 炉膛内 $C_mH_n$ 分布云图如图 4.62 所示。$C_mH_n$ 在燃烧段开始生成，直到燃烧段与燃烬段落差墙大量释放。$C_mH_n$ 在离开床层上升过程中与氧气充分混合燃烧，含量逐渐降低。到了二次风口位置，氧气含量更为充分，混合更加均匀，$C_mH_n$ 几乎完全反应，其含量降到最低。

炉膛中 CO 的分布与 $C_mH_n$ 几乎保持一致，只不过到了二次风口位置，CO 反应完全没有剩余，所以在第一烟道和第二烟道中几乎不含有 CO。

1000t/d 炉 1、2 炉膛内 $C_mH_n$ 分布云图如图 4.63 和图 4.64 所示。炉 1 在炉排中段开始生成 $C_mH_n$，此时垃圾中的水分已经完全蒸发并释放大量的 $C_mH_n$，浓度较高。在离开床层之后上升过程中，$C_mH_n$ 由于与氧气混合反应，浓度有所降低，到了二次风口位置，由于有充足的氧气进行反应，因此 $C_mH_n$ 完全反应没有剩余，在烟道中 $C_mH_n$ 的浓度为 0。由于前拱辐射太强，炉 2 中垃圾的挥发分瞬间释放，导致挥发分与氧气混合不均匀，没有完全燃烧；而到了二次风口位置，挥发分与二次风混合，浓度有所下降，但是依然没有完全燃烧，所以在第一烟道中仍然含有挥发分。

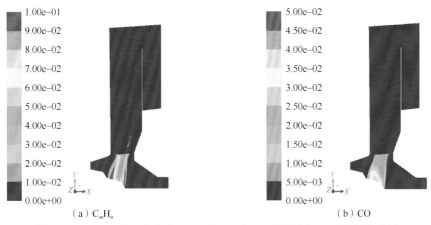

(a) $C_mH_n$　　　　　　　　　　　　(b) CO

图 4.62　750t/d 炉 3 炉膛内 $C_mH_n$ 和 CO 分布云图[单位：%(质量分数)]

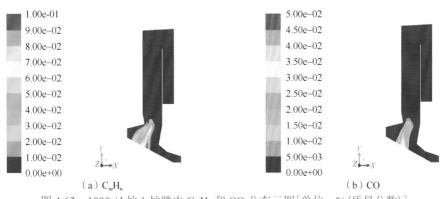

(a) $C_mH_n$　　　　　　　　　　　　(b) CO

图 4.63　1000t/d 炉 1 炉膛内 $C_mH_n$ 和 CO 分布云图[单位：%(质量分数)]

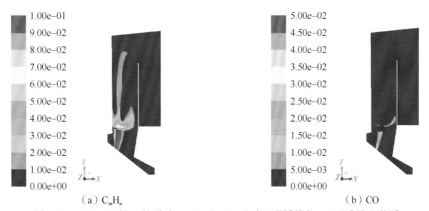

(a) $C_mH_n$　　　　　　　　　　　　(b) CO

图 4.64　1000t/d 炉 2 炉膛内 $C_mH_n$ 和 CO 分布云图[单位：%(质量分数)]

CO 是 $C_mH_n$ 参与反应时生成的产物，所以 CO 的含量在炉膛中的分布与 $C_mH_n$ 保持一致。炉 1 中 CO 在离开床层上升过程中浓度有所下降，直到喉部二次风口位置，CO 与氧

气充分反应生成 $CO_2$，此时 CO 反应完全，在第一烟道和第二烟道中的含量为 0。炉 2 由于 $C_mH_n$ 在第一烟道有所剩余，导致 CO 在二次风口位置上部还有部分生成。

### 3. $O_2$ 和 $CO_2$ 分布

600t/d 炉 1、3 炉膛内 $O_2$ 分布云图如图 4.65 和图 4.66 所示，炉 2 的分布与炉 1 大致相同。炉 1 的 $O_2$ 含量在垃圾入口处浓度极低，主要是因为在入口处床层垃圾中的水分吸收大量热量被蒸发，导致 $O_2$ 浓度被稀释。一直到干燥段末端位置，氧气浓度在水分蒸干之后升高到了 22%，直到挥发分开始释放，挥发分与氧气反应导致氧气浓度降低。由于 $C_mH_n$ 与 CO 在燃烧段均要与氧气发生反应，因此氧气迅速被消耗，氧气含量大大降低，在床层上方的空间中氧气浓度几乎为 0。到了燃烧段末端，由于挥发分完全释放燃烧，炉排上剩下的焦炭和灰分消耗氧气速度大大降低，所以氧气含量有所回升。焦炭在燃烬段开始与氧气发生氧化反应，氧气浓度降低至 14%左右。燃烬段尾部，垃圾中剩余的焦炭完全反应，气相中的氧气浓度也逐渐回升到 16%。炉 2 的干燥段与燃烧段的氧气分布与炉 1 大致相同，到了燃烬段末端，氧气浓度没有回升，推测此时垃圾中的焦炭还没有燃烬，所以氧气浓度依然保持在 14%。

$CO_2$ 在燃烧段的前半段开始产生，又因为 CO 燃烧会生成 $CO_2$，所以在燃烧段上部空间，$CO_2$ 浓度伴随 CO 的充分燃烧逐渐增加。在燃烬段 $CO_2$ 含量相对于燃烧段有所降低，这是因为焦炭氧化反应速率较慢，产生 $CO_2$ 较少。在二次风口位置，燃烧段产生的高浓度 $CO_2$ 被二次风吹散，混合得更加均匀。此处的可燃物会继续发生氧化反应产生 $CO_2$，所以在第一烟道位置 $CO_2$ 分布更为均匀，且浓度相对于喉部以下位置更高。

750t/d 炉 3 炉膛内 $O_2$ 和 $CO_2$ 分布云图如图 4.67 所示。$O_2$ 浓度在干燥段与燃烧段的落差墙最高达到了 23%。随着挥发分的大量释放燃烧，大量氧气被消耗，在燃烧段的上部空间位置氧气浓度为 0。在燃烬段氧气浓度有所回升，达到了 16%；到了燃烬段中后段，由于焦炭氧化燃烧消耗了氧气，因此氧气浓度下降到 7%；到了末端，由于焦炭燃烧完全，氧气浓度回升到 16%。在二次风口位置，由于二次风携带了大量氧气进入炉膛，因此此处氧气浓度有所升高。随后与炉膛内的可燃气体反应消耗，氧气浓度大大降低，在第一烟道中有剩余，但是分布不均匀。

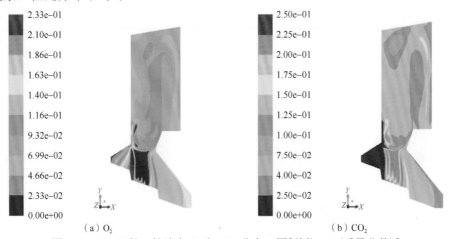

（a）$O_2$　　　　　　　　　　　（b）$CO_2$

图 4.65　600t/d 炉 1 炉膛内 $O_2$ 和 $CO_2$ 分布云图［单位：%（质量分数）］

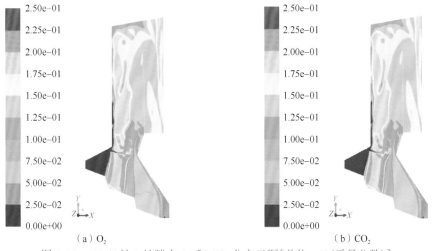

图 4.66　600t/d 炉 2 炉膛内 $O_2$ 和 $CO_2$ 分布云图 [单位：%(质量分数)]

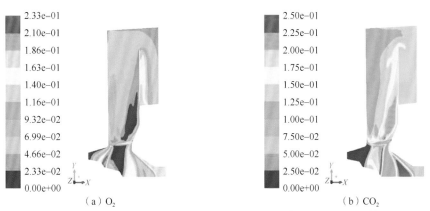

图 4.67　750t/d 炉 3 炉膛内 $O_2$ 和 $CO_2$ 分布云图 [单位：%(质量分数)]

$CO_2$ 在燃烧段前半段开始生成，在燃烧段和燃烬段大量生成。随着烟气从床层逸出，烟气中 CO 逐渐燃烧，产生的 $CO_2$ 也不断增加。在二次风口位置，高浓度的 $CO_2$ 被二次风吹散，混合得更加均匀，同时此处还会继续产生 $CO_2$。所以，在第一烟道位置 $CO_2$ 浓度还有所升高。

1000t/d 炉 1、2 炉膛内 $O_2$ 和 $CO_2$ 分布云图如图 4.68 和图 4.69 所示。氧气在垃圾刚进入炉 1 炉膛时浓度极低，随着垃圾中的水分完全蒸干，氧气浓度有所升高，达到 18%。随着挥发分的释放燃烧，氧气浓度降为 0。在挥发分释放燃烧完全之后，氧气浓度有所回升，达到 18%。从图 4.68 和图 4.69 中可以看出，到了炉排末端，焦炭还未燃烬，此处的氧气浓度依然很低，只有 6% 左右。炉 2 中氧气在垃圾入口处浓度极低，氧气浓度被水蒸气稀释。氧气浓度在水分蒸干之后升高到了 19%，直到挥发分开始释放，挥发分与氧气反应，大量氧气被消耗，氧气浓度降低，在床层上方的空间中氧气浓度几乎为 0，随后氧气含量有所回升。焦炭开始与氧气发生反应，导致氧气浓度有所下降。到了炉排末端，由于焦炭反应完全，氧气浓度回升到 23%。

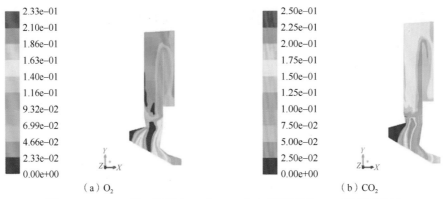

图 4.68　1000t/d 炉 1 炉膛内 $O_2$ 和 $CO_2$ 分布云图 [单位：%（质量分数）]

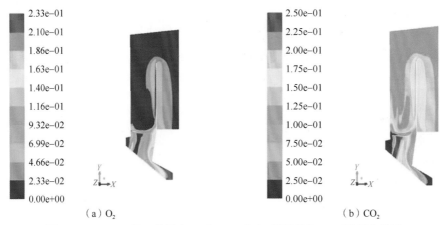

图 4.69　1000t/d 炉 2 炉膛内 $O_2$ 和 $CO_2$ 分布云图 [单位：%（质量分数）]

炉 1 中 $CO_2$ 的生成主要在炉排中段和炉排末段，说明在炉排中段有大量 CO 产生，CO 与氧气反应生成 $CO_2$，所以在炉排中间位置 $CO_2$ 浓度较高。在二次风口位置，由于二次风的射入，$CO_2$ 混合得更加均匀，浓度有所下降，在 17% 左右。炉 2 中 $CO_2$ 浓度最高达到 25%，随着燃烧反应的进行，可燃物燃烬，到了炉排末端，$CO_2$ 含量降为 0。在二次风口位置，高浓度 $CO_2$ 被二次风吹散，混合得更加均匀，其浓度在 22% 左右。所以，在第一烟道和第二烟道内 $CO_2$ 分布比较均匀。

### 4.3.7　总结

为了探究炉膛结构对垃圾在炉排炉内及时着火与燃烬的影响，本章基于 Fluent 软件对不同炉膛结构的 600t/d、750t/d、1000t/d 的垃圾焚烧炉在额定工况下炉内垃圾的焚烧过程进行了模拟，获得了不同炉膛结构焚烧炉炉内的温度场、速度场及床层组分分布和燃烧烟气中主要组分的浓度分布场。计算结果表明，采用实时全三维模拟可以敏感地捕捉炉膛结构变化对炉排垃圾燃烧的影响。同时，炉膛结构对炉膛内的燃烧状况也会产生一定影响，其主要改变垃圾炉排的着火点位置。因此，应用实时全三维模拟方法可以确定出较合理的炉拱尺寸，为炉排炉的设计和改造提供科学的参考与指导。

本节验证了全炉模型具有良好的准确性和广泛的适用性。但是，全炉模型计算量大、耗时长，对于很多工厂来说使用该模型所需的计算资源和花费的时间是难以接受的。因此，为了促进 CFD 技术在工业焚烧炉上的应用，下文将介绍一种工程化解决方案。通过使用工程模型代替全炉模型的方法，在保证模型有效性的前提下，降低计算量。此外，工程模型也将与全炉模型进行对比，以验证模型的准确性。

## 4.4　面向工程的二维实时耦合模拟方法与验证

面向工程的二维实时耦合模拟方法将焚烧炉以喉部为界切分炉膛，床层焚烧结果通过计算喉部以下区域获得，炉膛燃烧计算床层以上整个炉膛。为了进一步减少计算量，将喉部以下三维结构简化为二维进行计算。其中，垃圾在床层的水分蒸发模型、挥发分析出模型、挥发分燃烧模型与焦炭燃烧模型等子模型均与三维床层计算相同。对于炉膛部分，将床层表面的温度、气体速度和气相组分等变量导出，然后从同样的位置送入三维模型，计算气相稳态燃烧。此处炉膛三维模型中只涉及气相燃烧计算，所用模型与三维瞬态炉膛计算模型相同。由于炉膛中有二次风的存在，并且排列方式非对称，为了研究二次风对炉膛的扰动程度，炉膛燃烧模拟仍使用三维模型。

在开展炉排燃烧计算时，从喉部切分的方法保留了前后拱结构，前后拱在炉排点火和燃烧维持过程中起到了非常重要的作用。保留前后拱将极大地还原炉膛真实辐射条件。喉部出口仍需要根据三维燃烧的情况给定辐射条件，但由于喉部位置横截面积最小，给定的辐射条件对于床层的影响也较小，因此工程模型中炉排上垃圾受到的辐射与三维燃烧中受到的辐射差异很小，在计算床层时可以一次完成。这种床层计算方式不仅增强了计算的准确性，还降低了计算的复杂度。

### 4.4.1　网格和计算方法

如图 4.70 所示，将全炉燃烧模拟分两步完成。首先进行二维床层计算，与本章 4.1 节床层模型相同，这里同样将二维床层分为床层区、落差墙区和气相燃烧区。计算域网格总数量为 6161 个，且网格质量均在 0.75 以上。增加网格数量，计算结果无明显变化。喉部出口设置为 outflow，外部黑体温度为 1000K，内部吸收率为 0.5。其他模型设置均与三维瞬态模型相同。床层计算完成后，导出床层表面的气相温度和气相速度，以及气相中 $C_mH_n$、CO、$H_2O$、$O_2$ 和 $CO_2$ 的质量分数。

三维炉膛稳态计算网格中未考虑全炉模型网格中的炉排区和落差墙区，只保留气相燃烧区的计算域。网格总数为 787084 个，并且通过增加网格数量，计算结果无明显变化。将炉膛底部床层表面烟气入口设置为速度入口，其他设置与三维瞬态中的炉膛设置相同。假设炉内燃烧在深度方向上是均匀的，将二维模型导出的结果按照三维深度方向网格数量进行复制，然后将从炉膛下部送入炉膛进行稳态燃烧，便可获得炉膛燃烧模拟结果。在配置 Intel xeon e5-1603 4-CPU 的个人计算机上完成全部计算只需约 30h。

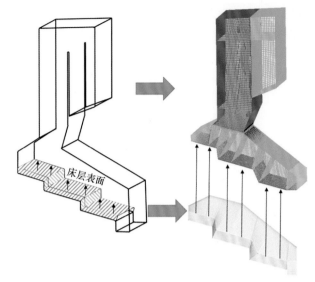

图 4.70　工程化方案

### 4.4.2　床层结果对比

全炉模型和工程模型中水分、挥发分和焦炭的分布云图如图 4.71 所示，全炉模型中水分的蒸发速度和挥发分释放速度都要略快于工程模型，但整体分布趋势相同。造成差异的原因是喉部辐射的不同。辐射对于床层的加热和燃烧维持起到了决定性作用，真实的喉部辐射是随着烟气的流动而不断波动的，因此模型中的固定辐射与真实值之间存在差异。两个模型中焦炭的氧化速度基本一致，这是因为喉部辐射与燃烬段距离较远，此处辐射强度的差异对焦炭氧化影响不大。

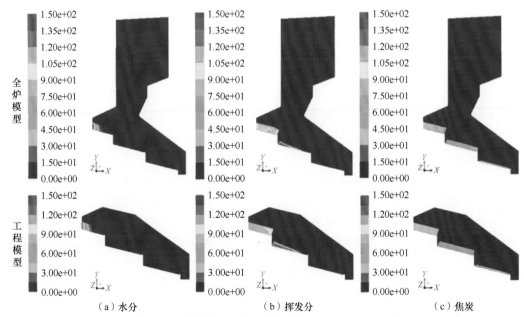

图 4.71　全炉模型和工程模型中水分、挥发分和焦炭的分布云图(单位：kg/m³)

全炉模型和工程模型中温度、固含率及水蒸气分布云图如图 4.72 所示。全炉模型中床层的温度分布与工程模型基本相同，微小的差异体现在工程模型的高温区区域略大于全炉模型。对应图 4.71 所示床层中挥发分的分布，将其归因于喉部辐射的差异。另外，全炉三维计算中喉部以下的两侧炉壁设置为绝热壁面，而在二维模型中没有两侧炉壁，Fluent 中默认两侧传热做循环处理。焚烧炉两侧壁面处理的差异可能也是造成温度分布差异的原因。全炉模型中的固含率和水蒸气含量分布与工程模型结果基本一致。

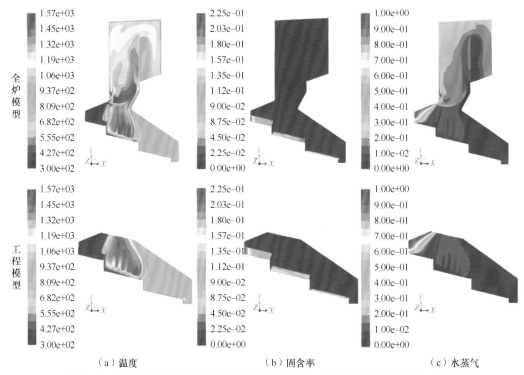

（a）温度　　　　　　　　（b）固含率　　　　　　　　（c）水蒸气

图 4.72　全炉模型和工程模型中温度(单位：K)、固含率和水蒸气的分布云图

### 4.4.3　炉膛结果对比

全炉模型和工程模型中不同深度截面处温度分布云图如图 4.73 所示。由图 4.73 可以看出，在深度分别为 2m、4m 及 6m 的横截面上全炉模型和工程模型的温度分布基本相同，说明床层燃烧在深度方向基本没有差异，这也印证了将二维床层结果做深度方向的复制排列的合理性。忽略气相湍动造成的温度分布差异，工程模型这 3 个横截面的模拟结果与全炉模型对应的结果高度一致，两个模型中的二次风截面温度分布也基本一致。

从图 4.74 中可以看出，全炉模拟结果中的床层及二次风位置的辐射强度大于工程模型，对应了上述结果中全炉模拟挥发分释放快和温度略高的现象。忽略全炉模型中的床层部分，两个模型中的 CO 含量和 $C_mH_n$ 含量在床层上方分布基本一致。经过二次风口以后，全炉模型中剩余的 CO 含量和 $C_mH_n$ 含量略高于工程模型，这可能是气相分布不均导致的。

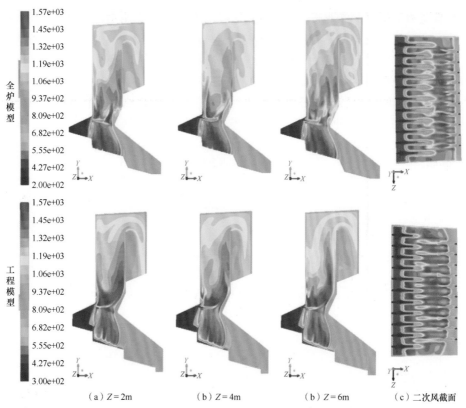

（a）Z=2m　　　　（b）Z=4m　　　　（b）Z=6m　　　　（c）二次风截面

图 4.73　全炉模型和工程模型中不同深度(Z)截面处温度分布云图(单位：K)

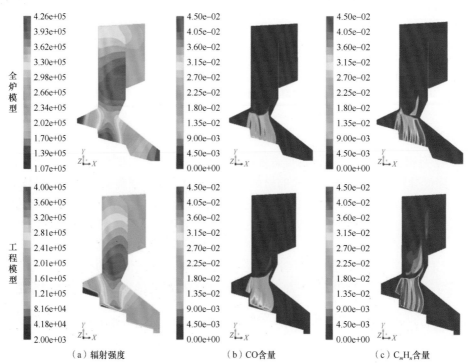

（a）辐射强度　　　　　（b）CO含量　　　　　（c）$C_mH_n$含量

图 4.74　全炉模型和工程模型中辐射强度(单位：$W/m^2$)、CO 含量和 $C_mH_n$ 含量分布云图

全炉模型和工程模型中 $H_2O$、$O_2$、$CO_2$ 分布云图如图 4.75 所示。全炉模型中水蒸气在炉膛中的含量偏高，经过二次风以后氧气含量偏低，$CO_2$ 含量偏高。$CO_2$ 在喉部以下位置偏低，这说明全炉模型中的可燃分在经过二次风后燃烧更为剧烈，相比之下，在经过二次风之前燃烧没有那么剧烈。造成上述差异的原因可能有两种：一是床层进料的差异，工程模型是将床层计算的结果转换到三维炉膛进行计算，床层燃烧结果必然不可能与全炉模型结果完全相同；另外，在二维向三维转换的过程中，微小的差异也可能被放大，造成炉膛燃烧情况存在差异。二是瞬态模型和稳态模型在求解上对精度要求存在差异。

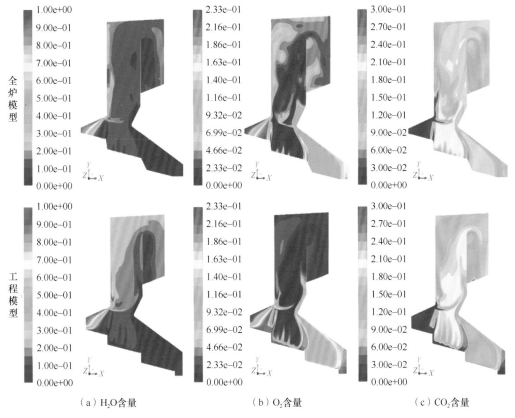

（a）$H_2O$含量　　　　　　（b）$O_2$含量　　　　　　（c）$CO_2$含量

图 4.75　全炉模型和工程模型中 $H_2O$、$O_2$ 和 $CO_2$ 分布云图

### 4.4.4　总结

本节基于全炉膛三维非稳态模型提出了工程化解决方案，能够更快捷地对垃圾工业焚烧炉开展模拟。采用"二维瞬态床层模拟+三维稳态炉膛模拟"的工程方案代替全炉膛三维非稳态计算，可以大大降低计算量。基于工程模型对额定工况下的焚烧炉燃烧状态进行计算，并将床层燃烧温度、床层组分分布及固含率等结果与全炉模拟结果进行对比，验证了二维床层模型的准确性；再者，将炉膛温度分布与气相组分分布等参数与全炉模拟结果进行对比，也验证了稳态炉膛模型的准确性。因此，在处理工程案例时，该模型在精确度没有明显降低的情况下，极大地减少了计算量。此工程方案将有助于促进焚烧模拟的工业化应用。

# 参 考 文 献

[1] Xia Z, Shan P, Chen C, et al. A two-fluid model simulation of an industrial moving grate waste incinerator[J]. Waste Management, 2020(104)：183-191.

[2] Lun C K K, Savage S B, Jeffrey D J, et al. Kinetic theories for granular flow：Inelastic particles in Couette flow and slightly inelastic particles in a general flowfield[J]. Journal of Fluid Mechanics, 1984,140(3)：223-256.

[3] Xia Z, Fan Y, Wang T, et al. A TFM-KTGF jetting fluidized bed coal gasification model and its validations with data of a bench-scale gasifier[J]. Chemical Engineering Science, 2015(131)：12-21.

[4] Gidaspow D. Multiphase Flow and Fluidization: Continuum and Kinetic Theory Descriptions[M]. New York: Academic Press, 1994.

[5] Schaeffer D G. Instability in the evolution equations describing incompressible granular flow[J]. Journal of Differential Equations(Print), 1987, 66(1)：19-50.

[6] Ma D, Ahmadi G. An equation of state for dense rigid sphere gases[J]. The Journal of Chemical Physics, 1986, 84(6)：3449-3450.

[7] Ergun S. Fluid flow through packed columns[J]. Chemical Engineering Progress, 1952, 48(2)：89-94.

[8] Wakao N, Kaguei S. Heat and Mass Transfer in Packed Beds[M]. New York：Taylor & Francis, 1982.

[9] Cheng P. Two-dimensional radiating gas flow by a moment method[J]. AIAA Journal, 1964, 2(9)：1662-1664.

[10] Siegel R, Howell J R. Thermal Radiation Heat Transfer[M]. Washington DC: Hemisphere Pub Corp, 1992.

[11] Yang Y B, Goh Y R, Zakaria R, et al. Mathematical modelling of MSW incineration on a travelling bed[J]. Waste Management, 2002, 22(4)：369-380.

[12] Pyle D L, Zaror C A. Heat transfer and kinetics in the low temperature pyrolysis of solids[J]. Chemical Engineering Science, 1984, 39(1)：147-158.

[13] Yang Y B, Lim C N, Goodfellow J, et al. A diffusion model for particle mixing in a packed bed of burning solids[J]. Fuel, 2005, 84(2.3)：213-225.

[14] Magnussen B F, Hjertager B H. On mathematical modeling of turbulent combustion with special emphasis on soot formation and combustion[J]. Symposium(International) on Combustion, 1977, 16(1)：719-729.

[15] DeSai P R, Wen C Y. Computer modeling of the Morgantown Energy Research Center's fixed bed gasifier[R]. West Virginia Univ., Morgantown(USA). Dept. of Chemical Engineering, 1978.

[16] Vasquez S A, Ivanov V A. A phase coupled method for solving multiphase problems on unstructured mesh[C]// ASME 200 Fluids Engineering Division Summer Meeting. Boston, 2000.

# 第5章 低氮燃烧与焚烧炉脱硝系统的优化设计

## 5.1 NO$_x$的生成机理与模拟

燃烧过程中产生的NO$_x$主要来源于3种反应途径：热力型NO、快速型NO及燃料型NO。图5.1描述了3种反应机理的简化反应路径[1]。其中，热力型NO是在高温条件下由空气中的氮与氧气反应生成；快速型NO是在富燃条件下，由空气中的氮与碳氢自由基反应生成；燃料型NO是由燃料中的氮与氧气反应生成。控制热力型NO生成的3个化学反应如表5.1所示，反应1需要氧自由基参与反应，其反应速率明显低于其他两个反应；反应2和3的反应速率相对较高，但需要很高的火焰温度使空气中的氮分子断键，从而生成N自由基。由于生物质和垃圾热解产生的气体在燃烧室内的燃烧温度一般较低（<1800K），因此相对于燃料型NO，热力型NO的生成量不高。

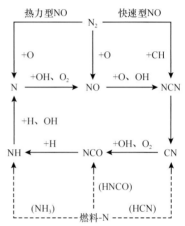

图5.1 热力型NO、快速型NO和燃料型NO生成的简化反应机理[1]

表5.1 控制热力型NO生成的3个化学反应（$k = AT^{\beta}\mathrm{e}^{-E/RT}$）[2]

| 序号 | 反应方程式 | 指前因子 $A$ | 温度指数 $\beta$ | 活化能 $E$ |
|---|---|---|---|---|
| 1 | N+NO $\longrightarrow$ O+N$_2$ | $9.4\times10^{12}$ | 0.14 | 0 |
| 2 | N+OH $\longrightarrow$ H+NO | $3.8\times10^{13}$ | 0 | 0 |
| 3 | N+O$_2$ $\longrightarrow$ O+NO | $5.9\times10^{9}$ | 1.00 | 6280 |

注：$k$-反学反应速率常数；$T$-温度；$R$-气体常数。

生物质和垃圾中富含的氨基酸和蛋白质是燃料氮的主要来源。根据早前研究，燃料氮的释放有3条路径，如图5.2所示。燃料在热解过程中会释放大部分挥发性氮，其主要以NH$_3$和HCN的形式存在。由于燃料的O/N比值较高，因此一部分氮在此阶段直接转化为NO。同时，挥发分二次裂解会释放出额外的NH$_3$和HCN。另外，在焦炭氧化过程中，其中的氮大部分形成NO，并伴随着极少部分的N$_2$生成。

由于生物质中的挥发分含量远高于固定碳含量，因此燃料氮的生成主要源自挥发分。Stubenberger等通过间歇式反应器对几种木材燃料进行了实验，验证了挥发性氮对氮氧化物生成的贡献随着燃料氮含量的增加而增加。另外还发现，从炉排释放的NH$_3$、HCN、HNCO和CO等氮氧化物前驱物的质量分数与燃料的种类、水分含量、热解温度、氮含量、燃料尺寸和化学计量空气比有关。当燃烧室处于富氧条件下时，NO是所有氮氧化

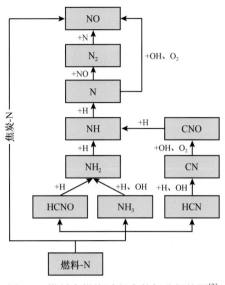

图 5.2　燃料在燃烧过程中的氮分解简图[2]

物中最主要的成分；当燃烧室处于富燃条件下时，$NH_3$ 是最主要的 $NO_x$ 前驱物。由于氮元素在氧气氛围下发生反应，燃料氮可能会大量生成，而在缺氧环境下，燃料氮会更多地转化为 $N_2$ 而不是 NO。因此，在燃烧室中氮的析出时间尤为重要。为了减少床层附近氮氧化物的生成，应该避免早期氮和氧气的接触。

燃料型 NO 是燃烧过程中氮氧化物生成的主要来源，通常占系统产生的氮氧化物总量的 80% 左右。由于 N—H 键和 N—C 键比氮分子 $N_2$ 中的共价键更不稳定（$N_2$ 的化学键需要 1700K 高温方可发生断裂），因此在生物质燃烧过程中，燃料型 NO 的生成比热力型 NO 要容易得多。表 5.2 总结了各种燃料型 NO 生成的宏观反应速率参数，适用于贫燃和富燃两种燃烧工况。

表 5.2　各种燃料型 NO 生成的宏观反应速率参数

| 反应 | 参考文献 | A | $E/[\text{kJ}/(\text{kg} \cdot \text{mol})]$ |
|---|---|---|---|
| $HCN+O_2 \longrightarrow NO+\cdots$ | [3] | $1.0\times10^{10}$ | 280300 |
| $HCN+NO \longrightarrow N_2+\cdots$ | [3] | $3.0\times10^{12}$ | 251000 |
| $HCN \longrightarrow NH_3+\cdots$ | [4] | $1.94\times10^{15}$ | 328500 |
| $NH_3+O_2 \longrightarrow NO+\cdots$ | [3] | $4.0\times10^{6}$ | 133900 |
| | [4] | $\dfrac{3.48\times10^{20}}{1+7\times10^{-6}\exp(2110/T)}$ | 50300 |
| $NH_3+NO \longrightarrow N_2+\cdots$ | [3] | $1.8\times10^{8}$ | 113000 |
| | [5] | $1.92\times10^{4}$ | 94100 |
| | [4] | $6.22\times10^{14}$ | 230100 |

目前已有对生物质炉排反应器氮氧化物生成的相关模拟研究。Albrecht 等[6]基于碳氢燃料氧化反应机理 GRI-Mech 2.11（考虑 $NO_x$ 详细反应），采用小火焰模型模拟了生物质燃烧过程中氮氧化物的生成。小火焰模型计算的平衡气体组成存储在缓存表中，与二维生物质炉膛燃烧模型耦合，计算获得了令人满意的结果。Yang 等[7]假定燃料氮全部以 $NH_3$ 形式存在于挥发分中，采用 De Soete 的 $NO_x$ 模型模拟 $NH_3 \longrightarrow NO$ 反应过程，以燃烧秸秆的 38MWe 炉排炉为对象，发现大多数 NO 生成于燃烧室下游。Brink 等[8]也假定 $NH_3$ 是挥发分中 N 的唯一释放物质，但他们考虑了两个反应，即

$$NH_3+O_2 \Longrightarrow NO+H_2O+\frac{1}{2}H_2 \qquad (R1)$$

$$NH_3+O_2 \Longrightarrow N_2+H_2O+\frac{1}{2}H_2 \qquad (R2)$$

$$K1=1.21\times10^{8}T^{2}e^{-8000/T}[NH_3][O_2]^{0.5}[H_2]^{0.5}$$

$$K2=8.73\times10^{17}T^{-1}e^{-8000/T}[NH_3][NO]$$

从而建立了生物质燃烧过程中挥发性燃料氮氧化的简化双反应动力学速率表达式。该模型与实验结果吻合，但仅限于挥发分释放过程。Klason 等[9]同时考虑热力型 NO 和燃料型 NO 生成途径，但热力型 NO 反应与 Zeldovich 反应机理不同，在生物质燃烧的低温和贫燃条件下，$N_2O$ 是主要中间产物，并按以下路径完成热力型 NO 反应：

$$N_2 + O + M \Longrightarrow N_2O + M$$
$$N_2O + O \Longrightarrow NO + NO$$
$$N_2O + O \Longrightarrow N_2 + O_2$$
$$N_2O + H \Longrightarrow N_2 + OH$$

燃料型 NO 反应为

$$燃料\text{-}N \longrightarrow \gamma HCN + (1-\gamma) NH_3$$

式中，$\gamma$ 为燃料-N 转化为 HCN 的比例，取值 0.5。

$NH_3$ 的氧化按 R1-R2（R1 和 R2 的反应）进行，但 HCN 的氧化反应有两种可能，即

$$HCN + \frac{1}{2} O_2 \longrightarrow NCO + H$$

$$NCO + \frac{1}{2} O_2 \longrightarrow NO + CO$$

$$NCO + NO \longrightarrow N_2 + \frac{1}{2} O_2 + CO$$

和

$$HCN + \frac{1}{2} O_2 \longrightarrow NH + CO$$

$$NH + O_2 \longrightarrow NO + OH$$

$$NH + NO \longrightarrow N_2 + OH$$

他们模拟分析了一台 8～11kW 以木质为燃料的立式燃烧器的 NO 排放特性，与实验结果对比发现，在床层中燃烧温度相对较高的区域形成了大量的氮氧化物，与热力型氮氧化物的生成机制相符。他们还进一步推断，在燃料燃烬区域，中间产物 $N_2O$ 是 $NO_x$ 生成的主要来源。

Kim 等[10]针对一台炉排式城市生活垃圾焚烧炉，采用非催化还原法模拟炉膛中氮氧化物的减排效果。对于 NO 的来源，则考虑了热力型和燃料型两种机理。然而，由于 SNCR 系统喷氨的原因，燃料氮采用图 5.3 所示的反应机理模型。模拟结果表明，采取合适的氨水喷射入口可以有效促进氮氧化物的还原。

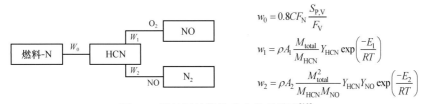

图 5.3  燃料氮的简化反应机理模型[10]

$C=0.8$；$A_1=1.0\times10^{10}$；$A_2=3.0\times10^{12}$；$E_1=67\text{kcal/mol}$；$E_2=60\text{kcal/mol}$；$F_N$、$F_V$ 分别表示 $N_2$ 和挥发分的质量分数；$S_{P,V}$ 为挥发产生的质量源项；$M$ 为摩尔质量；$Y$ 为组分质量分数

Lou 等[11]假设在挥发分析出和焦炭燃烧阶段燃料氮均有析出,生成的氮产物主要为 HCN 和 NH₃,热解速率对不同阶段产物的生成量起到了关键作用。使用 De Soete 模型[3]模拟热解和焦炭反应过程中的 HCN 和 NH₃生成速率,如式(5.1)～式(5.4)所示。蛋白质和含氮杂环化合物以挥发分形式释放,固化芳基氮苯则残留在半焦中,在床层中氧化生成含氮氧化物。

$$R_{\text{vol,HCN}} = 2\alpha f_N S_{\text{pyr}} \frac{M_{\text{HCN}}}{M_{N_2}} \tag{5.1}$$

$$R_{\text{vol,NH}_3} = 2(1-\alpha) f_N S_{\text{pyr}} \frac{M_{\text{NH}_3}}{M_{N_2}} \tag{5.2}$$

$$R_{\text{char,HCN}} = 2\beta f_N R_{\text{char}} \frac{M_{\text{HCN}}}{M_{N_2}} \tag{5.3}$$

$$R_{\text{char,NH}_3} = 2(1-\beta) f_N R_{\text{char}} \frac{M_{\text{NH}_3}}{M_{N_2}} \tag{5.4}$$

式中,$\alpha$ 和 $\beta$ 分别为挥发分气体和焦炭中 HCN 的质量分数;$f_N$ 为生物质氮的质量分数;$S_{\text{pyr}}$ 和 $R_{\text{char}}$ 分别为挥发分释放速率和焦炭燃烧速率;$M$ 为相对分子质量。

在该模型中,他们采用 Chemkin 软件模拟 HCN 和 NH₃ 在炉内的转化反应和 NO$_x$ 析出特性。结果表明,大部分氨转化为 NO,少量氨转化为 N₂O,而 HCN 的反应要消耗氧,最终转化为 N₂O(图 5.4)。模拟结果还显示,热力型和快速型 NO 的贡献很小,可以忽略。

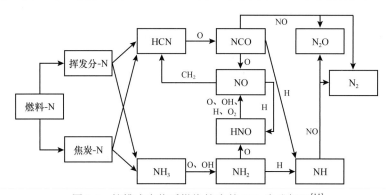

图 5.4 炉排式生物质燃烧炉内的 NO$_x$ 生成机理[11]

Farokhi 和 Birouk[12]采用 Ansys Fluent 软件中内置的标准氮氧化物后处理模型模拟了一台小型炉排式生物质燃烧炉内氮氧化物生成浓度。其考虑了 3 种 NO$_x$ 生成机制:热力型 NO、燃料型 NO 和再燃/还原型 NO。该方法认为燃料氮在脱挥发分过程中主要以 NH₃ 形式释放,而 HCN 被认为是 NO 再燃过程与烃类自由基(如 CH₄)相互作用形成的中间产物。他们采用该方法成功模拟了炉排以上燃烧室内的 NO$_x$ 生成特性,并且通过实验得到了验证。

模拟垃圾焚烧炉内氮氧化物的生成是一项复杂的工作,既要模拟燃料氮在炉排内转化为 NO 前驱中间产物的产量,又要预测中间产物在炉排上方的燃烧火焰内进一步燃烧和还原的反应过程,后者受炉内温度场、主要气体成分(O₂、CO、CO₂、CH₄ 等)、湍流混合强度等因素影响。从燃料氮转化为氧化物的过程包含大量化学反应,除 NH₃ 外,挥发分中氮氧化物前驱物的存在形式至今无定论(HCN、NCN)。因此,垃圾焚烧炉内氮氧化物的生成机理和模拟还不成熟。但是,随着 CFD 模拟在垃圾焚烧炉模拟的推广应用,模拟和控制炉内 $NO_x$ 排放特性对垃圾焚烧炉的工程设计和运行仍然具有重要的指导价值。本章介绍对低氮燃烧与焚烧炉脱硝系统进行优化设计的几个应用案例。

# 5.2　烟气再循环模拟与工程应用

## 5.2.1　烟气再循环物理模型

烟气再循环低氮燃烧技术是通过抽取部分锅炉尾部烟气送入炉膛合适的位置,降低燃烧温度和燃烧氧量,从而减少 $NO_x$ 的生成量。抽取的烟气可以直接进入炉内,也可与一次风或二次风混合后送入炉内。烟气再循环的效果不仅与燃料种类有关,还与再循环烟气量有关。

本节研究的烟气再循环结构参考工艺设计值,再循环喷嘴及二次风布置如图 5.5 所示。其中,前后拱分别布置 11 个、13 个再循环烟气喷嘴,在再循环烟气喷嘴上方前后拱分别布置对应二次风喷嘴,前后拱二次风喷嘴分别为 5 个、6 个。前拱烟气再循环喷

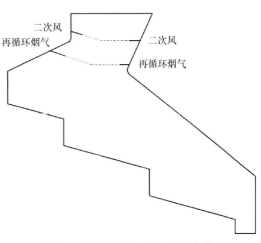

图 5.5　再循环喷嘴及二次风布置

嘴和二次风喷嘴中心线均与水平线夹角为 20°,沿水平向下喷入炉膛;后拱烟气再循环喷嘴和二次风喷嘴水平喷入焚烧炉。前后拱喷嘴均交错布置,以此强化混合。

如图 5.6 所示,垃圾焚烧炉烟气再循环喷嘴在二次风下方,炉排上方燃烧烟气首先经过再循环烟气搅拌混合后,再经过二次风补氧保证燃烬。烟气再循环模拟重点关注烟气温度和混合的控制,如图 5.7 所示,本研究分别截取 4 层喷嘴截面和喉部出口截面数据进行比较分析。

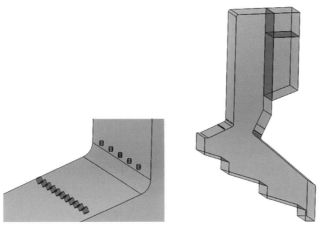

图 5.6　垃圾焚烧炉烟气再循环物理模型

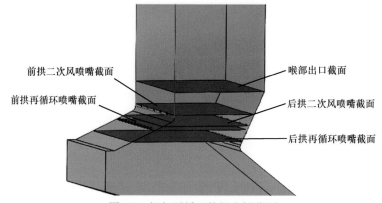

图 5.7    烟气再循环数据分析截面

### 5.2.2    计算工况

本研究选取 6 种工况，即再循环烟气量分别取 5%、10%、12%、14%、15%、17%进行计算分析。不同工况再循环烟气成分数据由锅炉工艺计算获得，如表 5.3 所示。

表 5.3    烟气再循环计算工况

| 工况 | 再循环烟气量/(Nm³/h) | 二次风量/(Nm³/h) | 再循环烟气成分/% | | | |
|---|---|---|---|---|---|---|
| | | | $O_2$ | $N_2$ | $CO_2$ | $H_2O$ |
| 再循环 5% | 7453 | 17631 | 6.8 | 65.0 | 8.3 | 19.9 |
| 再循环 10% | 14917 | 10285 | 6.0 | 64.2 | 8.8 | 21 |
| 再循环 12% | 17914 | 7399 | 5.7 | 63.9 | 9.0 | 21.4 |
| 再循环 14% | 20910 | 4476 | 5.4 | 63.5 | 9.2 | 21.9 |
| 再循环 15% | 22403 | 2983 | 5.2 | 63.3 | 9.3 | 22.2 |
| 再循环 17% | 25454 | 0 | 4.8 | 63.0 | 9.5 | 22.7 |

### 5.2.3    模拟结果分析

1. 烟气再循环燃烧过程分析

由于不同烟气再循环工况原理相同，因此下文以 10%再循环烟气量工况为例，分析烟气再循环对焚烧炉燃烧过程的影响。

(1)炉膛温度。

由于烟气再循环喷嘴和二次风喷嘴交错布置，因此本节截取了不同喷嘴切面的数据进行分析。图 5.8 为炉膛不同切面温度分布，分别是前拱再循环烟气和二次风喷嘴、后拱再循环烟气喷嘴、后拱二次风喷嘴。由图 5.8 可知，可燃气体在喉口附近受到再循环烟气和二次风的扰动与氧发生反应，炉膛局部温度升高。如图 5.8 所示，在前拱再循环烟气和二次风共同扰动下，部分可燃气体到达后拱顶部向上倾角处；而在无烟气再循环时，此处为低温低速流动区域，高温烟气难以到达。这说明烟气再循环增加了喉口区域的扰动，改变了该区域的温度分布。同时，后拱再循环烟气和二次风将高温烟气驱动到前墙下部靠近前拱头部的区域。烟气再循环改变了喉口部分的高温分布区域的同时还会改变锅炉结焦结渣部位，因此在后续烟气再循环运行项目中需要注意观察炉膛结焦结渣部位的变化。

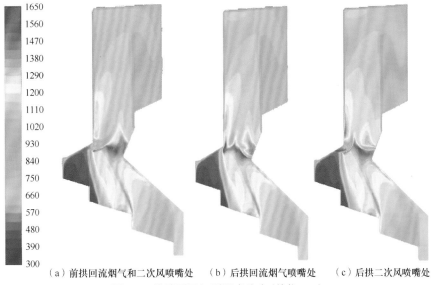

　　（a）前拱回流烟气和二次风喷嘴处　　　（b）后拱回流烟气喷嘴处　　　（c）后拱二次风喷嘴处

图 5.8　炉膛不同切面温度分布（单位：K）

　　(2) 烟气再循环对流场的影响。

　　采用烟气再循环工艺后，再循环烟气代替二次风对炉排上方烟气进行搅拌混合。由于本节选用 10%再循环烟气量工况数据，由图 5.9 所示的炉膛不同切面流速分布可知，再循环烟气和二次风均有约 50m/s 的入炉流速，对烟气有一定的搅拌混合作用。对比不同截面流速分布数据可知，前后拱再循环烟气喷入炉膛后会对局部烟气进行扰动混合，但再循环烟气无法到达再循环喷嘴截面中间位置，难以对炉排上方燃烧烟气进行彻底扰动；同时，二次风由于喷嘴较少，且二次风流量较小，后续难以对烟气形成有效扰动。因而，烟气再循环工艺需要在合理的再循环烟气量工况下达到对烟气的混合扰动作用。图 5.10、图 5.11 为再循环烟气喷嘴截面烟气流速分布。

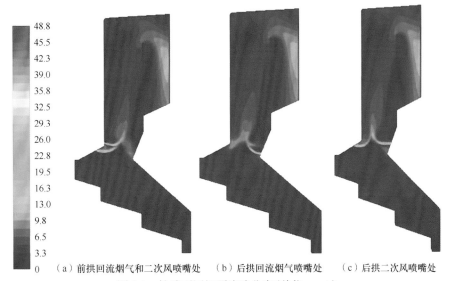

　　（a）前拱回流烟气和二次风喷嘴处　　　（b）后拱回流烟气喷嘴处　　　（c）后拱二次风喷嘴处

图 5.9　炉膛不同切面流速分布（单位：m/s）

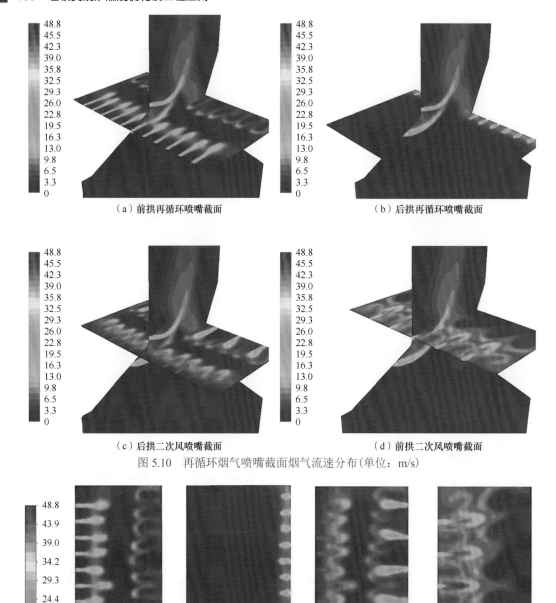

（a）前拱再循环喷嘴截面　　　　　　　　　（b）后拱再循环喷嘴截面

（c）后拱二次风喷嘴截面　　　　　　　　　（d）前拱二次风喷嘴截面

图 5.10　再循环烟气喷嘴截面烟气流速分布（单位：m/s）

（a）前拱再循环喷嘴截面　（b）后拱再循环喷嘴截面　（c）后拱二次风喷嘴截面　（d）前拱二次风喷嘴截面

图 5.11　再循环烟气喷嘴截面流速分布（单位：m/s）

（3）烟气再循环对燃烧的影响。

由于焚烧炉炉排上垃圾分区燃烧，使得炉排上方烟气成分不均匀，氧含量在干燥段和燃烬段均过剩，而燃烧段表现为缺氧。因而，在图 5.12 中，后拱再循环烟气喷嘴截面氧浓度呈现两边高、中间低的特点。同时，由于再循环烟气量较小，对炉排上方的烟气扰动较小，难以到达炉膛中部缺氧区域补充氧量。前拱再循环烟气喷嘴截面 $O_2$ 浓度数据也表明再循环烟气量的不足，再循环烟气难以到达炉膛中部缺氧区域。

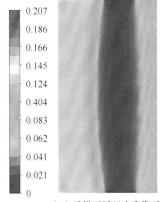

（a）后拱再循环喷嘴截面　　（b）前拱再循环喷嘴截面　　（c）后拱二次风喷嘴截面　　（d）前拱二次风喷嘴截面

图 5.12　再循环烟气喷嘴截面 $O_2$ 浓度分布(单位：%)

图 5.12 表明，在前后拱二次风喷入炉膛后，在进一步扰动混合烟气的同时补充了氧量，使喉部出口氧量勉强分布均匀。

图 5.13 中不同截面的 CO 浓度数据也印证了上述分析，说明本算例中的 10%再循环烟气量偏小。

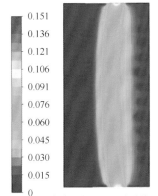

（a）后拱再循环喷嘴截面　　（b）前拱再循环喷嘴截面　　（c）后拱二次风喷嘴截面　　（d）前拱二次风喷嘴截面

图 5.13　再循环烟气喷嘴截面 CO 浓度分布(单位：%)

(4) 烟气再循环对温度场的影响。

图 5.14 和图 5.15 为再循环烟气喷嘴不同截面温度分布数据。由图 5.14 和图 5.15 中的数据可知，再循环烟气喷入炉膛后对烟气有明显的降温作用，一方面再循环烟气温度为150℃，远低于炉膛高温烟气；另一方面再循环烟气氧浓度为 6%，较低的氧浓度在保证可燃气体燃烬的同时又降低了气体燃烧速率，减少了局部高温的发生。由图 5.15 所示温度分布可知，再循环烟气相比二次风而言对烟气的降温作用更明显，这再次说明了降低烟气氧浓度对于降低可燃气体二次燃烧温度的重要影响。

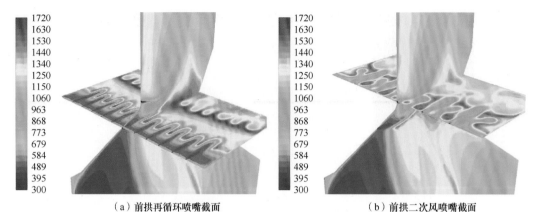

（a）前拱再循环喷嘴截面　　　　　　　　　　　（b）前拱二次风喷嘴截面

图 5.14　再循环烟气喷嘴截面烟气温度分布（单位：K）

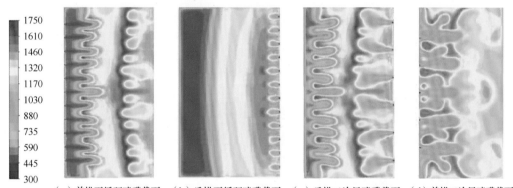

（a）前拱再循环喷嘴截面　（b）后拱再循环喷嘴截面　（c）后拱二次风喷嘴截面　（d）前拱二次风喷嘴截面

图 5.15　再循环烟气喷嘴截面温度分布（单位：K）

图 5.15 数据还表明，10%再循环烟气量较小，难以达到炉膛中部，炉膛中部仍存在局部高温，因而需要继续增大再循环烟气量。

### 2. 不同再循环烟气量工况比较分析

由前文数据分析可知，再循环烟气对焚烧炉温度分布和流场分布均有影响，且与再循环烟气量有重要关系。本节计算了 6 种不同烟气再循环工况，再循环烟气量分别为 5%、10%、12%、14%、15%和 17%，并对不同再循环烟气量工况计算数据进行比较分析。

如图 5.16 所示，随着再循环烟气量从 5%增大到 17%，再循环烟气对烟气的扰动搅拌越来越明显，前后拱喷嘴送入炉膛的再循环烟气能到达炉膛中部，对烟气进行彻底的扰动。当再循环烟气量为 15%和 17%时，再循环烟气入炉流速达到 75m/s 以上，可以很好地起到混合烟气的作用。

图 5.17～图 5.19 为不同喷嘴截面的温度分布比较。由图 5.17～图 5.19 可知，随着再循环烟气量的增大，炉膛不同截面温度逐渐降低；在 15%和 17%再循环烟气量工况下，再循环烟气到达炉膛中部，再循环烟气的降温作用十分明显，可以有效降低热力型 $NO_x$ 的生成。

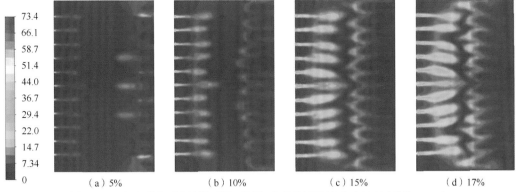

图 5.16　不同再循环量前拱再循环烟气喷嘴截面流速分布比较(单位：m/s)

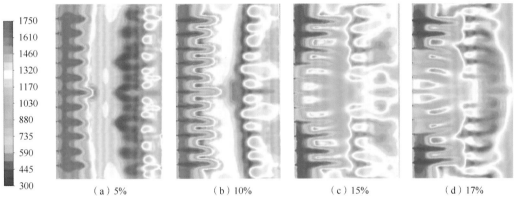

图 5.17　不同再循环量前拱再循环烟气喷嘴截面温度分布比较(单位：K)

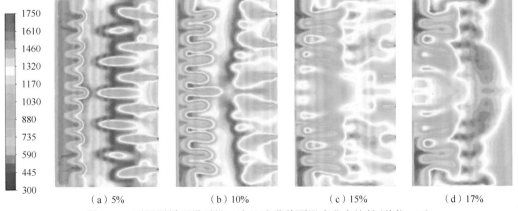

图 5.18　不同再循环量后拱二次风喷嘴截面温度分布比较(单位：K)

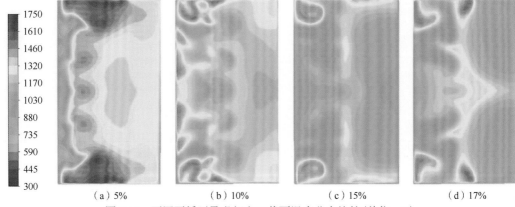

图 5.19　不同再循环量喉部出口截面温度分布比较（单位：K）

由图 5.20 所示不同再循环烟气量工况下炉膛出口烟气氧量数据可知，随着再循环烟气量的增大，炉膛出口氧量逐步降低，有利于减少燃料型 $NO_x$ 的生成；模拟计算与设计值变化规律很吻合，再次说明数值模拟计算结果科学合理。同时，由图 5.20 所示喉部出口截面平均温度数据对比可知，随着再循环烟气量的增大，喉部出口温度降低，但 17% 再循环烟气量工况下温度数据高于 15% 再循环烟气量。这是因为过大的再循环烟气流速在炉膛中部形成滞留区，不利于可燃气体燃烬；而 15% 再循环烟气量工况喉口截面平均温度为 875℃（1148K），难以达到焚烧炉 850℃停留 2s 的要求，因而过大的再循环烟气量也不合适。综合比较不同工况的计算数据，本研究认为在现有烟气再循环设计工艺下，实际焚烧炉运行时宜在 12%～14% 再循环烟气量范围内调试，选择最佳烟气再循环运行工况。根据考察结果反馈，国内焚烧炉烟气再循环系统在 20% 再循环量时降低 $NO_x$ 效果最佳。本节认为这与再循环喷嘴管径有关，现有再循环喷嘴管径参考二次风喷嘴设计，过小的再循环喷嘴管径在低再循环量工况下烟气流速较大，限制了再循环量进一步增大，后续将考虑用不同的再循环喷嘴管径计算合适的再循环烟气量。

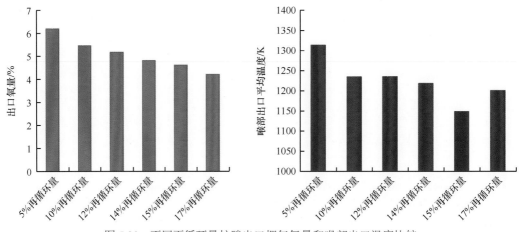

图 5.20　不同再循环量炉膛出口烟气氧量和喉部出口温度比较

#### 5.2.4　结论与建议

本节对焚烧炉烟气再循环工艺进行了建模、数值模拟，对不同再循环烟气工况进行了模拟计算，并比较分析了烟气再循环对焚烧炉流场、温度场等焚烧过程参数的影响，得到如下结论：

(1) 烟气再循环促进了炉膛烟气扰动，改变了炉膛喉口附近区域高温分布；烟气再循环补充喉口中部缺氧区域氧量，保证可燃气体燃烬的同时控制气体燃烧速率，降低局部高温，减少 $NO_x$ 生成。本研究认为，当再循环烟气流速约为 75m/s 时，750t/d 焚烧炉烟气混合效果较好，后续焚烧炉处理量增大后，喷嘴管径与烟气流速控制还需进一步模拟分析。

(2) 随着再循环烟气量从 5%增大到 17%，再循环烟气对烟气的扰动搅拌作用增大，炉膛温度和出口氧量明显降低，减少 $NO_x$ 生成；然而，过大的再循环烟气量使炉膛温度过低，难以满足 850℃停留 2s 的运行要求。本研究认为，在现有烟气再循环设计工艺下，实际焚烧炉运行时宜在 12%～14%再循环烟气量范围内调试，选择最佳烟气再循环运行工况。随着焚烧炉处理量的增大，再循环喷嘴管径与最佳冉循坏烟气量的关系还需通过数值模拟分析进一步确定。

## 5.3　分级燃烧三次风管优化模拟

随着我国经济的持续增长，人们生产生活产生的垃圾量不断增多，垃圾围城的现象日益突出。由于城市生活垃圾焚烧处理技术具有减量化和无害化程度高的优点，近年来中国城市生活垃圾的焚烧处理量大幅提升，但是垃圾焚烧厂锅炉排放的 $NO_x$ 在大气中可形成酸雨和光化学烟雾，危害人体健康和农作物的正常生长。面对日益严峻的环境压力，我国对垃圾焚烧厂的节能减排越来越重视，垃圾焚烧厂相关排放标准将会越来越严格。

垃圾焚烧炉运行过程中产生的 $NO_x$ 主要为燃料型 $NO_x$ 和热力型 $NO_x$，其中燃料型 $NO_x$ 由垃圾中的含氮组分氧化生成，热力型 $NO_x$ 则是由氮气高温氧化生成。垃圾受热分解时，大部分氮元素迁移到气相中，即挥发分氮，经过复杂的转化变为 $NH_3$、HCN 等 $NO_x$ 的前驱物。这些前驱物在氧化性气氛下转化为 $NO_x$，在还原性气氛下则可以还原为 $N_2$。因此，合理地调控焚烧炉内的烟气成分和温度，对于降低焚烧炉中的初始 $NO_x$ 生成量有重要意义。

传统燃煤锅炉空气分级低氮燃烧技术的特点是沿炉膛高度，通过控制一次风量把燃烧区分成 3 个区域：主燃区、还原区和燃烬区。通过一次风及二次风的风门挡板开度调节燃烧所需氧量，使主燃区处于低过量空气系数状态。此时燃烧处于贫氧状态，主燃区的温度降低，抑制了 $NO_x$ 的生成；同时贫氧状态下燃料燃烧不充分，生成 CO、$NH_i$ 等还原性气体，使主燃区处在还原性气氛中，可以把燃烧产生的 $NO_x$ 还原为 $N_2$，减少 $NO_x$ 的生成。另一部分空气则作为燃烬风从炉膛上方送入，让主燃区未完全燃烧的可燃气体在燃烬区进一步燃烧，保证燃烬，此时的燃烬区温度相比于主燃区较低，不易生成 $NO_x$。垃圾焚烧炉三次风低氮燃烧基于空气分级燃烧技术，可通过改变一、二次风及三次风的配比合理地控制炉膛不同区域的烟气成分,使炉排上方形成缺氧的还原性气氛,减少 $NO_x$ 生成。

本次数值模拟对象为某锅炉三次风管系统,通过数值模拟,分析风管系统内空气的流量分配,判断三次风系统设计的合理性,对降低 $NO_x$ 具有重要意义。

### 5.3.1 风管系统设计建模

三次风开孔位置及喷嘴布置方式如图 5.21 和图 5.22 所示,三次风母管分两路支管,一路三次风流经前墙喷嘴及左侧墙喷嘴进入炉膛,另一路三次风经右侧墙喷嘴进入炉膛。

应用 Solidworks 对焚烧炉三次风系统进行建模,在已建立的模型基础上,设定进出口截面,其余设置为壁面。本次计算中,工质采用理想状态下的空气,烟气量为 120000Nm³/h,烟气温度为 827℃;三次风管在计算时假定支管风门全开,三次风量设计为 24527Nm³/h,风温为 23℃。应用 Ansys 软件对模型进行网格划分和计算。

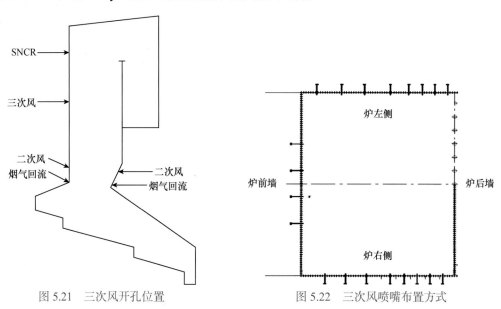

图 5.21　三次风开孔位置　　　　　图 5.22　三次风喷嘴布置方式

### 5.3.2 模拟工况

首先对三次风管路进行初步设计,尝试对左右侧墙支管采用圆形管路设计,如图 5.23 所示。左右侧墙支管各安装 8 个直径为 0.104m 的喷嘴;前墙 3 个喷嘴靠近母管处,直径为 0.114m,总共 19 个喷嘴。

根据 Fluent 模拟计算结果,得到了图 5.24 所示的各喷嘴的流量分配。由图 5.24 可知,三次风母管在锅炉前墙位置,导致靠近母管的支管流量偏大,而两侧墙对应喷嘴的流量相差不大,并且靠近风管末端的流量稍大。

从图 5.25 中可以发现,三次风与炉内烟气的混合效果不好,因此需要对三次风管系统进行优化设计。由图 5.25 可知,越靠近风管末端流量越大,导致流量分配不均匀,因此首先考虑采用渐缩管的形式增加风管的沿程阻力;再者靠近母管只有 3 个喷嘴,不能达到配风与烟气混合的效果,因此尝试在靠近母管处安装 4 个喷嘴。考虑到施工与安装的方便,本次设计采用矩形截面取代初步设计的圆管。

对初步设计方案进行流场分析之后,对两侧墙支管做了 3 套优化方案,如图 5.26 所示。支管沿流速方向呈渐缩变化,支管顶端方形尺寸分别为 480mm、530mm、580mm。

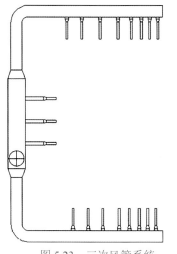

图 5.23　三次风管系统

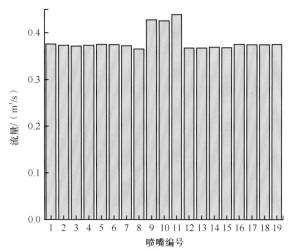

图 5.24　三次风管系统流量分配

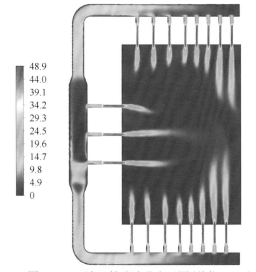

图 5.25　三次风管流速分布云图(单位：m/s)

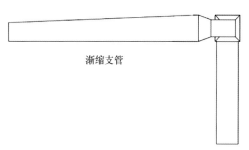

渐缩支管

图 5.26　三次风管系统优化方案

### 5.3.3　三次风管计算结果

针对上述 3 种设计方案进行 Fluent 模拟计算,三次风管计算工况如表 5.4 所示。

表 5.4　三次风管计算工况

| 项目 | 总量/(Nm³/h) | 温度/℃ |
| --- | --- | --- |
| 烟气量 | 120000 | 827 |
| 三次风量 | 24527 | 23 |

　　方案一的流场模拟计算结果如图 5.27 所示，前墙三次风喷嘴流量偏大，这是因为前墙三次风支管离母管更近，沿程阻力更小，因而风量较大，但是从图中可以发现三次风与烟气的混合效果不是很好。同时，从图 5.28 所示的三次风矢量分布可以看出，在烟道分隔墙的周围有漩涡生成，这样会造成积灰现象。

　　方案二的流场模拟计算结果如图 5.29 所示，同样是前墙靠近母管处的喷嘴流量较大，三次风与烟气的混合效果较好。另外，从图 5.30 所示三次风矢量分布可以看出，在烟道分隔墙处没有形成涡流，避免了积灰现象的发生。但是，由于烟道分隔墙附近的烟气流量较大，两侧墙支管末端处的喷嘴流量要较大，才能更好地穿透烟气达到充分混合的目的。

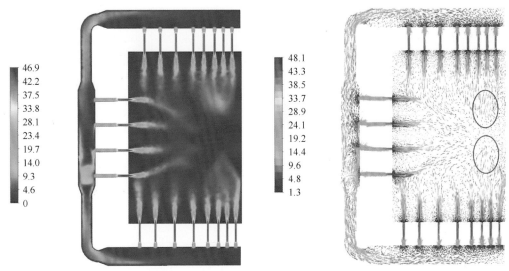

图 5.27　三次风流速分布云图(方案一)(单位：m/s)　　　　图 5.28　三次风矢量分布(方案一)

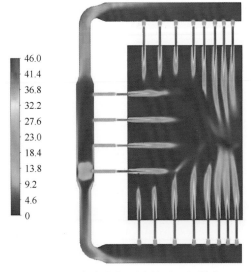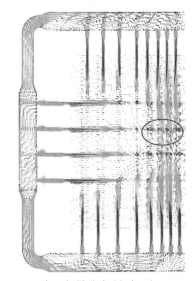

图 5.29　三次风流速分布云图(方案二)(单位：m/s)　　　　图 5.30　三次风矢量分布(方案二)

　　方案三的流场模拟计算结果如图 5.31 所示，由于两侧墙支管的截面积较方案一和方案二大，因此阻力更小，靠近支管末端处喷嘴的流量更大，形成更大的流速，能够与烟气进行充分的混合。另外，从图 5.32 中可以看出，在焚烧炉截面中心形成了两个明显的漩涡，能够充分增加炉内的扰动与混合，而且还能够增加高温烟气在炉内的停留时间，能够有效地保证 850℃下 2s 的指标要求。

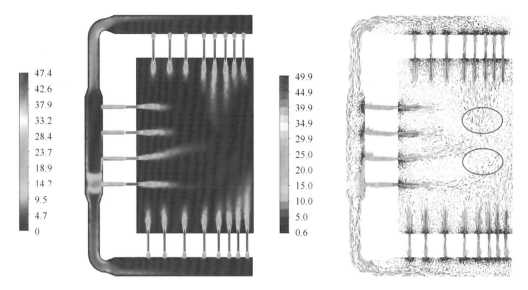

图 5.31　三次风流速分布云图(方案三)(单位：m/s)　　图 5.32　三次风矢量分布(方案三)

### 5.3.4　结论与建议

　　(1)综合上述三种优化方案，方案三能够起到更好的混合效果，并且能形成局部涡流，增强三次风与炉内烟气的扰动，同时增加高温烟气在炉内的停留时间，保证未完全燃烧挥发分气体的充分燃烬。

　　(2)通过 CFD 数值模拟对三次风在炉内的混合情况进行分析与优化，有助于炉内更加均匀且充分地燃烧，对锅炉的正常稳定运行和提高锅炉效率有重要的作用，因此建议在前期设计上利用模拟方法对风管结构和布置做出局部优化，达到炉内气流的合理分布。

　　(3)在设备存在三次风管流量偏差的情况下，通过支管的风门挡板进行流量调节，增大前墙支管和两侧墙支管末端处喷嘴的流量，减少流量偏差导致的烟温偏差和积灰问题。

## 5.4　SNCR 脱硝系统模拟与设计优化

　　目前，SNCR 技术在炉排式焚烧炉 $NO_x$ 脱除上应用广泛，其投资少、建设周期短等特点使其具有很高的性价比。多年来，国内外研究人员在 SNCR 还原反应的反应机理和提高脱硝效率的方法上进行了大量研究，相关学者提出的详细化学反应机理能够较准确地模拟 SNCR 反应过程。但在 SNCR 系统的实际运行中，炉膛内 SNCR 喷嘴安装位置不同、烟气的流动混合等往往会对脱硝效率产生影响。不同喷射位置喷入的还原剂与炉内烟气混合，并迅速脱离反应温度窗口，停留时间缩短，这直接导致了脱硝效率较低而氨逃逸较高。所以，在实际工程设计和优化过程中，综合炉内流场分布、温度分布等因素的影响至关重要。由于实际测量难度较大，因此采用数值模拟方法分析研究 SNCR 脱硝是非常有效且必要的。

### 5.4.1 SNCR 脱硝数值模拟研究进展

利用数值模拟方法对 SNCR 系统进行研究，综合焚烧炉内流场、温度场等因素探究 SNCR 的 $NO_x$ 脱除效果，优化 SNCR 系统的操作条件，为 SNCR 系统在实际工程中的设计提供重要的参考。

纳尔科燃料技术公司(NFT)在 1990 年就开始利用 CFD 方法进行 SNCR 工艺的设计与改进。经过多年的研究发展，CFD 技术已经成为一种较为成熟的方法。为了提高 SNCR 反应数值模拟的准确性，将 CFD 方法与化学动力学反应模型相结合的计算方式成为目前采用的主要方法。目前，对 SNCR 系统模型的建立方法主要有两种：一种方法是利用详细的 CFD 模型和详细的化学反应机理模型，另一种方法则是利用详细的 CFD 模型和简化的反应机理模型。第一种方法利用现有的 CFD 软件，将详细的化学反应机理导入 CFD 软件进行计算；第二种方法主要使用总括反应或多步简化反应机理。近年来，国内外学者利用不同的方法对 SNCR 系统进行数值模拟研究，取得了不错的成果，极大地推动了 SNCR 系统在实际工程中的应用。

Brouwer 等[13]利用 CFD 软件并结合简化的化学反应机理模型发展了经典的七步简化反应机理。Lee 等[14]建立了三维旋转雾化喷嘴模型，通过模拟计算，研究了不同喷射角在低压条件下的射流特性。研究结果表明，流体特性、能量损失受喷射角的影响很大。Kim 等[15]在二次燃烧数值模拟的基础上，研究了还原剂喷射位置、还原剂喷射量及颗粒大小等对 NO 脱除率的影响。研究结果表明，在焚烧炉中，还原剂颗粒穿透能力的强弱对还原剂与烟气的混合效果有着直接关系，增加颗粒的穿透距离能够使还原剂与烟气混合更加充分，达到提高脱除率的效果。Nguyen 等[16]建立了尿素溶液模型，将模拟计算结果与在线数据进行对比，模拟计算得到的脱除效率与实际相符。此外，利用该模型研究发现，当还原剂颗粒粒径不均匀时，还原剂与烟气的混合效果较好，能够在一定程度上提高脱硝效率。其采用的碳酸氢铵还原剂，在氨氮物质的量比为 2.3 的条件下，脱硝率可高达 87%。

在国内，一些学者利用 Chemkin 和 Fluent 软件对 SNCR 系统进行了数值模拟研究，研究成果显著。赵立平等[17]利用 Chemkin 软件对氨气还原 NO 反应过程中的基元反应进行计算分析，通过比对文献中的实验结果，验证了基元反应机理的可靠性；同时，对影响 NO 脱除率的不同因素进行了研究，对 SNCR 过程的化学反应规律做了深入分析。梁秀进等[18]利用 Chemkin 软件计算了气态氨作还原剂的 SNCR 还原反应过程，由此得到了不同温度下的反应途径。通过对某医疗垃圾焚烧发电厂用氨气作为脱硝剂的 SNCR 系统的观察，发现在干清洗反应器中残留的氨会形成铵盐，所以即使氨氮物质的量比很高，其也与氨的逃逸无直接关系。李维成等[19]以氨为还原剂，利用敏感性分析和准稳态假设方法，对 SNCR 反应机理中的 60 种组分 371 个基元反应做了系统性的简化，最终将反应机理简化为包含 12 种主要组分和 8 步反应的简化反应机理模型；利用 Chemkin 软件对该简化机理模型进行了计算，验证了简化反应机理模型的合理性；在 Fluent 软件中导入该简化反应机理，计算结果在准确性等方面均有了显著的改善。王智化等[20,21]选择氨水作为还原剂,通过 Fluent 软件进行了 SNCR 喷射的研究,并与绝热预混模型相结合,进行化学动力学模拟研究,分析了影响还原剂喷射的原因,确定了以氨水作为还原剂时的最佳温度范围为 850～1100℃,最佳氨氮物质的量比为 1.5～3,最佳停留时间为 0.8s。

### 5.4.2　焚烧炉内 SNCR 脱硝过程数学模型

#### 1. NO$_x$ 生成模型

热力型 NO$_x$ 是在一定的温度,当氧存在的条件下空气中的氮被氧化生成的,通常温度在 1800K 以上时生成量较大。热力型 NO$_x$ 生成机理如下[10]:

$$\frac{d[NO]}{dt} = AX_{N_2} X_{O_2}^a \exp(-E/RT)s^{-1} \tag{5.5}$$

式中,$X_{N_2}$、$X_{O_2}$ 为 N$_2$ 和 O$_2$ 的摩尔浓度;$a$ 为反应级数;$A$ 为指前因子;$E$ 为活化能;$R$ 为常数 8.314J/(mol·K)。

燃料型 NO$_x$ 中的氮主要来自各种燃料成分中的氮元素。随着燃烧的进行,燃料中的有机氮被还原成 NH$_3$ 和 HCN,随后与 O$_2$ 反应生成 NO$_x$。当温度在 600～800℃范围内时,NO$_x$ 生成量最大。燃料型 NO$_x$ 作为炉内 NO$_x$ 最主要的部分,假设中间产物由 NH$_3$、HCN、NO$_x$ 混合组成,生成速率由下式计算[22]:

$$\frac{d[NO]}{dt} = AX_{中间产物} X_{O_2}^a \exp(-E/RT) \tag{5.6}$$

式中,$X_{中间产物}$ 为中间组分的摩尔浓度;$X_{O_2}$ 为 O$_2$ 的摩尔浓度。

垃圾焚烧炉在实际运行中,快速型 NO$_x$ 生成量极少,同时由于投入垃圾焚烧炉的垃圾热值较低,焚烧炉内实际温度低于 1800K,热力型 NO$_x$ 生成量远小于燃料型 NO$_x$ 生成量。所以,本节研究中忽略快速型 NO$_x$ 和热力型 NO$_x$ 的生成,只考虑燃料型 NO$_x$ 的生成。

#### 2. SNCR 脱硝模型

垃圾焚烧炉 SNCR 脱硝系统以尿素作为脱硝剂,在无催化剂条件下,当烟气温度在 1123～1373K 时,将烟气中的氮氧化物还原成氮气和水。本节模拟的 SNCR 过程要考虑尿素与 NO 在湍流中的详细化学反应机理,如前文所述,EDC 模型通常应用于反应速率较慢的化学反应,同时 EDC 模型能在湍流反应流动中合并详细的化学反应机理,所以 EDC 模型同样适用于模拟 SNCR 脱硝过程中的化学反应。

在模拟 SNCR 脱硝过程中,利用 DPM 模型处理尿素在烟气中的运动。DPM 模型可以在拉格朗日坐标系下模拟流场中的离散相。离散相颗粒分布于连续相中,通过 DPM 模型可以追踪离散相颗粒的运动轨迹,并计算由离散相颗粒引起的热量、质量传递及动量的变化。本节中采用 DPM 模型处理尿素液滴在气相中的运动,能够获得尿素进入炉膛后的分布状况。

由于 SNCR 的详尽反应机理包含数百个基元反应,而 Fluent 软件无法直接计算大量基元反应,因此本节研究中采用了 Brouwer 等[13]提出的七步简化反应机理,反应机理参数如

表 5.5 所示。采用该反应机理，可以在减少计算量的同时不影响计算精度。

表 5.5 SNCR 简化反应机理参数

| 反应 | 指前因子 $A$ | 温度指数 $\beta$ | 活化能 $E_a$ |
|---|---|---|---|
| $NH_3+NO=N_2+H_2O+H$ | $4.24\times10^5$ | 5.3 | $3.5\times10^8$ |
| $NH_3+O_2=NO+H_2O+H$ | $3.50\times10^2$ | 7.65 | $5.24\times10^8$ |
| $HNCO+M=H+NCO+M$ | $2.40\times10^{11}$ | 0.85 | $2.85\times10^8$ |
| $NCO+NO=N_2O+CO$ | $1.00\times10^{10}$ | 0.0 | $-1.63\times10^6$ |
| $NCO+OH=NO+CO+H$ | $1.00\times10^{10}$ | 0.0 | 0.0 |
| $N_2O+OH=N_2+O_2+H$ | $2.00\times10^9$ | 0.0 | $4.19\times10^7$ |
| $N_2O+M=N_2+O+M$ | $6.90\times10^{20}$ | 0.0 | $2.71\times10^8$ |

在研究垃圾焚烧炉内的 SNCR 脱硝前，首先要获得炉膛内速度、温度和组分浓度的分布情况。在此基础上设计 SNCR 脱硝系统，分析喷嘴位置、颗粒尺寸分布、喷射速度、NSR、雾化角等工艺参数对脱硝效率的影响并加以优化。

本节研究的垃圾焚烧炉在炉体前墙及侧墙位置安装两排 SNCR 喷嘴，每排 7 个，共 14 个，安装高度位于焚烧炉 9.4m 和 11.94m，结构如图 5.33 所示。如前文所述，低质垃圾的特性与现阶段我国的生活垃圾特性更为接近，所以针对 SNCR 系统的研究采用低质垃圾。结合第 4 章中低质垃圾炉膛燃烧的温度场、速度场、$NO_x$ 和 $O_2$ 浓度分布的结果，通过研究喷嘴位置、喷射速度、雾化角、NSR、颗粒粒径分布等影响因素，结合广泛的数值实验，获取 SNCR 优化的结果。首先采用单个喷嘴进行初步的探索模拟计算，分别研究在相同 NSR 及粒径分布的条件下，不同位置的单一喷嘴及其喷射速度、雾化角对脱硝效果的影响，确定脱硝效果较优的单一喷嘴及其喷射条件；然后将多个单喷嘴进行组合优化，获得最佳喷嘴组合；在此基础上，深入研究 NSR 及粒径分布对脱硝效率的影响。模拟计算中均以质量浓度为 10%的尿素溶液作为还原剂。

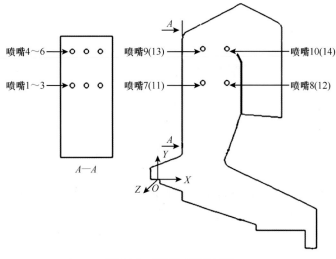

图 5.33 SNCR 喷嘴布置

　　图 5.34 为焚烧炉炉膛不同截面的温度分布，可知炉膛中间截面温度分布不均匀，高温区域靠近炉体后墙。在 9.4m 和 11.94m 两个截面上，温度分布同样不均匀，两个截面的平均温度分别为 1220K 和 1150K，在 SNCR 还原反应的合适温度范围内。

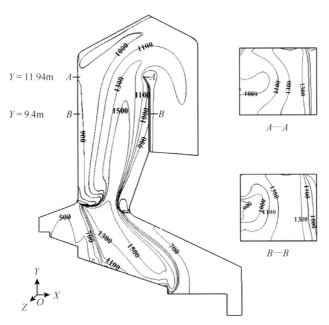

图 5.34　焚烧炉炉膛不同截面的温度分布(单位：K)

### 5.4.3　喷射速度和雾化角的影响

#### 1. 喷射速度的影响

　　在焚烧炉炉膛内，喷入的尿素与烟气充分混合是保证 SNCR 还原反应发生的重要条件。尿素溶液由喷嘴射入炉膛，必须穿过上升的烟气并与之混合，喷射速度的大小直接影响尿素溶液的穿透性。如果喷射速度较小，尿素无法穿过烟气，会导致大量的尿素在靠近炉膛壁面的位置停留，反应仅限于与壁面附近的 $NO_x$ 发生，大量未反应的尿素会随着烟气从炉膛排出，使氨逃逸量增大；而当喷射速度较大时，尿素溶液能够直接穿透烟气，到达炉体的后墙区域，从第 4 章中模拟得到的炉膛速度分布可知，炉膛后墙处速度较大，靠近折焰角的区域存在涡流，这将导致尿素溶液大量停留，造成还原剂过剩，部分还原剂将会随着烟气离开炉膛，其余部分则在靠近炉膛后壁处滞留，不仅无法达到脱除 $NO_x$ 的目的，同时还会造成炉膛壁面的腐蚀。综上，喷射速度的合理选择对脱硝效率的影响非常重要。

　　本节选取喷嘴 1~3 作为研究对象，在 NSR=1.5 及均匀粒径分布下，对喷射速度影响进行了研究，模拟结果如图 5.35 所示。从图 5.35 中可以看出，当喷射速度为 50m/s 时，脱硝效率达到最高，约为 21.6%，增大或减小喷射速度并未提高脱硝效率。综合考虑，50m/s 为喷嘴最佳喷射速度。

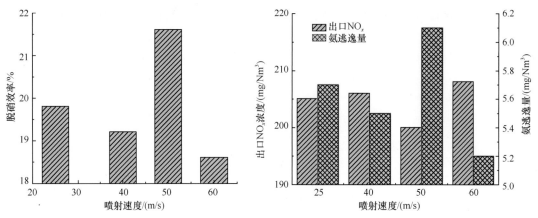

图 5.35 不同喷射速度时模拟参数及结果

### 2. 雾化角的影响

作为影响 SNCR 脱硝效率的重要因素之一，喷嘴雾化角的设计对炉膛内喷入的还原剂与烟气的混合程度起着重要作用。在炉膛内，还原剂如果能与烟气混合均匀，将能促进还原反应的进行，使反应更加充分，在一定程度上提高脱硝效率。本节在相同喷射位置、相同喷射速度条件下，研究不同雾化角对脱硝效率产生的影响。同样以喷嘴 1～3 作为研究对象，喷嘴流速选取前文确定的最佳喷射速度 50m/s，计算结果如图 5.36 所示。

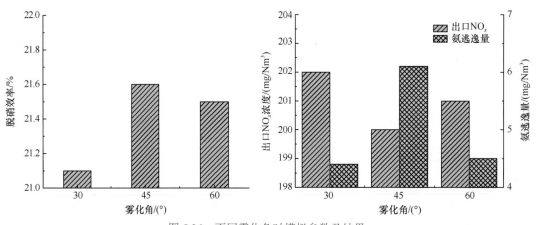

图 5.36 不同雾化角时模拟参数及结果

由图 5.36 可知，当雾化角为 45°时，脱硝效率达到最高，为 21.6%。当雾化角过小时，还原剂喷嘴喷射范围较小，还原剂与烟气中的 $NO_x$ 的反应局限于这一较小范围内，还原剂无法扩散到整个炉膛，导致与烟气的混合不充分。当雾化角过大时，还原剂扩散面积较大，在局部范围内相应的浓度降低，还原反应得不到充分进行。如果还原剂进入高温区域，则容易被 $O_2$ 氧化再次生成 $NO_x$，导致脱硝效率降低。

### 5.4.4 喷嘴位置的影响

本节研究的垃圾焚烧炉喷嘴数量较多，且每个喷嘴布置的位置各不相同，起到的脱硝效果也不尽相同。为充分利用各喷嘴，以获取最佳优化喷嘴组合，有必要对每个喷嘴进行深入研究。因此，在上述确定的喷射速度及雾化角的基础上，针对不同位置的喷嘴，通过数值模拟实验，获得了各喷嘴的脱硝性能，具体结果如表 5.6 所示。

表 5.6　不同喷嘴位置模拟参数及结果

| 喷嘴编号 | 喷射速度/(m/s) | 雾化角/(°) | 出口 $NO_x$ 浓度/(mg/Nm³) | 氨逃逸量/(mg/Nm³) | 脱硝效率/% |
|---|---|---|---|---|---|
| 1~3 | 50 | 45 | 200 | 6.1 | 21.6 |
| 4~6 | 50 | 45 | 247 | 2.3 | 22.9 |
| 7 | 50 | 45 | 198 | 12.8 | 22.5 |
| 8 | 50 | 45 | 239 | 4.5 | 7.5 |
| 9 | 50 | 45 | 180 | 22.7 | 29.5 |
| 10 | 50 | 45 | 224 | 20.4 | 12.5 |

注：对称喷嘴 11-14 参考图 5.33。

由表 5.6 可以看出，不同位置处的喷嘴起到的脱硝效果明显不同，脱硝效果明显受到所选喷嘴喷射范围内温度场和流场的影响。通过比较每个喷射效果可以发现，靠近前墙处的喷嘴效果(喷嘴 7、9)要明显好于靠近后墙处(喷嘴 8、10)的效果，结合第 4 章计算得到的炉膛速度及温度分布可以看出，这是由于靠近前墙处的温度要明显低于后墙，更加贴近 SNCR 还原反应的温度窗口。当温度高于窗口上限时，喷入的还原剂会在高温下氧化生成额外的 $NO_x$，从而抑制还原反应效果。靠近前墙处的气相流速较低，使得还原剂在该处停留时间较长，尿素溶液能够与烟气较为充分地混合，从而提高脱硝效率；而后墙处的气相流速较大，使得喷入的还原剂来不及与烟气良好混合就被气流快速带出炉膛，降低了脱硝效率。

通过比较不同竖直位置高度的喷射效果(喷嘴 1~3 为低处，喷嘴 4~6 为高处)还可以看出，较高位置处的脱硝效果要稍好于低处。这是由于随着高度的上升，炉膛温度逐渐降低，而较高位置处的温度更适合还原反应的进行，导致了更高的脱硝效率。

综上所述，SNCR 喷嘴位置的布置也是影响脱硝效率的重要因素。如表 5.6 所示，喷嘴 9 的脱硝效果最佳，脱硝率达到了 29.5%；其次是喷嘴 1~3、喷嘴 4~6 和喷嘴 7，脱硝效率均在 22%左右；其余喷嘴脱硝效果较差。

### 5.4.5　粒径分布及 NSR 的影响

1. 组合喷嘴优化模拟

根据表 5.6 中的计算结果，选取喷射效果较优的单喷嘴(喷嘴 9、喷嘴 1~3 和喷嘴 7)组合进行喷射，模拟结果如表 5.7 所示。

表 5.7　组合喷嘴模拟参数及结果

| 喷嘴编号 | 喷射速度/(m/s) | 雾化角/(°) | 出口 $NO_x$ 浓度/(mg/Nm³) | 氨逃逸量/(mg/Nm³) | 脱硝效率/% |
|---|---|---|---|---|---|
| 1~3, 9 | 50 | 45 | 200 | 5.7 | 21.9 |
| 7, 9 | 50 | 45 | 177 | 23.0 | 30.9 |

由表 5.7 所示结果可知，将喷射效果较优的喷嘴组合后进一步提高了脱硝效率，同时氨逃逸量较单喷嘴喷射时有了一定量的减少，其主要原因在于喷嘴组合后，平均了每个喷嘴的喷射量，在起到原有脱硝效果的同时，抑制了氨逃逸量。通过比较可以看出，喷嘴 7 与喷嘴 9 的喷嘴组合性能最为优越，在 NSR=1.5、喷射速度为 50m/s、雾化角为 45°、均匀粒径分布的情况下，脱硝后 $NO_x$ 浓度为 177mg/Nm$^3$，脱硝率为 30.9%。

## 2. 粒径分布的影响

经喷嘴雾化后的尿素溶液进入炉膛，与烟气中的 $NO_x$ 混合后发生还原反应，尿素液滴的尺寸大小将直接影响液滴在烟气中的停留时间，同时影响尿素液滴在整个炉膛内的扩散，这就对还原剂与烟气的混合程度产生了影响，从而影响了 SNCR 的脱硝效率。常用的液体喷射粒径分布包括 Uniform 分布和 Rosin-Rammler 分布。Uniform 分布是将所有颗粒的大小假设为均一的；而 Rosin-Rammler 分布是将所有颗粒的尺寸分成若干个尺寸组，每个尺寸组用一个平均粒径表示，用该平均粒径计算颗粒的运动轨道。

在喷射速度为 50m/s、雾化角为 45°、NSR=1.5 条件下，对喷嘴 7 与喷嘴 9 喷嘴组合进一步优化，研究 Uniform 分布和 Rosin-Rammler 分布对脱硝效率的影响，计算结果如表 5.8 所示。

表 5.8　不同粒径分布模拟参数及结果

| NSR | 喷射速度/(m/s) | 雾化角/(°) | 粒径分布 | 出口 $NO_x$ 浓度/(mg/Nm$^3$) | 氨逃逸量/(mg/Nm$^3$) | 脱硝效率/% |
|---|---|---|---|---|---|---|
| 1.5 | 50 | 45 | Uniform | 177 | 23.0 | 30.9 |
| 1.5 | 50 | 45 | Rosin-Rammler | 176 | 11.9 | 31.0 |

从表 5.8 中可以看出，在同等条件下，颗粒尺寸采用 Rosin-Rammler 分布和 Uniform 分布对出口 $NO_x$ 浓度的影响不大，分别达到 176mg/Nm$^3$ 和 177mg/Nm$^3$。这是由于在相同的条件下，尺寸大小的差异将会使颗粒具有不同的运动速度和停留时间，影响了尿素液滴与 $NO_x$ 的接触混合，进而脱硝效率会有所差别。两种分布条件下，氨逃逸量相差明显，采用 Uniform 分布时，氨逃逸量为 23.0mg/Nm$^3$；而 Rosin-Rammler 分布条件下，氨逃逸量仅为 11.9mg/Nm$^3$。计算结果表明，Rosin-Rammler 分布不仅更加贴近实际工业喷射工况，而且脱硝效果要明显好于 Uniform 分布。

## 3. NSR 的影响

在 SNCR 还原反应中，为了获得较高的脱硝效率，在反应中添加过量的还原剂来促进反应的进行，通常以 NSR 作为衡量标准。NSR 可用下式表示：

NSR=还原剂与入口 $NO_x$ 的实际物质的量比/还原剂与入口 $NO_x$ 的化学计量物质的量比

根据 $NO_x$ 与尿素的反应方程式，理论上，1mol 的尿素能够还原 2mol 的 $NO_x$。在实际反应过程中，由于喷入的尿素溶液与烟气中 $NO_x$ 反应的复杂性，以及不完全反应，根据化学反应平衡理论，通常在反应中加入过量尿素，促使脱硝还原反应尽可能朝正反应方向进行，由此达到提高脱硝效率的目的。其中，所需添加的尿素计量由 NSR 决定，常用 NSR

的值为 0.5～3。

在喷射速度为 50m/s、雾化角为 45°，采用 Rosin-Rammler 分布，喷嘴组合为喷嘴 7 与喷嘴 9 的条件下，研究不同 NSR 对脱硝效率的影响，计算结果如表 5.9 所示。

表 5.9　不同 NSR 模拟参数及结果

| NSR | 喷射速度/(m/s) | 雾化角/(°) | 粒径分布 | 出口 $NO_x$ 浓度/(mg/Nm³) | 氨逃逸量/(mg/Nm³) | 脱硝效率/% |
|---|---|---|---|---|---|---|
| 0.5 | 50 | 45 | Rosin-Rammler | 220 | 4.6 | 14.0 |
| 1.0 | 50 | 45 | Rosin-Rammler | 194 | 7.4 | 23.9 |
| 1.5 | 50 | 45 | Rosin-Rammler | 176 | 11.9 | 31.0 |
| 2.0 | 50 | 45 | Rosin-Rammler | 159 | 21.9 | 37.7 |
| 2.5 | 50 | 45 | Rosin-Rammler | 150 | 33.2 | 41.2 |
| 3.0 | 50 | 45 | Rosin-Rammler | 145 | 45.7 | 43.4 |

由计算结果可知，随着 NSR 的值变大，脱硝效率随之升高，同时氨逃逸量也明显变大。当 NSR 的值增大到 1.5 时，炉膛出口 $NO_x$ 浓度为 176mg/Nm³，氨逃逸量为 11.9mg/Nm³。继续增加 NSR，脱硝效率继续增加，出口处 $NO_x$ 浓度显著减少，但同时氨逃逸量也在显著增加。当 NSR 增加到 2.5 时，NSR 对脱硝效率的影响开始减弱。脱硝效率和氨逃逸量随 NSR 的变化如图 5.37 所示。

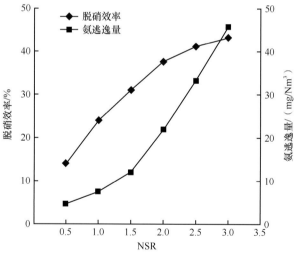

图 5.37　脱硝效率和氨逃逸量随 NSR 的变化

选用喷射速度 50m/s 和雾化角 45°等最佳条件，通过模拟计算得到不同喷射位置各喷嘴的脱硝效率，确定了最佳喷嘴位置；通过多喷嘴的组合，在同一喷射速度、相同雾化角的条件下，分析了不同粒径分布及 NSR 对脱硝效率产生的影响，最终确定在 45°雾化角、50m/s 喷射速度、NSR=1.5、Rosin-Rammler 粒径分布的条件下，喷嘴 7 与喷嘴 9 的组合为最佳工况。

### 5.4.6 垃圾热值对脱硝效率的影响

由上文计算分析可知，在喷射速度 50m/s、雾化角 45°、NSR=1.5，采用低质垃圾 Rosin-Rammler 分布，组合喷嘴 7 与喷嘴 9 这一操作条件下可以获得最佳脱硝效率。脱硝前后炉膛中间截面脱硝前后 $NO_x$ 分布如图 5.38 所示。同时，利用同样的操作条件，计算 MCR 工况下炉膛内的脱硝效率，MCR 工况下炉膛中间截面 $NO_x$ 分布如图所示。由图 5.38 可以发现，在温度和 $O_2$ 含量相对较高的区域，$NO_x$ 生成量较大；而在温度适合 SNCR 反应的区域内，$NO_x$ 浓度较低。在炉膛注入尿素前，炉膛出口 $NO_x$ 浓度为 256mg/Nm³，经过喷嘴 7 和喷嘴 9 两喷嘴组合喷入后，炉膛出口 $NO_x$ 浓度降低至 176.5mg/Nm³，脱硝效率近 31%。MCR 工况下，焚烧炉内未投入尿素前，炉膛出口 $NO_x$ 浓度为 262mg/Nm³；经过 SNCR 反应后，出口浓度降低至 177mg/Nm³，脱硝效率达到近 32%。

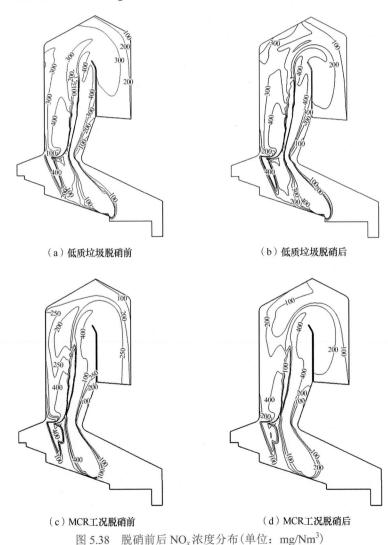

（a）低质垃圾脱硝前　　　　　　　（b）低质垃圾脱硝后

（c）MCR工况脱硝前　　　　　　　（d）MCR工况脱硝后

图 5.38　脱硝前后 $NO_x$ 浓度分布（单位：mg/Nm³）

　　图 5.39 为现场测得的不同热值垃圾脱硝前后的 NO$_x$ 排放数据。受到入炉垃圾热量波动的影响，未投入尿素时，NO$_x$ 的排放在 220～270mg/Nm$^3$ 范围，同时测得单排喷嘴投入时，脱硝效率范围在 20%～40%。由于喷射工况不同，很难定性地比较测量数据与模拟计算的结果。然而，通过测量数据，可以确定 SNCR 系统对控制 NO$_x$ 排放起到了重要作用，测量数据的平均脱硝效率约为 32%，这与通过模拟计算得到的预期结果相吻合。

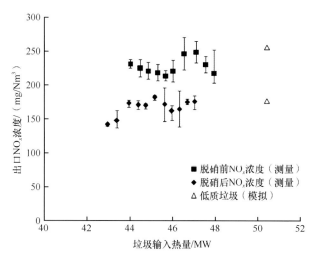

图 5.39　现场测量出口 NO$_x$ 浓度与模拟值比较

## 5.4.7　二次风对 SNCR 脱硝效率的影响及优化

　　垃圾送入炉内后，在炉排上依次经过干燥、热解、燃烧和燃烬 4 个阶段。垃圾燃烧所需空气大部分以一次风由炉排下部导入，在炉排上方与挥发分混合燃烧，形成高温火焰。下部炉排燃烧室与上部炉膛由炉拱和喉部连接。下部炉排火焰中心的位置随垃圾水分不同而在炉排长度方向移动，气流经炉拱和喉部后进入上部炉膛，容易形成偏流。因此，在喉部导入一定比例的二次风，对燃烧气流形成扰动，有利于上部燃烧室内形成均匀的流场和温度场。

　　但是，由于炉膛固有的几何结构造成上部炉膛温度场不均匀，因此给 SNCR 还原剂的喷射口与操作条件的设计带来一定困难。借助二次风量和喷射角度的优化设计，有助于改善炉膛的温度分布，从而提高 SNCR 的脱硝效率。

　　本节研究和前文为同一炉型，同样采用低质垃圾作为原料。该炉型二次风喷嘴位于焚烧炉炉拱处，共 19 个，其中前墙 10 个、后墙 9 个。二次风过量空气系数为 0.3，保证各喷嘴风量相同，其他条件不变。考虑到二次风作用在炉膛内可能引起旋流，故湍流模型选择 Realizable $k$-$\varepsilon$ 模型。其余模型的选择及边界条件设置等均与第 3 章中的模拟计算一致。

　　焚烧炉二次风原始设计为平行喷射，如图 5.40(a) 所示，前、后拱喷嘴在不同高度布置，但喷射方向相互平行，即沿炉拱的法线方向喷入炉膛，称为平行二次风。这里假设二次风喷射位置不变，对前拱各喷射角度进行调整，使其与水平线夹角为 45°，喷射方向与水平面夹角为 35°，后拱各喷嘴保持平行，但喷射角度调整为向上 2°，称其为交叉二次风，如图 5.40(b)所示。

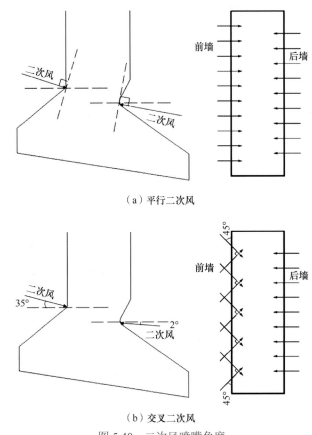

（a）平行二次风

（b）交叉二次风

图 5.40　二次风喷嘴角度

对二次风调整前后炉内燃烧进行模拟计算。图 5.41 和图 5.42 分别为平行二次风和交叉二次风模拟得到的炉膛中间截面及 9.4m、11.94m 高度截面的温度分布。在炉膛下部，由床层垃圾热解释放出来的 $C_mH_n$、CO、$H_2$ 与剩余的氧气混合燃烧，在炉排上方形成一个高温区域，温度约 1500K。高温烟气通过喉部进入上部炉膛。随着喉部二次风的进入，炉内气流湍动增强，烟气与二次风混合后温度升高到最大值 1570K 左右。由图 5.41(a)可知，在平行二次风中，平行二次风的喷入使炉膛火焰偏向炉体后墙，在靠近后墙处出现高温区域，炉膛中心温度分布不均匀。由图 5.41(b)和(c)所示 9.4m 及 11.94m 高度横截面的温度分布可知，靠近后墙处的温度明显高于靠近前墙的温度，且在靠近后墙的位置出现了局部高温，温度达到 1500K 左右。如前所述，SNCR 的最佳反应温度范围为 1123～1373K，超过该温度范围的区域内 SNCR 的脱硝效率降低。

改变喷嘴角度后，如图 5.42 所示，炉膛温度分布较均匀，随着炉膛高度的上升温度逐渐降低，在 9.4m 和 11.94m 高度截面上的温度分布均匀，没有出现明显的高温区域，此温度范围适宜 SNCR 进行还原反应。

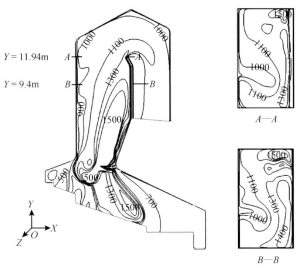

图 5.41　平行二次风下模拟得到的焚烧炉不同截面温度分布(单位：K)

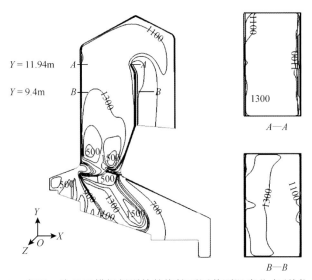

图 5.42　交叉二次风下模拟得到的焚烧炉不同截面温度分布(单位：K)

比较模拟结果可以发现，交叉二次风中喷嘴角度的改变能够使炉膛内烟气与二次风充分地混合，从而使炉膛内的温度分布均匀，避免出现类似于平行二次风中的局部高温区域，为 SNCR 反应提供了有利条件。

采用四喷嘴组合方式进行 SNCR 脱硝的模拟分析，选取靠近炉体前墙的喷嘴 7、9、11、13 的组合作为喷射-1，喷嘴 8、10、12、14 的组合记为喷射-2，同样按 NSR=1.5、雾化角 45°、喷射速度 50m/s 投入尿素溶液，模拟平行二次风和交叉二次风分别使用两种喷嘴组合实施尿素喷射的 SNCR 脱硝过程。

图 5.43 为焚烧炉中间截面速度分布。如图 5.43 所示，平行二次风炉膛内烟气流场分布不均，靠近炉体后墙的流速明显大于前墙，这对不同位置喷入的尿素液滴在炉膛内的停留时间产生影响；交叉二次风炉膛内烟气流场较均匀，在 SNCR 喷嘴附近，前墙与后墙处

的烟气流速相差较小。通过离散相模型追踪尿素液滴在炉膛内的运动，平行二次风、交叉二次风在喷射-1 和喷射-2 下相同喷射截面($Y$=11.94m) 尿素的浓度分布如图 5.44 所示。受到炉内上升烟气的气流影响，尿素液滴无法穿透整个炉膛截面，各喷嘴喷射的尿素颗粒与烟气的混合局限于喷嘴位置附近较小的区域。喷嘴 10、14 的位置靠近炉膛的折焰角，受到烟气流动的影响，尿素喷入后在此处的停留时间较短，所以在相同高度上喷嘴 10、14 附近尿素的分布区域比喷嘴 9 和 13 小。通过对比图 5.44(b) 和(d) 可知，在相同工况下，交叉二次风中的尿素分布区域较大。

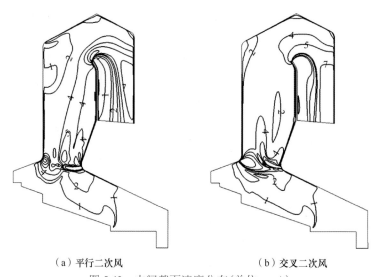

（a）平行二次风　　　　　　　　　（b）交叉二次风

图 5.43　中间截面速度分布(单位：m/s)

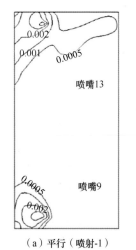   

（a）平行（喷射-1）　　（b）平行（喷射-2）　　（c）交叉（喷射-1）　　（d）交叉（喷射-2）

图 5.44　$Y$=11.94m 截面尿素浓度分布

　　根据以上结果可知，改变二次风喷嘴角度后能提高炉内流场的分布均匀性，适当延长尿素的停留时间，保证还原反应有足够的时间完成。

　　图 5.45 为平行二次风脱硝前后 $NO_x$ 浓度分布。在温度和氧气含量较高区域，$NO_x$ 生成较多，经喷射-1、喷射-2 脱硝处理后，在适合的温度区域，$NO_x$ 浓度有所下降。脱硝前出

口 NO$_x$ 浓度为 256mg/Nm$^3$；喷射-1、喷射-2 脱除后出口 NO$_x$ 浓度分别为 147mg/Nm$^3$、208mg/Nm$^3$，脱硝效率分别为42.6%和18.8%。同样地，在交叉二次风中，脱硝前后的 NO$_x$ 浓度分布也呈现出相同的变化，如图 5.46 所示。但其脱硝效率有所提高，脱硝前出口 NO$_x$ 浓度为 273mg/Nm$^3$；脱硝后出口浓度分别为143mg/Nm$^3$、168mg/Nm$^3$，脱硝效率分别达到47.6%和38.5%。由模拟结果可以发现，调整二次风喷嘴角度有助于脱硝效率的提高。

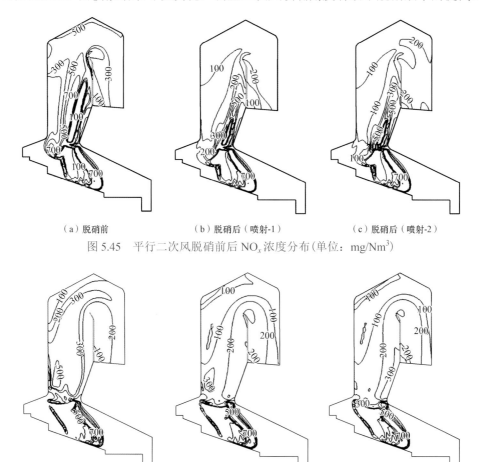

（a）脱硝前　　　　　　　　（b）脱硝后（喷射-1）　　　　　　（c）脱硝后（喷射-2）

图 5.45　平行二次风脱硝前后 NO$_x$ 浓度分布(单位：mg/Nm$^3$)

（a）脱硝前　　　　　　　　（b）脱硝后（喷射-1）　　　　　　（c）脱硝后（喷射-2）

图 5.46　交叉二次风脱硝前后 NO$_x$ 浓度分布(单位：mg/Nm$^3$)

　　综合上述计算结果，二次风喷嘴角度的变化使炉膛内温度场发生了改变，交叉二次风的炉膛温度分布相比平行二次风更均匀，这表明二次风喷嘴角度的调整能够改善炉内燃烧状况，有利于 SNCR 还原反应的进行。同时，改变二次风喷嘴角度在一定程度上保证了尿素液滴的停留时间。通过比较计算结果可知，在同一喷射工况下，交叉二次风的脱硝效率高于平行二次风，证明改变二次风喷嘴角度能够使 SNCR 脱硝效率提高。

　　以上模拟结果表明，焚烧炉二次风喷嘴角度的调整可以改善炉内燃烧状况，促进炉膛内烟气与空气的混合和充分燃烧，提高炉膛内温度场的分布均匀性。同时，二次风喷嘴角度改变后，炉膛内烟气温度分布均匀，SNCR 系统喷入的尿素液滴在炉膛内的停留时间在一定程度上得到保证，促进 SNCR 还原反应的进行，提高脱硝效率近 20%。

### 5.4.8 SNCR 脱硝系统改造工程案例

目前垃圾焚烧厂采用的脱硝技术主要集中在焚烧后烟气脱硝，如 SNCR 和 SCR。与 SCR 脱硝技术相比，SNCR 在焚烧炉第一烟道合适温度窗口喷入脱硝剂还原 $NO_x$，且不需要催化剂作用，避免了催化剂堵塞或中毒等工程问题发生，投资维护成本较低，被普遍使用在电力、水泥、垃圾焚烧等各行业中。

SNCR 脱硝技术利用氨或者尿素作为还原剂，在合适温度(850~1050℃)条件下，将氮氧化物还原为氮气与水。其主要反应机理如下：

$$4NH_3+4NO+O_2 = 4N_2+6H_2O$$
$$4NH_3+2NO_2+O_2 = 3N_2+6H_2O$$

但是，氨水进入炉内与 NO 发生还原反应的同时，也可能被氧化生成 NO，这两个过程存在竞争关系。SNCR 脱硝效率受温度影响较大，且在不同实验室的研究中脱硝最佳温度也不尽相同。Duo 等[23]发现，最佳脱硝温度随着反应停留时间的上升而下降。Lucus 等[24]研究的最佳脱硝温度在 952℃，而 Caton 研究认为 $NH_3$ 还原 NO 反应效率在 827℃ 的低温下最高[25]。

此外，烟气中氧浓度对 SNCR 反应脱硝效率也有影响。Kasuya 等[26]在氧浓度范围为 0~5% 进行的实验研究表明，反应必须要在有氧的情况下才能进行，随着氧浓度的上升，反应温度窗口向低温方向偏移，脱硝率下降。

生活垃圾焚烧炉在实际运行过程中，燃烧工况复杂，随着垃圾组分及热值的变化，炉膛温度多变，因此选取合适的反应温度区间和烟气氧量是提高 SNCR 脱硝效率的关键措施。本节在工程实际项目中研究了生活垃圾焚烧炉燃烧过程中的原始 $NO_x$ 浓度变化规律及 SNCR 脱硝性能，对比 SNCR 改造后温度区间及脱硝性能变化，为工程实际设计和运行提供参考。

#### 1. 焚烧炉 $NO_x$ 生成特性

图 5.47 为焚烧炉在 3 个不同工况下省煤器出口烟气中 $NO_x$ 浓度随炉内烟气含氧量变化的规律。焚烧炉烟气中 $NO_x$ 浓度在 180~350mg/Nm³ 范围内波动，3 个不同工况下的炉内 $NO_x$ 生成浓度均值分别为 231、271 和 304mg/Nm³，含氧量浓度为 5%~10%。从图 5.47 中可知，燃烧过程中烟气中 $NO_x$ 浓度的波动与烟气中 $O_2$ 含量变化呈正相关：$NO_x$ 浓度随着 $O_2$ 含量的升高而增大，在 $O_2$ 含量下降时 $NO_x$ 浓度也下降。这是因为垃圾焚烧炉运行过程中产生的 $NO_x$ 主要为燃料型 $NO_x$，其中绝大多数燃料型 $NO_x$ 由垃圾中的含氮组分氧化生成。垃圾受热分解时，氮元素迁移到气相中，转化为挥发形态氮，如 $NH_3$、HCN、HNCO、$CH_3CONH_2$ 等 $NO_x$ 的前驱物[27]。这些前驱物在氧化性气氛下会进一步被氧化为 $NO_x$，在贫氧条件下则转化为 $N_2$。因此，焚烧炉中燃料氮的迁移转化路径受到炉内氧气浓度的影响，降低焚烧炉过量空气系数，控制垃圾焚烧炉的炉膛氧量是降低锅炉原始 $NO_x$ 生成量的重要措施。

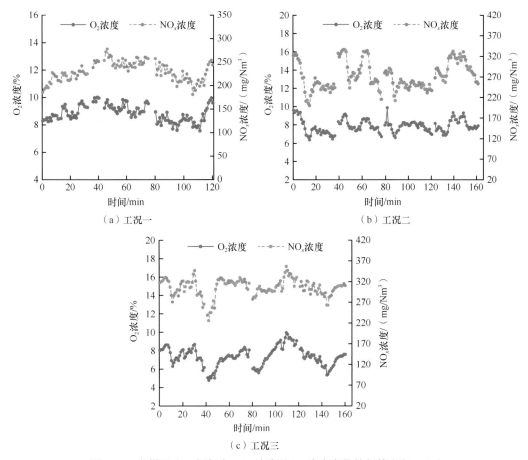

图 5.47  省煤器出口烟气中 $NO_x$ 浓度随 $O_2$ 浓度变化的规律(无 SNCR)

**2. $NO_x$ 生成特性与温度**

烟气温度对 $NO_x$ 的生成同样有重要作用。如图 5.48 所示，$NO_x$ 初始浓度均值与炉膛温度呈正相关性，其中炉膛温度使用喉口温度来表征。由图 5.48 可知，焚烧炉在工况一、二、三下，炉膛平均温度分别为 963℃、1035℃和 1122℃，对应出口 $NO_x$ 浓度均值分别为 231mg/Nm³、271mg/Nm³ 和 304mg/Nm³。在炉膛温度依次升高的条件下，出口 $NO_x$ 浓度均值也随之增大。这是由于温度升高一方面会促进垃圾焚烧速率增加，局部燃烧剧烈，燃料氮氧化生成 $NO_x$ 增多；另一方面，温度升高增加了部分热力型 $NO_x$ 生成，最终使烟气中的 $NO_x$ 浓度增大。

**3. SNCR 脱硝特性分析**

SNCR 脱硝反应需要合适的温度区间，国内外不同研究者对 SNCR 的温度窗口和最佳脱硝温度有不同的结论，一般为 850～1050℃，不同还原剂的最佳反应温度也有所区别。有研究[25]认为，氨水反应温度较尿素要低。本节研究对象使用氨水作为还原剂，合适的温度窗口为 850～950℃。反应温度超过温度窗口后，还原剂 $NH_3$ 氧化生成 $NO_x$ 的速率会加快，烟气中的 $NO_x$ 浓度升高，脱硝效率下降。如果反应温度低于 SNCR 温度窗口，脱硝反应不充分，会造成还原剂氨逃逸，导致新的污染和设备腐蚀。

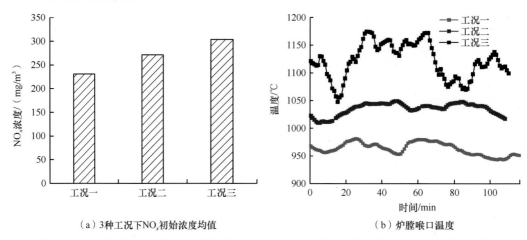

（a）3种工况下NO$_x$初始浓度均值　　　　　　（b）炉膛喉口温度

图 5.48　不同炉膛温度区间内省煤器出口烟气中 NO$_x$ 初始浓度均值与喉口温度变化的规律

　　图 5.49 为焚烧炉在不同运行时段，经过 SNCR 脱硝后省煤器出口烟气中 NO$_x$ 浓度随反应温度变化的曲线。通过对比分析可以发现，在 950～1050℃温度范围内，随着 SNCR 反应区间温度升高，脱硝反应后烟气中的 NO$_x$ 浓度升高，相应的脱硝效率降低；而反应温度降低，脱硝反应后烟气中的 NO$_x$ 浓度降低，相应的脱硝效率随之升高。这表明反应温度

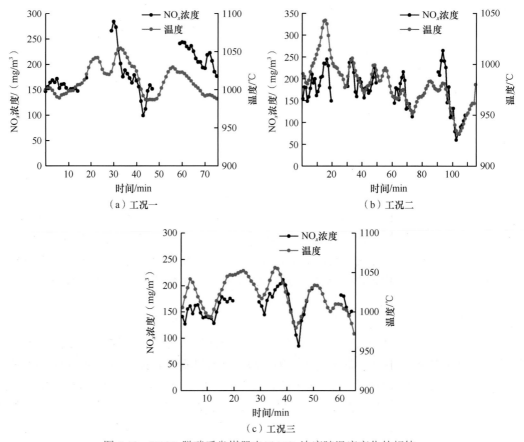

（a）工况一　　　　　　　　　　　　　　　（b）工况二

（c）工况三

图 5.49　SNCR 脱硝后省煤器出口 NO$_x$ 浓度随温度变化的规律

升高后(>950℃),脱硝效率会明显下降。因此,在焚烧炉运行过程中,反应温度对 SNCR 的脱硝效率影响较大,运行过程中 SNCR 喷口附近的烟气温度超过脱硝反应温度窗口是导致 SNCR 脱硝效率较低的主要原因。

4. SNCR 改造后脱硝效果对比分析

在焚烧炉的实际运行中,随着垃圾热值的升高及焚烧炉的超负荷运行,易发生锅炉省煤器出口烟温超设计值的现象,第一烟道温度分布呈现显著超设计值的趋势,进而导致 SNCR 脱硝系统原始设计喷口附近烟温明显超过合适的脱硝反应温度窗口,脱硝效率降低[28,29]。结合前文的研究结果,为提高 SNCR 脱硝效率,对实验焚烧炉现有的 SNCR 脱硝系统进行改进,将脱硝剂喷枪位置适当上移,移动至第一烟道上部温度较低的反应区域,取改造后两种工况与焚烧炉改造前的脱硝效率进行对比。如图 5.50 所示,3 种工况下的平均温度分别为 1012℃、988℃和 904℃,与此对应的 SNCR 脱硝效率分别为 33.7%、49.3% 和 51.4%,改造后脱硝效率有明显提升,实验结果证实了上文的分析。

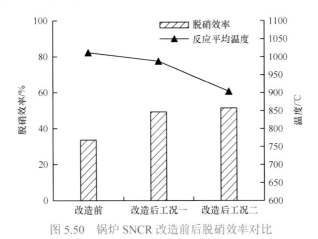

图 5.50　锅炉 SNCR 改造前后脱硝效率对比

### 5.4.9　分析与讨论

本节以某生活垃圾焚烧厂炉排炉为研究对象,分别在不同工况下测试分析了原始 $NO_x$ 生成特性与 SNCR 脱硝特性,得到如下结论:

(1)焚烧炉原始 $NO_x$ 生成浓度同时受到烟气中含氧量和焚烧温度的影响。在炉膛温度为 943~1174℃,氧浓度为 5%~7%的条件下,$NO_x$ 生成浓度在 180~350mg/Nm³ 范围内波动,氧气浓度升高,$NO_x$ 生成浓度会升高,反之则减小;焚烧温度升高,$NO_x$ 浓度也会升高。

(2)SNCR 的脱硝效率与反应温度密切相关。实验结果表明,随着炉膛温度升高,还原剂 $NH_3$ 的氧化速率加快,锅炉出口烟气中 $NO_x$ 浓度也随之升高,SNCR 脱硝效率下降,过高的炉膛温度对 SNCR 还原反应有不利影响。

(3)针对反应区超温的问题,通过改变氨水喷枪的喷入位置来降低 SNCR 的反应温度,调整合适的反应温度区间。改造后反应区平均温度降低了 24℃和 108℃,与此对应的 SNCR 脱硝效率升高了 15.6%和 17.7%,表明改造后 SNCR 脱硝效率有明显提升,是解决实际工程中 SNCR 反应超温问题的可行方案。

　　控制 NO$_x$ 还需要精细化的管理，保证稳定的燃烧状态，将 SNCR 喷口附近温度尽量保持在脱硝反应适宜的温度窗口；另外，对还原剂喷量的精细化控制，控制合适的停留时间和还原剂浓度配比，是实现 SNCR 脱硝系统高效运行的有效途径。

# 5.5　SCR 脱硝系统模拟与设计优化

　　在 SCR 系统设计时，对于催化剂，一般只要根据要求的脱硝效率及其他相关要求，通过充分论证与比较进行合理选择即可。但对 SCR 反应器的外形结构、烟道尺寸、导流板的设置情况及烟道转弯直径等方面，需针对具体工程进行个性化设计，否则会影响反应器内烟气的速度场、温度场、氨氮物质的量比分布，从而影响脱硝效率、运行费用和投资额的高低。从以往工程情况来看，如 SCR 反应器设计不当，使反应器内的烟气速度等分布不均，极易引起催化剂中毒、磨损及较高氨逃逸等问题。因此，要了解 SCR 反应器的内部结构是否满足实际工程情况，需采用传统的物理冷态模型和 CFD 相结合的方法进行分析及预测。

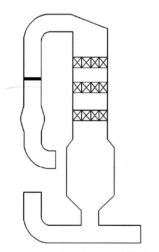

### 5.5.1　研究对象

　　本数值模拟对象为某生活垃圾焚烧发电工程 SCR 脱硝系统。通过数值模拟，分析反应器内部烟气、氨气的流动形态，判断其结构的合理性，提出最终 SCR 系统定型方案并研究其流场特性。模拟结果对改进系统的导流结构和 AIG（喷氨格栅）设计具有指导意义。

　　1. 设计图纸

图 5.51　SCR 反应器图纸 I（外形尺寸）

设计图纸如图 5.51 和图 5.52 所示。

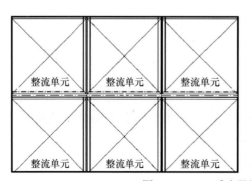

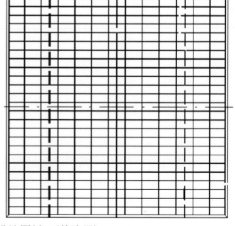

图 5.52　SCR 反应器设计图纸 II（整流器）

## 2. 脱硝装置入口烟气参数

脱硝装置入口烟气参数如表 5.10 所示。

表 5.10　脱硝装置入口烟气参数

| 序号 | 设计条件 | 数值 | 备注 |
| --- | --- | --- | --- |
| 1 | 烟气流量/(Nm³/h) | MCR：141000 | 设计值 115%MCR：163000 |
| 2 | 温度/℃ | 175~180 | 布袋除尘器出口温度经 SGH 加热至 180℃ |
| 3 | $H_2O$/% | 22.10 | 湿基 |
| 4 | $O_2$/% | 6.46 | 湿基 |
| 5 | $N_2$/% | 63.18 | 湿基 |
| 6 | $CO_2$/% | 8.26 | 湿基 |

## 3. 喷氨格栅氨气空气混合物参数

喷氨格栅氨气空气混合物参数如表 5.11 所示。

表 5.11　喷氨格栅氨气空气混合物参数

| 项目 | 数据(湿基) | 备注 |
| --- | --- | --- |
| 氨气/(kg/h) | 8.4 | —— |
| 总烟气量/(Nm³/h) | 2500 | —— |
| 入口温度/℃ | 340 | —— |

### 5.5.2　SCR 脱硝系统建模及计算工况

#### 1. 建模及网格

图 5.53 为 SCR 脱硝系统建模，部分结构在不影响流场分布的基础上进行适当简化，以方便网格划分。待处理含氮烟气经烟道转向进入垂直向上烟道，氨气/空气混合气由喷氨格栅喷射进入 SCR 脱硝系统烟道，与入口烟气充分混合后，经过蒸汽加热器，通过导流板与整流器整流，以均匀速度进入催化剂层，进行脱硝反应，生成 $H_2O$ 和 $N_2$。最后，脱除 $NO_x$ 的烟气由 SCR 出口烟道排出，进入下游设备。

根据该系统的实际运行情况，在满足实际要求的情况下，为了便于流场分析和 CFD 计算，建模过程中应对该反应器做如下简化：

(1) 假设烟气进口速度场分布均匀。

(2) 建模过程中增加导流板、整流器用于优化流场。

(3) 建模过程中忽略对流场较小的支撑构造。

(4) 导流板和壁面在模拟过程中假设厚度为 0。

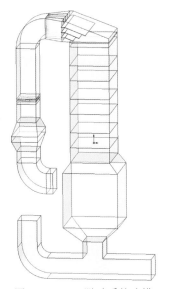

图 5.53　SCR 脱硝系统建模

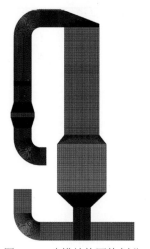

图 5.54　建模结构网格划分

(5)催化剂层、SGH 换热器和整流器单元采用多孔介质模型计算,提高计算效率。

根据以上假设,利用 CFD 计算前处理软件对 SCR 反应器进行网格划分,在喷氨格栅处、蒸汽加热器等处采用三角形网格 TGRID 进行铺设,在正常直段处采用 cooper 网格进行铺设。针对喷氨孔较小位置,将其局部增加网格数量,用于反映实际流场。模型壁面采用标准壁面函数。建模结构网格划分如下图 5.54 所示。

2. 边界条件

烟气入口:质量流量 47.86kg/s,温度 453K,$O_2$ 体积分数 0.0646,$CO_2$ 体积分数 0.0826,$H_2O$ 体积分数 0.2210,$N_2$ 体积分数 0.6318。

喷氨入口:温度 453K,质量流量 0.59kg/s,$O_2$ 体积分数 0.2086,$NH_3$ 体积分数 0.0064。

3. 设计要求

(1)第一层催化剂上方烟气速度均方根(RMS)偏差<15%。
(2)第一层催化剂上方氨氮物质的量比均方根偏差<10%。
(3)催化剂层压降不超过 1000Pa。

### 5.5.3　计算结果

本节根据 CAD 设计图纸参数进行模拟计算,对 SCR 系统内的导流装置进行了模拟和调整,分析了现有 SCR 系统的流场和氨氮浓度场分布特点,并分析了造成流场和浓度偏差的原因。

优化的导流结构设计要点如下:

(1)在 SGH 烟道下游 90°转弯处需设置导流装置,以避免烟气不均匀。

(2)混合烟气在进入整流器之前需设置合理导流板尺寸,在反应器顶盖烟道布置导流板,以保证烟气均匀进入整流器。

本节主要进行原始导流板工况、优化导流板工况的模拟计算分析,计算结果见下文。

1. 原始导流板工况模拟结果

原始导流板方案:分别在反应器顶盖和收缩口布置导流板。反应器顶盖烟道导流板布置如图 5.55 所示。

SGH 后收缩口处导流板布置如图 5.56 所示。

原始导流板算例的模拟结果如图 5.57~图 5.62 所示。

由图 5.58 所示中心截面混合烟气速度云图可知,SCR 反应塔内流场分布不均匀,不同区域流速偏差很大,尤其顶部因为来流烟气不均匀,使原始导流板设计的均匀速度的效果有限，大量烟气从顶部导流板快速通过，并且在第一层催化剂和整流器之间有涡流形成，造成第一层催化剂入口烟气流速不均匀。图 5.59 所示中心截面 $NH_3$ 摩尔分数云图表明，流场的偏差对 $NH_3$ 浓度分布有很大影响。图 5.60～图 5.62 也表明，反应器顶部的流场分布不均匀，第一层催化剂入口流场和 $NH_3$ 浓度场分布不均匀，偏差较大。

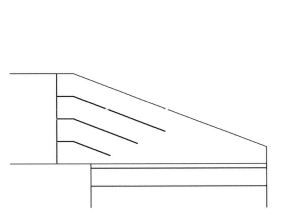

图 5.55　反应器顶盖烟道导流板布置

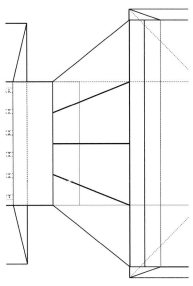

图 5.56　SGH 收缩口处导流板布置

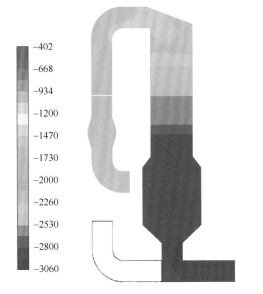

图 5.57　SCR 反应器压损(单位：Pa)

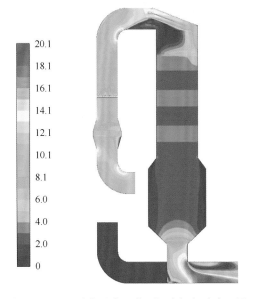

图 5.58　SCR 反应器中心截面混合烟气速度云图
（单位：m/s）

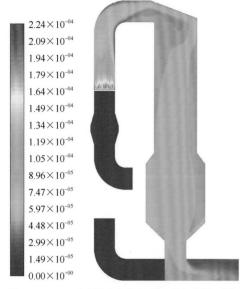

图 5.59　SCR 反应器中心截面 NH$_3$ 摩尔分数云图

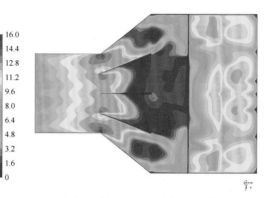

图 5.60　SCR 反应器顶部 11m 处速度云图（单位：m/s）

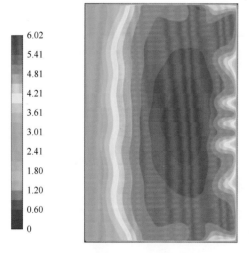

图 5.61　第一层催化剂入口处速度云图
（单位：m/s）

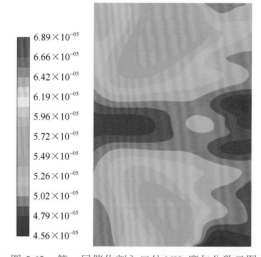

图 5.62　第一层催化剂入口处 NH$_3$ 摩尔分数云图

　　表 5.12 所示为原始导流板情况下的 SCR 反应器计算结果汇总。从计算结果可以看出，第一层催化剂入口处速度偏差为 19.41%，第一层催化剂上游 0.5m 处 NH$_3$ 浓度偏差为 5.51%，其中速度偏差不满足要求。

表 5.12　原始导流板情况下的 SCR 反应器计算结果汇总

| 项目 | 数值 |
| --- | --- |
| 反应器整体压降/Pa | 809.24 |
| 第一层催化剂上游 0.5m 处速度偏差/% | 19.41 |
| 第一层催化剂上游 0.5m 处 NH$_3$ 浓度偏差/% | 5.51 |

2. 优化导流板工况模拟结果

优化导流板方案：为了解决烟气速度不均匀问题，分别在拐角和反应器顶盖布置导流板。90°转弯处导流板等间距布置，如图 5.63 所示。

反应器顶盖烟道导流板布置如图 5.64 所示，缩短底部导流板的长度，减少流动阻力，引导顶部烟气从下层导流板通过。

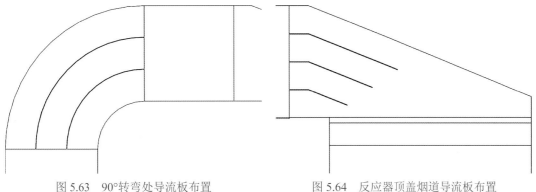

图 5.63　90°转弯处导流板布置　　　　　图 5.64　反应器顶盖烟道导流板布置

优化导流板算例的模型如图 5.65 所示。

图 5.66 所示为烟气在通过 SCR 反应器过程中的压力降云图，可以看出烟气在整个流动过程中，主要压力降在喷氨格栅和催化层中，整体压力降约为 796Pa。由此可以看出，导流板的设置不会过多增加系统的阻力，压力降在设计要求之内。

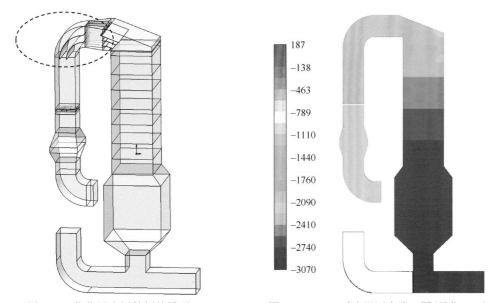

图 5.65　优化导流板算例的模型　　　　图 5.66　SCR 反应器压力降云图(单位：Pa)

由图 5.67 和图 5.68 所示数据可知，90°转弯处增加导流板后，SCR 反应器顶部的烟气流速和 $NH_3$ 浓度场的不均匀性均有改善，90°弯头前，烟气分布均匀，增加导流板可以将原本均匀的烟气直接导入反应器顶部。图 5.69～图 5.71 所示数据也表明，烟气流速沿 SCR 宽度方向的分布均匀，说明导流板对改善烟气混合和流量的合理分配有较好的作用。

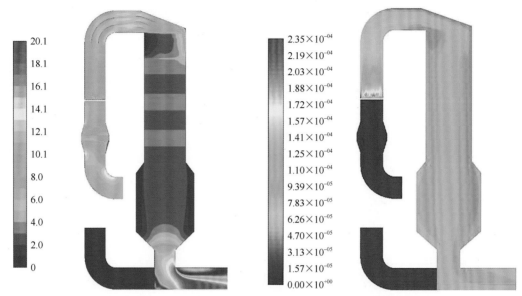

图 5.67  SCR 反应器中心截面混合烟气速度云图　　　图 5.68  SCR 反应器中心截面 $NH_3$ 体积分数云图
（单位：m/s）

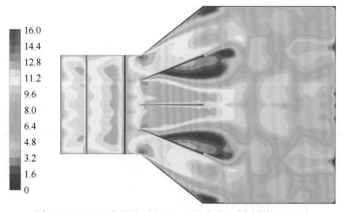

图 5.69  SCR 反应器顶部 11m 处速度云图（单位：m/s）

表 5.13 所示为增加导流板情况下的 SCR 反应器计算结果汇总。从计算结果可以看出，第一层催化剂入口处速度偏差为 11.43%，第一层催化剂入口处 $NH_3$ 浓度偏差为 4.84%，满足设计需求，且比原始设计更优。

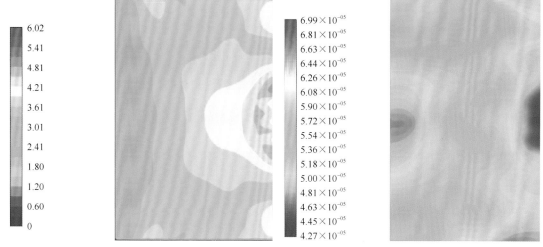

图 5.70　第一层催化剂入口处速度云图(单位：m/s)　　图 5.71　第一层催化剂入口处 NH₃ 浓度云图

表 **5.13**　增加导流板情况下的 **SCR** 反应器计算结果汇总

| 项目 | 数值 |
|---|---|
| 反应器整体压降/Pa | 795.92 |
| 第一层催化剂表面处速度偏差/% | 11.43 |
| 第一层催化剂表面处 NH$_3$ 浓度偏差/% | 4.84 |

### 5.5.4　总结

本节对某生活垃圾焚烧发电工程 SCR 脱硝系统进行数值模拟，通过模拟计算比较分析，得到如下结论：

（1）SCR 反应器对流场分布均匀性具有很高的要求，通过 CFD 数值模拟可以对烟道内流场和组分分布进行分析预测，进而根据结果实现优化设计。

（2）原始导流板设计对 SCR 流场均匀程度有一定的改善作用，但反应器顶部流场分布不均匀，导致催化剂入口流场分布不均匀。

（3）通过优化导流板方案，增加弯头处导流板，调整催化剂塔顶的导流板结构，SCR 流场和 NH$_3$ 浓度分布均匀程度均得到明显改善。

# 参 考 文 献

[1] Glarborg P, Miller J A, Ruscic B, et al. Modeling nitrogen chemistry in combustion[J]. Progress in Energy and Combustion Science, 2018(67): 31-68.

[2] Rahdar M H, Nasiri F, Lee B. A review of numerical modeling and experimental analysis of combustion in moving grate biomass combustors[J]. Energy and Fuels, 2019, 33(10): 9367-9402.

[3] De Soete G G. Overall reaction rate of NO and N$_2$ formation from fuel nitrogen [J]. Symp on Combustion, 1975, 15(1): 1093-1102.

[4] Mitchell J W, Tarbell J M. A kinetic model of nitric oxide formation during pulverized coal combustion[J]. AIChE Journal, 1982, 28(2): 302-311.

[5] Bose A C, Dannecker K M, Wendt J O L. Coal composition effects on mechanisms governing the destruction of no and other nitrogenous species during fuel-rich combustion[J]. Energy Fuels, 1988, 2(3): 301-308.

[6] Albrecht B A, Bastiaans R J M, van Oijen J A, et al. A premixed flamelet: PDF model for biomass combustion in a grate furnace [J]. Energy Fuels, 2008, 22(3): 1570-1580.

[7] Yang Y B, Newman R, Sharifi V, et al. Mathematical modelling of straw combustion in a 38 MWe power plant furnace and effect of operating conditions [J]. Fuel, 2007(86): 129-142.

[8] Brink A, Kilpinen P, Hupa M. A simplified kinetic rate expression for describing the oxidation of volatile fuel-n in biomass combustion[J]. Energy Fuels, 2001, 15(5): 1094-1099.

[9] Klason T, Bai X S. Computational study of the combustion process and no formation in a small-scale wood pellet furnace[J]. Fuel, 2007, 86(10-11): 1465-1474.

[10] Kim H S, Shin M S, Jang D S, et al. Numerical study of SNCR application to a full-scale stoker incinerator at daejon 4th industrial complex[J]. Appl. Therm. Eng, 2004, 24(14-15): 2117-2129.

[11] Lou B, Xiong Y, Li M, et al. $NO_x$ emission model for the grate firing of biomass fuel[J]. BioResources, 2015(11): 634-650.

[12] Farokhi M, Birouk M. Modeling of the gas-phase combustion of a grate-firing biomass furnace using an extended approach of Eddy Dissipation Concept[J]. Fuel, 2018(227): 412-423.

[13] Brouwer J, Heap M P, Pershing D W, et al. A model for prediction of selective noncatalytic reduction of nitrogen oxides by ammonia, urea, and cyanuric acid with mixing limitations in the presence of CO[C]. Symposium(International) on Combustion. Elsevier, 1996, 26(2): 2117-2124.

[14] Lee J, Choi Y, Yoon S, et al. Spray characteristics of an air-driven rotary atomizer with a double-layer cup for use in an industrial oil burner[J]. Atomization and Sprays, 2010, 20(7):639-652.

[15] Kim H S, Shin M S, Jang D S, et al. Numerical study of SNCR application to a full-scale stoker incinerator at Daejon 4th industrial complex[J]. Applied Thermal Engineering, 2004, 24(14): 2117-2129.

[16] Nguyen D B Kang T H, Young L, et al. Application of urea-based SNCR to a municipal incinerator: On-site test and CFD simulation[J]. Chemical Engineering Journal, 2009,152(1): 36-43.

[17] 赵立平, 曹庆喜, 吴少华. $NH_3$ 选择性非催化还原 NO 的化学动力学计算及分析[J]. 电站系统工程, 2008(1): 27-29.

[18] 梁秀进, 仲兆平, 金保升, 等. 气态氨作还原剂的 SNCR 脱硝工艺的试验研究与模拟[J]. 热能动力工程, 2009, 24(6): 796-802.

[19] 李维成, 李振山, 蔡宁生. 以 $NH_3$ 为还原剂的 SNCR 反应机理简化[J]. 工程热物理学报, 2010(9): 1615-1619.

[20] 王智化, 周俊虎, 周昊, 等. 炉内高温喷射氨水脱除 $NO_x$ 机理及其影响因素的研究[J]. 浙江大学学报(工学版), 2004, 38(4): 495-500.

[21] 王智化, 周昊, 周俊虎, 等. 不同温度下炉内喷射氨水脱除 $NO_x$ 的模拟与试验研究[J]. 燃料化学学报, 2004, 32(1): 48-53.

[22] Vafai K, Sozen M. Analysis of energy and momentum transport for fluid flow through a porous bed [J]. Journal of Heat Transfer, 1990(112): 690-699.

[23] Duo W, Dam-Johansen K, Østergaard K. Kinetics of the gas-phase reaction between nitric oxide, ammonia and oxygen[J]. Canadian Journal of Chemical Engineering, 1992, 70(5):1014-1020.

[24] Lucas D, Brown N J. Characterization of the selective reduction of NO by $NH_3$ [J]. Combustion & Flame,1981, 47(3):219-234.

[25] Caton J A, Narney J K, Cariappa H C, et al. The selective non-catalytic reduction of nitric oxide using ammonia at up to 15% oxygen[J]. Canadian Journal of Chemical Engineering, 1995, 73(3):345-350.

[26] Kasuya F，Glarborg P，Johnson J E，et al. The thermal deNox process;influence of partial pressures and temperature[J].Chemical Engineering Science,1995,50(9): 1455-1466.

[27] Javed M T, Irfan N, Gibbs B M. Control of combustion-generated nitrogen oxides by selective non-catalytic reduction[J]. Journal of Environmental Management, 2007, 83(3):251-289.

[28] 卢志民. SNCR 反应机理及混合特性研究[D]. 杭州: 浙江大学, 2006.

[29] 郭娟. 垃圾焚烧发电厂烟气系统优化研究[D]. 北京: 清华大学, 2014.

# 第6章 焚烧炉设计优化与燃烧优化

## 6.1 锅炉导流板设计与工程应用

锅炉管道的防腐蚀是锅炉安全运行的重要问题之一。余热锅炉腐蚀机理的研究表明，腐蚀主要分为高温腐蚀、熔盐诱导腐蚀和硫酸露点腐蚀。在垃圾热能利用(WtE)项目中，入炉垃圾热值和锅炉蒸汽参数的升高，使得余热锅炉过热器的运行环境更加复杂和恶劣，更容易发生腐蚀，导致爆管事故。因此，对过热器爆管原因进行深入分析对于 WtE 锅炉的优化设计和安全运行非常重要。

以某 WtE 余热锅炉高温过热器为研究对象，结合其爆管特征，应用 CFD 数值模拟方法分析其爆管的主要原因，并提出相应的处理措施，供设计优化和运行维护人员参考。

### 6.1.1 WtE 余热锅炉结构

某 WtE 余热锅炉(蒸汽参数 4MPa，450℃)采用三垂直烟道和尾部水平烟道布置，水平烟道内布置有蒸发器、高温过热器、中温过热器、低温过热器等设备，如图 6.1 所示。

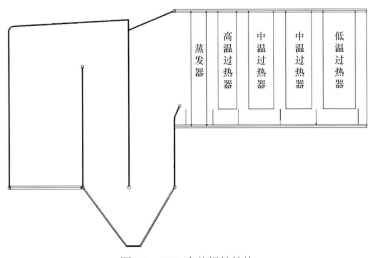

图 6.1 WtE 余热锅炉结构

蒸发器由 $\phi 60mm \times 5mm$ 的管子制成，换热面积约为 $382m^2$；高中温过热器的蛇形管片由 $\phi 48mm \times 5mm$ 的管子制成，高温过热器的换热面积约为 $358m^2$，中温过热器的换热面积约为 $732m^2$；低温过热器由 $\phi 42mm \times 5mm$ 的蛇形管片制成，换热面积约为 $1503m^2$。

根据各过热器的工作壁温和腐蚀程度的高低选用不同材料的管子，高温过热器、中温过热器受热面及集箱、第一烟道出口顶部凝渣管采用 12Cr1MoVG 材质，低温过热器管材质不低于 20G/GB 5310。

锅炉产生蒸汽的温度由过热器减温器控制。运行时，过热器入口的烟气温度保持在584℃以下，以保证过热器的合理使用寿命。

### 6.1.2　高温过热器爆管特征

为深入分析过热器爆管特征，本节收集了该余热锅炉过热器近十年的爆管累计数据进行分析。图 6.2 所示为某次爆管事故现场照片，爆管口位于迎风面，周围生成了腐蚀层，壁厚相较于背风面消减严重，且换热管下部积灰严重。

图 6.2　某次爆管事故现场照片

对其氧化皮及元素进行分析，结果如图 6.3 所示，确定氧化皮形成原因为 NaCl 腐蚀。腐蚀层的产生及脱落导致管壁减薄，发生高温腐蚀引起爆管，造成锅炉的安全运行问题。氯碱盐腐蚀具有重复性，不同于含硫化合物的一次性腐蚀，由此造成的腐蚀层增厚导致锅炉受热面的换热能力大幅下降，传热减少，管壁表面进一步超温。同时，不同位置的受热面腐蚀程度不同，导致受热面吸收不均匀，出现热应力偏差问题。以上问题造成锅炉运行工况严重偏离设计值，锅炉热效率降低，过热器超温运行，腐蚀严重发生爆管，形成恶性循环。

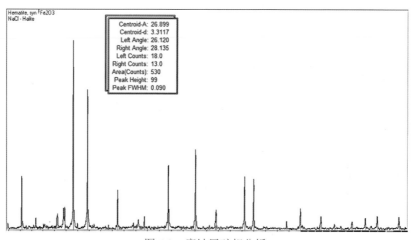

图 6.3　腐蚀层矿相分析

如图 6.4 所示，实心点为该过热器近十年爆管事故对应的管束。由图 6.4 可知，发生爆管的管束集中在高温过热器前 3 排，这是因为前排管束更易受到高速高温烟气冲击。爆管点沿宽度方向在左右两侧分布的数量基本一致，这是因为在锅炉宽度方向烟气分布较均匀。

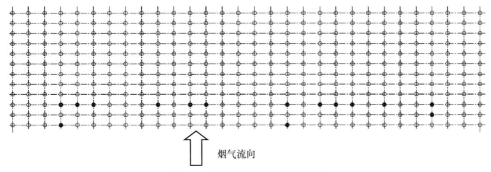

图 6.4　高温过热器爆管点分布

距顶棚不同距离的爆管点数量如图 6.5 所示，发生爆管的地方主要分布在管子的上半部分，距离顶棚 1～2m 处。管子下部因为堵灰，烟气分布小均匀，所以在管子上半部分形成了烟气通道。

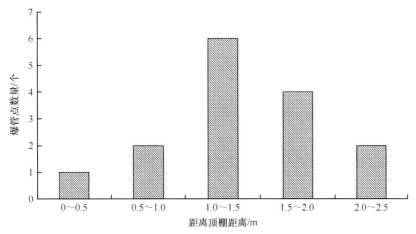

图 6.5　距顶棚不同距离的爆管点数量

### 6.1.3　主要原因分析

通过类似项目对比及锅炉制造厂校核，余热锅炉各区间设计烟温、过热器材质、过热器节距等基本满足设计输入条件要求。运行过程中过热器爆管主要原因如下：

（1）入炉垃圾成分特殊性。原锅炉烟温控制值、过热器材质等按常规生活垃圾选取，但实际入炉垃圾中含有大量工业垃圾（橡胶类 53.01%、纺织类 3.52%）和接收园区内餐厨垃圾（1.5%），该类型垃圾热值较高且含有大量氯元素。

（2）设计热值偏低。原设计入炉垃圾热值为 1700kcal/kg，实际入炉垃圾热值已达到 1900kcal/kg。热值升高后，焚烧炉出口烟气温度及烟气流量显著上升，对过热器前端蒸发受热面需求增加。另外，由于热负荷上升导致辐射通道更容易结焦，降低吸热量。上述两个因素导致过热器入口烟温偏高，加剧腐蚀速度。

　　(3) 锅炉设计不合理。原锅炉设计存在以下问题：①过热器前端蒸发受热面偏小；②管道内烟气流动不均匀；③换热管道间距较小，容易堵灰。

　　(4) 运维方面。过度追求长周期运行，在高温过热器入口烟温较启炉初期上升较多的情况下，未停炉清灰、检查腐蚀情况和更换防磨护板。

### 6.1.4　CFD 模拟分析

　　垃圾热值升高，过热器堵灰等因素会影响锅炉内温度场和流场的分布。依据设计 CAD 图纸，在 Ansys 软件内 1∶1 创建 2D 锅炉模型，并划分网格，网格数为 213350。模拟主要研究锅炉内的烟气流动和换热，边界条件设置如下：

　　(1) 湍流模型采用标准的 $k$-$\varepsilon$ 双方程模型。

　　(2) 组分运输模型采用 InletDiffusion/DiffusionEnergySource 选项。

　　(3) 壁面温度给定初始值，离散格式全部采用二阶格式。

　　(4) 辐射传热模型采用 P1 模型。

　　(5) 对于蒸发器和过热器，采用多孔介质模型。根据设计结构计算出蒸发器、高温过热器、中温过热器、低温过热器的孔隙率分别为 0.74、0.76、0.63、0.66。

　　入口边界条件由 FLIC 和 Fluent 耦合模拟得出，烟气量为 3.12kg/s，烟气平均温度为 950℃，主要成分(质量分数)为 15%的水蒸气、7%的氧气、12%的 $CO_2$ 和 66%的氮气。

　　基于原始设计方案的温度模拟结果如图 6.6 所示，经过蒸发器、多级过热器后烟气温度快速下降，但统计图中红线上温度的平均数，即高温过热器入口的平均烟温为 621.91℃，高于设计温度 584℃，这与垃圾热值升高、蒸发器换热面积不足有关。实际运行时，由金属热电偶测得入口测温点的温度为 626.12℃，与模拟结果接近。

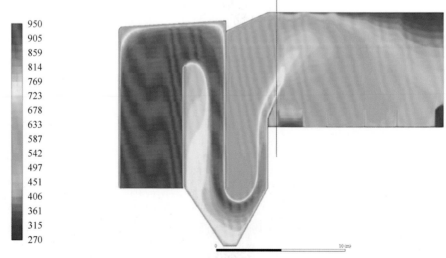

图 6.6　基于原始设计方案的模拟计算温度分布(单位：K)

　　从原始设计方案速度云图可以看出(图 6.7)，锅炉通道设计存在不合理的地方，二烟道炉右烟气速度明显快于炉左，造成三烟道炉左烟气速度明显快于炉右，最终导致在水平烟道内速度分布不均匀，造成对距离炉顶 1～2m 处高温过热器换热管的直接冲刷。水平烟道上部烟气速度为 3～4m/s，与现场测得的数据一致。

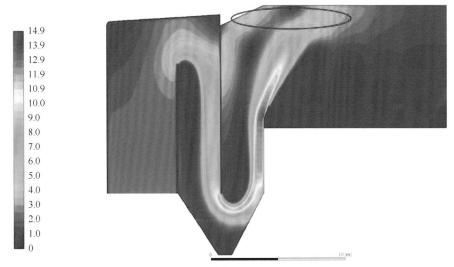

图 6.7　基于原始设计方案的模拟计算速度分布(单位：m/s)

原始设计方案速度矢量图如图 6.8 所示，可以看出，在三烟道存在大的涡旋，这会造成烟气在三烟道内滞留，并且不利于换热。水平通道入口的速度标准差为 4.21m/s。

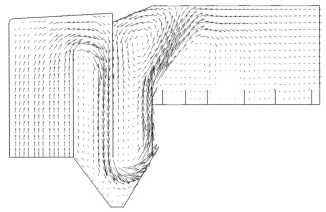

图 6.8　基于原始设计方案的模拟计算速度矢量分布

上述模拟结果显示，过热器入口温度偏高且流场不均匀。采用在三烟道下部增加换热面、上部涡旋区增加导流挡板的方法，降低烟气温度，并使水平烟道内的烟气分布更均匀，如图 6.9 所示。该方法不改变锅炉外形尺寸，施工容易，且成本较低。

基于优化设计方案的温度模拟结果如图 6.10 所示，增加换热面后，烟气温度降低，高温过热器入口的平均烟温为 569.3℃，低于设计温度 584℃，满足设计要求。

如图 6.11 所示，由于换热面的增加增大了流动阻力，因此优化后的水平烟道内烟气速度减小。同时，烟气主要从烟道中心通过，不在顶部形成烟气通道。

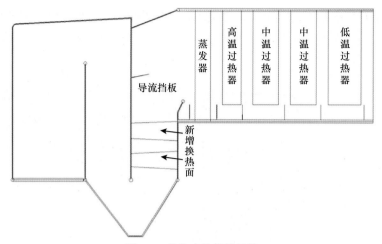

图 6.9　优化余热锅炉结构

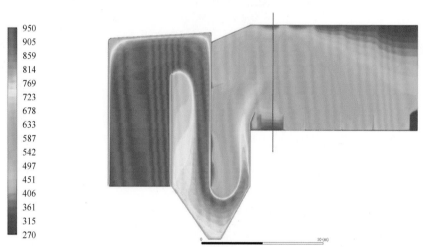

图 6.10　基于优化设计方案的模拟计算温度分布(单位:K)

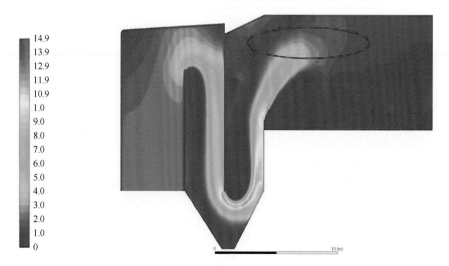

图 6.11　基于优化设计方案的模拟计算速度分布(单位:m/s)

优化设计方案速度矢量图如图 6.12 所示，可以看出，在三烟道内涡旋有所改善，但仍然存在，这是锅炉外形设计不合理造成的。其速度标准差为 3.46m/s，入口流速更均匀。

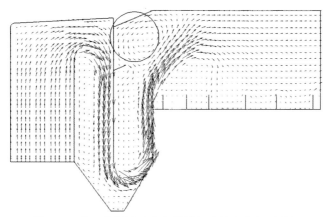

图 6.12　基于优化设计方案的模拟计算速度矢量分布

CFD 模拟是分析锅炉运行并优化其流场温度场的有效、经济、方便、快捷的手段。本节利用 CFD 模拟对某 WtE 余热锅炉的过热器腐蚀原因进行了分析，基于对原始结构的流场和温度场的模拟预测进一步提出了改进措施，增加前端受热面，增加三烟道导流板，提高了温度和流场分布的合理性。

### 6.1.5　工程应用案例模拟分析

#### 1. 案例 A

如图 6.13 所示，模拟系统由焚烧炉、第一烟道、第二烟道、第三烟道、水平烟道组成，其中第三烟道的入口有导流板结构，水平烟道内布置有挡流板、蒸发器、高温过热器、中温过热器、低温过热器和省煤器等设备。

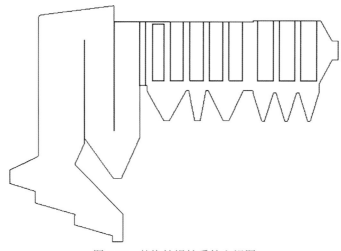

图 6.13　焚烧炉锅炉系统主视图

导流板的结构如图 6.14 所示，导流板位于二三烟道灰斗上部，在导流作用下使烟气在三烟道尽量分布均匀，避免烟气过度集中在烟道一侧，造成换热不均及磨损问题。

蒸发器、高中低温换热器、省煤器的结构如图 6.15 所示，管束阵列结构会对烟气产生阻碍和整流作用，但因其结构复杂，一般采用多孔介质模型进行简化处理。

如图 6.16 所示，应用 Solidwork 对焚烧炉余热锅炉系统进行建模，将水平烟道内的矩形区域对应地设置成多孔介质区域，用来模拟蒸发器、高中低温换热器和省煤器等设备。MCR 工况烟气量设计值为 150000Nm$^3$/h，计算假设入口烟气温度为 950℃，成分为 15% $H_2O$、8% $O_2$、13% $CO_2$ 和 64% $N_2$。

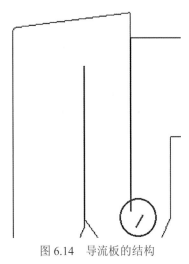

图 6.14  导流板的结构

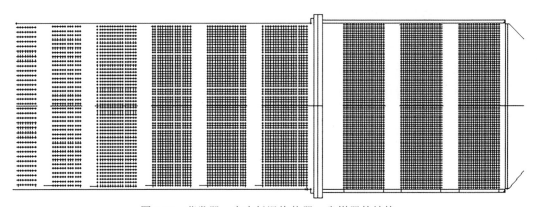

图 6.15  蒸发器、高中低温换热器、省煤器的结构

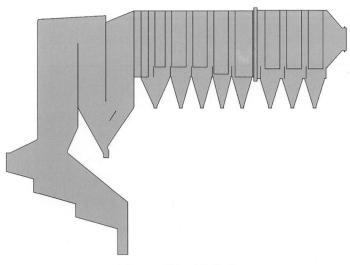

图 6.16  模拟系统模型

运用 Ansys 软件对模型进行网格划分，如图 6.17 所示，网格数约为 86 万，网格质量大于 0.6，满足计算要求。另外，在二烟道、三烟道、水平烟道、导流板和挡流板等流场会发生较大变化的区域采用网格加密技术，提高流场计算精度。

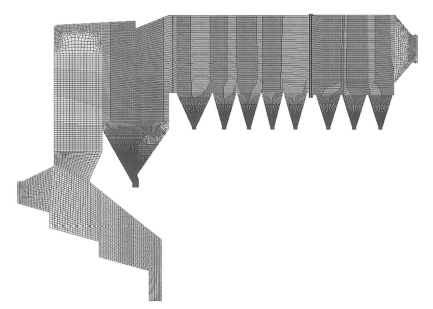

图 6.17　模拟系统网格划分

无导流板对称截面流速分布云图如图 6.18 所示，锅炉通道设计存在不合理的地方，二烟道炉右烟气速度明显快于炉左，造成三烟道炉右烟气速度明显快于炉左，最终导致在水平烟道内速度分布不均匀。

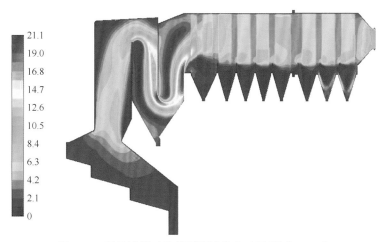

图 6.18　无导流板对称截面流速分布云图(单位：m/s)

无导流板水平烟道入口流速分布云图如图 6.19 所示，入口烟气速度下端快、上端慢，统计速度标准差为 4.98m/s。

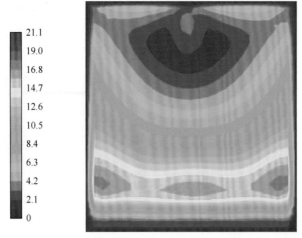

图 6.19　无导流板水平烟道入口流速分布云图(单位：m/s)

导流板对称截面流速分布云图如图 6.20 所示，结果表明，导流板在第三烟道入口将烟气分开为一道靠近余热锅左边相对快速的烟气和一道靠近余热锅右边相对慢速的烟气。进入第三烟道后，三烟道内炉左速度快、动量大的烟气冲向烟道右边，和慢速烟气混合，致使水平烟道入口的烟气速度分布不均匀。

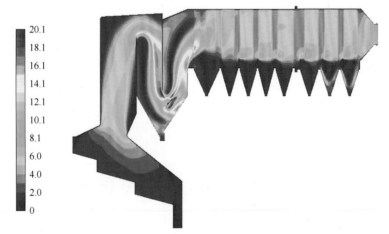

图 6.20　导流板对称截面流速分布云图(单位：m/s)

导流板水平烟道入口流速分布云图如图 6.21 所示，速度分布分区明显，入口下端速度快，这是三烟道内快慢两道烟气在水平烟道下部混合所致。统计速度标准差为 4.86m/s，相较于没有导流板结构的算例小 0.12m/s，说明导流板在一定程度上具有优化流场均匀性的效果。

2.案例 B

如图 6.22 所示，为分析某项目省煤器爆管原因，以焚烧炉及余热锅炉为模拟对象，通过 CFD 模拟的手段验证其导流板结构设计的合理性，图 6.23 为水平烟道蒸发器、高中低温过热器、省煤器的布置情况，管束整列结构会对烟气产生阻碍和整流的作用，模拟过程中通常采用多孔介质模型进行处理。

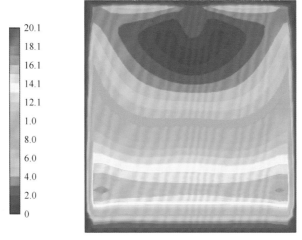

图 6.21 导流板水平烟道入口流速分布云图(单位：m/s)

图 6.22 某项目省煤器管存在漏点

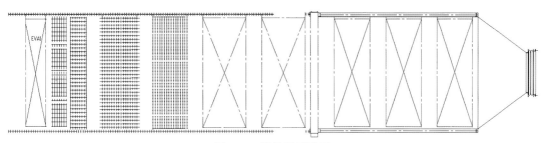

图 6.23 换热器示意图

如图 6.24 所示，应用 Solidworks 对焚烧炉余热锅炉系统进行建模。MCR 工况烟气量设计值为 37.25kg/s，后续对导流屏的布置进行了调整与分析，边界条件与上述一致。应用 Ansys 软件对模型进行网格划分。模型的网格划分如图 6.25 所示，网格数约为 100 万，其中在锅炉前端部分采用非结构化网格，水平烟道部分采用结构化网格，质量满足计算的要求。且在三烟道、水平烟道进口处及导流板和挡烟板等流场会发生较大变化的区域，采用网格加密技术，提高流场计算的精度。

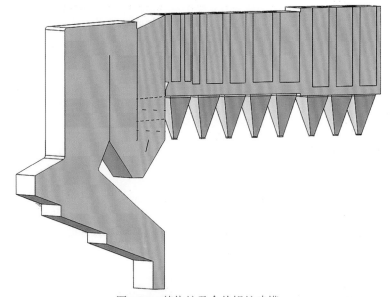

图 6.24 焚烧炉及余热锅炉建模

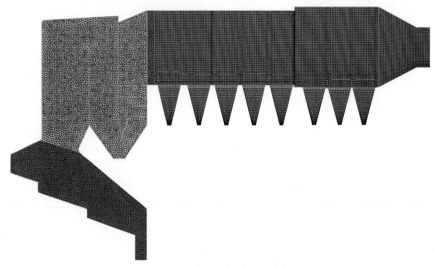

图 6.25 模拟系统网格划分

如图 6.26 所示，锅炉二、三烟道烟气流速分布明显不均匀，二、三烟道靠近后墙附近烟气速度明显高于前墙。原始导流板方案为三烟道入口处设置导流板，使烟气在导流作用下引向烟道前墙区域。原始方案对称截面流速分布云图如图 6.27 所示，水平烟道入口处烟气速度下端快、上端慢，统计速度标准差为 0.94m/s，速度偏差系数约为 0.26。

另外，原始方案水平烟道下方无挡板，由于过热器管束对烟气存在整流作用，导致部分烟气从管束下方流通，如图 6.26 所示，水平烟道下方存在烟气走廊，烟气流速明显大于顶部烟气流速，进而导致过热器换热不均，如图 6.27。在锅炉对称截面上，如图 6.28 所示，省煤器区域烟气温度分布呈现出上部烟温偏低，其原因是由于大量的高温烟气从水平烟道底部流通，而顶部烟气量较少，换热后烟温更低，特别是省煤器顶部在给水温度波动的情况下存在低温腐蚀的风险。

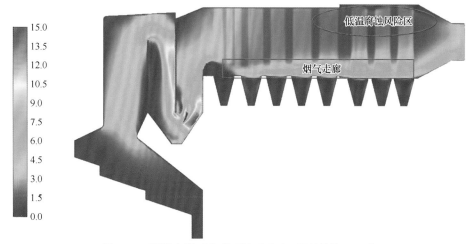

图 6.26　原始方案对称截面流速分布云图(单位：m/s)

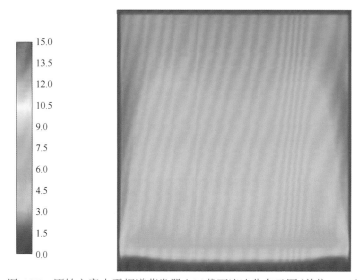

图 6.27　原始方案水平烟道蒸发器入口截面流速分布云图(单位：m/s)

　　针对以上问题，对三烟道入口处导流板结构进行改进优化，同时在水平烟道过热器下方增加挡板。改进导流板的方向与竖直方向的夹角为 15°，导流板长度有所增加以进一步增强导流作用，其中导流板顶端靠近三烟道蒸发器底部。

　　其他结构不变，通过改进三烟道入口导流板得到模拟结果如图 6.29、图 6.30 所示，统计水平烟道入口处速度标准差为 0.9m/s，速度偏差系数为 0.25，速度分布均匀性有所改善，但水平烟道下方仍存在烟气走廊。

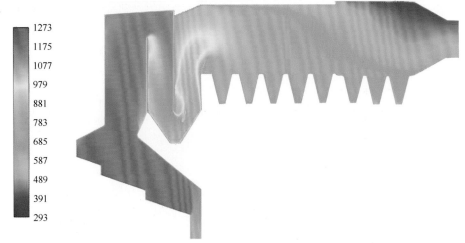

图 6.28　原始方案对称截面温度分布云图(单位：K)

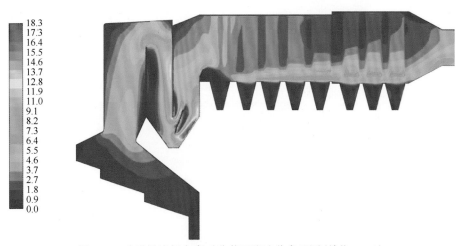

图 6.29　改进导流板方案对称截面流速分布云图(单位：m/s)

图 6.30　改进导流板方案水平烟道蒸发器入口截面流速分布云图(单位：m/s)

在三烟道入口导流板改进的基础上，对水平烟道增加挡板结构进行模拟，模拟结果如图 6.31 所示，对比图 6.26 与图 6.29 可以发现，挡板增加了过热器等设备下方的烟气流通阻力，使绝大部分高温烟气流经过热器等设备，经过过热器整流之后，烟气流速分布较均匀，避免了烟气走廊和低温腐蚀风险区。同时水平烟道入口处速度分布进一步改善，如图 6.32 所示，速度标准差为 0.88m/s，偏差系数为 0.24。

如图 6.33 所示，改进后的烟气温度分布较改进前有所改善，但烟温仍在蒸发器入口处偏高，特别是在省煤器上部仍偏低，故在运行中仍需关注该处的烟温。

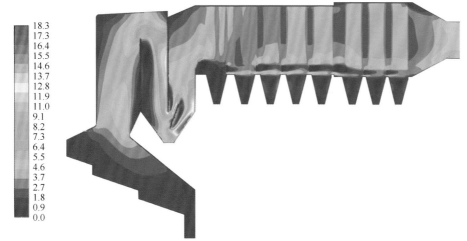

图 6.31　增加水平烟道挡板后对称截面流速分布云图(单位：m/s)

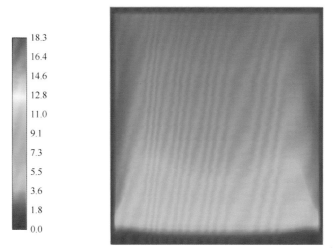

图 6.32　增加挡烟板后水平烟道入口截面流速分布云图(单位：m/s)

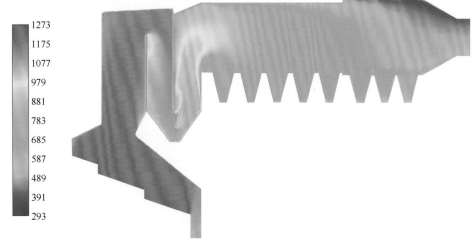

图 6.33　增加水平烟道挡板之后对称截面温度分布(单位：K)

### 6.1.6　结论与建议

锅炉的安全高效运行受流场和温度场的影响较大，不合理的结构设计容易造成烟道内出现局部高流速区或涡流区，加剧对锅炉受热面的腐蚀磨损，降低锅炉热效率。通过 CFD 模拟可以有效地为实际工程项目提供诊断分析，对目前存在的问题以及潜在风险给予合理解释并提出解决方案，相比经验性设计具备更强的可靠性。因此，建议在锅炉设计阶段采用 CFD 数值计算优化出最佳设计方案。

## 6.2　一次风管优化设计与工程应用

本数值模拟对象为某锅炉技改扩项目一、二次风管系统。通过数值模拟，分析风管系统内空气的流量分配，判断其结构的合理性，对于防止焚烧炉垃圾偏烧及炉膛局部结焦结渣有重要意义。

(1)一次风管系统：如图 6.34 和图 6.35 所示，一次风管一共有 18 根支管，分别对应炉排下方 18 个风室。其中，干燥段炉排 3 根，燃烧段炉排 9 根，燃烬段炉排 6 根。一次风母管布置在锅炉右侧。

(2)二次风管系统：如图 6.36 和图 6.37 所示，二次风母管分两路支管，一路二次风流经后墙 9 个喷嘴进入炉膛，另一路二次风经前墙 8 个喷嘴进入炉膛。后墙二次风支管更靠近母管。

### 6.2.1　风管系统建模及计算结果

#### 1. 风管系统建模

如图 6.38 所示，应用 Solidworks 对焚烧炉一次风系统进行建模，应用 Ansys 软件对模型进行网格划分和计算。一次风量设计值为 91800Nm³/h，设计风温为 190℃，一次风管在计算时假定支管风门全开。二次风管模型如图 6.39 所示。二次风量设计值为 14850Nm³/h，设计风温为 20℃。

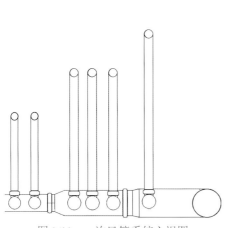

图 6.34　一次风管系统主视图

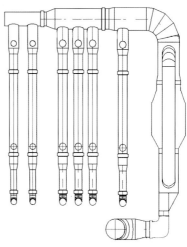

图 6.35　一次风管系统俯视图

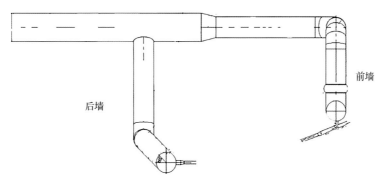

图 6.36　二次风管系统主视图

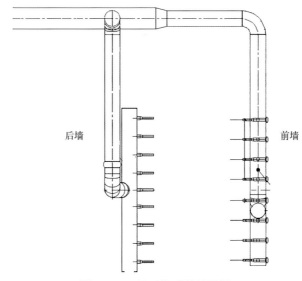

图 6.37　二次风管系统俯视图

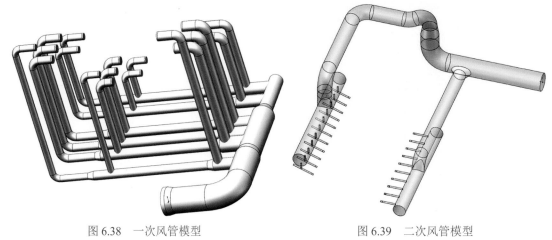

图 6.38　一次风管模型　　　　　　图 6.39　二次风管模型

## 2. 一次风管计算结果

如图 6.40 所示，模拟计算结果表明，从干燥段到燃烬段，炉右侧的风管流量小于炉左和中间风管流量。由图 6.35 可知，一次风母管在锅炉右侧，说明靠近母管的支管流量偏小。由图 6.41 所示的一次风管流速分布云图可知，靠近母管的右侧支管空气流速小于左侧支管流速，在相同管径时，右侧支管流量也小于左侧支管流量。图 6.42 所示的一次风母管流速分布云图水平切面的数据表明，靠近母管一侧支管区域(框线标记处)流速较大，对应的压力较小；同时，由图 6.43 所示的压力分布云图水平切面的数据可知，右侧支管压头较小，因此靠近母管一侧的支管流速较小，与图 6.41 中的流速数据相互印证，所以靠近母管侧的支管流量较小。

因此，焚烧炉在运行时，在相同的垃圾厚度和炉排运动速度条件下，如果右侧一次风量较小，会造成垃圾燃烧速率减慢，炉排左右侧垃圾燃烧速率存在差异，炉排上方垃圾容易发生偏烧。

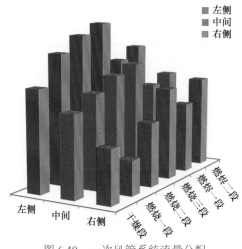

图 6.40　一次风管系统流量分配

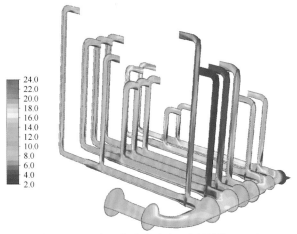

图 6.41　一次风管流速分布云图(单位：m/s)

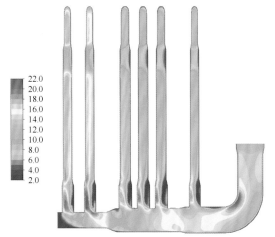

图 6.42　一次风母管流速分布云图水平切面(单位：m/s)

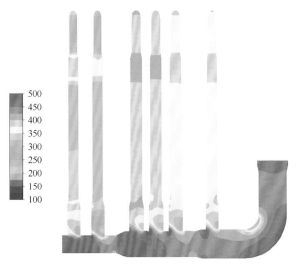

图 6.43　一次风母管压力分布云图水平切面(单位：Pa)

3. 二次风管计算结果

二次风管计算工况如表 6.1 所示，工况 1 为设计工况，工况 2 和工况 3 则为根据运行优化小组的建议增大二次风量后的工况，一、二次风风量配比在 7：3 附近。

表 6.1　二次风管计算工况

| 工况 | 1 | 2 | 3 |
|---|---|---|---|
| 二次风总量/(Nm³/h) | 14850 | 30000 | 38000 |

如图 6.44 所示，前墙二次风喷嘴流量小于后墙二次风喷嘴流量，同一侧墙二次风喷嘴之间流量较均匀。由图 6.36 和图 6.37 可知，后墙二次风支管离母管更近，沿程阻力更小，因而风量更大。由图 6.45 可知，不同工况后墙二次风总量均大于前墙二次风总量，随着总

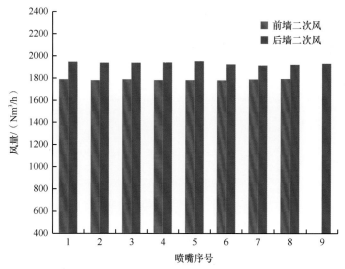

图 6.44　二次风喷嘴风量分布

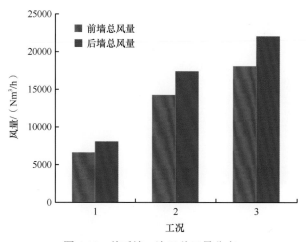

图 6.45　前后墙二次风总风量分布

风量的增大，二者之间的差值也增大。由此可以推断，在焚烧炉运行过程中，高温烟气更容易被后墙二次风推送到前拱下方，前拱区域容易结焦结渣。特别是在垃圾热值升高后，前拱区域干燥垃圾所需热量减少，二次风量加大后，前拱区域结焦结渣会更严重。该现象已在其他项目得到印证。

### 6.2.2　一次风管优化设计模拟

根据前文一次风管原始工况计算结果分析，本节对一次风风管结构进行了优化设计模拟。在原始设计的基础上，分别对局部管径进行了系列改进设计，逐步增大流量偏小的支管管径，减小流量偏大的支管管径，并对母管局部管径进行调整。同时，在母管与支管内增设导流板以改善流场分布，提高各支管分配均匀性。通过对不同设计工况进行模拟计算得到结果如图 6.46 所示。

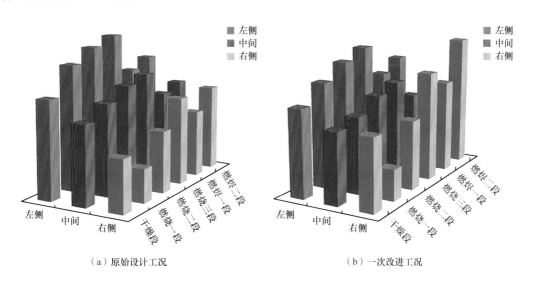

（a）原始设计工况　　　　　　　　　　　（b）一次改进工况

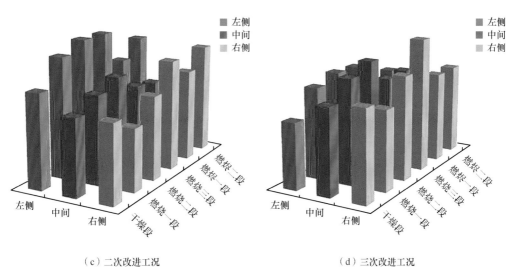

（c）二次改进工况　　　　　　　　　　　（d）三次改进工况

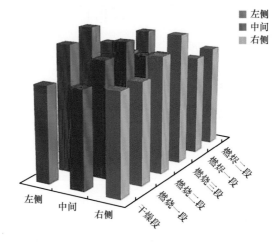

（e）四次改进工况（优化工况）

图 6.46　不同设计工况一次风管系统流量分配

由图 6.46 可知，风管管径经过多次改进后，一次风管出口流量偏差逐步减小。经过 4 次改进设计后，风管出口流量分布均衡，如表 6.2 和表 6.3 所示，每一段风门左、中、右侧支管出口风量接近，可以满足工程应用需要。优化设计工况一次风管系统管径如图 6.47 所示。

表 6.2　原始设计一次风管出口流量分布　　　　　　　　（单位：m³/h）

| 序号 | 名称 | 左侧流量 | 中间流量 | 右侧流量 |
|---|---|---|---|---|
| 1 | 干燥段 | 5.65 | 4.53 | 2.97 |
| 2 | 燃烧一段 | 7.27 | 5.27 | 1.93 |
| 3 | 燃烧二段 | 8.09 | 5.98 | 3.55 |
| 4 | 燃烧三段 | 8.63 | 6.38 | 5.11 |
| 5 | 燃烬一段 | 6.26 | 4.92 | 3.94 |
| 6 | 燃烬二段 | 6.90 | 5.36 | 5.14 |

表 6.3　优化设计一次风管出口流量分布　　　　　　　　（单位：m³/h）

| 序号 | 名称 | 左侧流量 | 中间流量 | 右侧流量 |
|---|---|---|---|---|
| 1 | 干燥段 | 3.98 | 4.04 | 4.19 |
| 2 | 燃烧一段 | 5.31 | 4.85 | 4.19 |
| 3 | 燃烧二段 | 5.76 | 5.30 | 4.88 |
| 4 | 燃烧三段 | 4.85 | 4.45 | 5.47 |
| 5 | 燃烬一段 | 4.17 | 4.21 | 4.21 |
| 6 | 燃烬二段 | 4.86 | 4.83 | 4.35 |

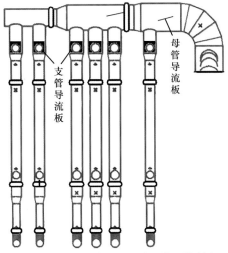

图 6.47　优化设计工况一次风管系统管径

### 6.2.3　结论与建议

(1)通过 CFD 方法对一、二次风管流量进行模拟分析，得到了各个支管的流量分配情况，结果表明一次风风量偏差主要表现在左右侧，二次风偏差主要体现在前后墙侧。

(2)针对一次风管流量偏差的情况，本节在设计上对风管布置做出了局部优化，并通过 CFD 模拟逐步优化设计方案，减小风管之间的流量偏差，优化工况见上文数据。

(3)针对一、二次风管系统存在的风量偏差的问题，在进行优化设计的同时也建议在支管上加装风量调节阀门，根据运行情况对风量进行调整，减少流量偏差对垃圾偏烧以及局部结焦结渣的影响。

## 6.3　焚烧炉燃烧过程分析与运行优化

理想条件下，垃圾中的可燃物在焚烧炉内全部燃烧，烟气主要成分为 $CO_2$ 和水蒸气，排出焚烧炉的灰渣不含可燃分。但生活垃圾组分十分复杂，其中含水率和热值等参数并不稳定，所以实际的燃烧过程一般难以达到理想燃烧效果，容易产生着火位置不合理、炉渣中可燃物质增加、烟气中污染物超标等常见问题。改善垃圾燃烧效果应围绕温度(Temperature)、湍动(Turbulence)、停留时间(Time)和过量空气(Excess Air)开展，即 3T+E 原则，具体体现在对垃圾特性、送风量、垃圾在炉排上的停留时间等方面的控制。

根据以上原则，应对炉内配风、垃圾特性、炉排运动等诸多因素进行分析。进风角度和进风速度对炉膛中的湍动程度有重要的影响，二次风的进风角度可以采用对置式、交错式、旋转式等。垃圾床层越厚，越不容易烧透，易造成不完全燃烧；床层越薄，垃圾处理量便会越少。炉排的搅拌作用会促进垃圾和空气混合，提高传热传质效率。生活垃圾焚烧是一个多因素共同控制的过程，为了达到更好的垃圾焚烧效果，应当考虑各因素之间的相互影响，进行系统性的分析和决策。

本章将会对不同的垃圾尺寸、床层配风和垃圾在炉排上的停留时间分别进行模拟，研究这些因素在燃烧过程中产生的影响，并根据研究结果对焚烧炉的运行提供指导建议。

### 6.3.1 垃圾尺寸的影响

粒径变化会从多个方面影响焚烧情况。研究表明，粒径的影响主要体现在：

(1)气固两相的传热和传质发生在固相颗粒表面，过程速率与颗粒的直径大约成反比。颗粒尺寸越小，水分蒸发速率和焦炭燃烧速率越高，床层中气固两相温差越小。

(2)床层对辐射能的吸收系数与颗粒直径成反比。颗粒越小，吸收辐射能就更快，床层升温越快。

(3)传热扩散系数和流动扩散系数与颗粒直径成正比，较大的颗粒会在床层局部结构中产生更强的湍流，促进气相的湍动和混合。

(4)颗粒尺寸会影响床层中挥发分的燃烧速率，挥发分的燃烧过程由扩散控制，挥发分中可燃气体和一次风混合速率与颗粒大小有关。在其他条件相同的情况下，颗粒越小，燃烧速率越大，燃烧越剧烈。

本节将结合第 5 章提出的工程模型对垃圾尺寸的影响继续进行探究，使用初始颗粒直径分别为 60mm、70mm 和 80mm 的 3 种垃圾进行模拟，结果分别为工况 1、工况 2 和工况 3。对比炉排上温度、组分分布等燃烧情况的差异，研究垃圾尺寸对床层燃烧的影响规律。

不同工况中喉部以下温度分布如图 6.48 所示，不同工况中床层上的温度差异较大。相比于粒径为 70mm 的情况，粒径为 60mm 时，高温燃烧区提前，温度在干燥段末端就出现了明显升高，并在燃烧段中部迅速降低，中间的高温燃烧区缩小。高温燃烧区内部燃烧分布更加集中，温度更加均匀。粒径为 80mm 时，燃烧区域则明显滞后，高温燃烧区从燃烧段中部开始，在燃烬段开始位置基本结束。其中，差异较大的是燃烧区温度缓慢升高，最高温度有所降低，高温区中的燃烧强度分布更加不均匀。工况 2 中燃烧区温度最高，高温燃烧区域的温度先升高后降低。这种现象主要是由垃圾堆密度与床层中孔隙率随着粒径产生变化引起的。当颗粒直径减小时，床层的堆积密度增加，导致对流传热速率降低和燃烧速率降低；当颗粒直径逐渐增加时，床层孔隙率增加，导致颗粒周围的空气量增加，床层扰动和燃烧速度增加。随着颗粒直径的不断增加，床层的堆密度开始下降，同时孔隙率升高，颗粒的比表面积减小，颗粒周围的空气反应量减小。这就导致燃烧过程中释放的热量被周围空气迅速冷却，大部分热量被烟道气带走，高温区的温度降低。

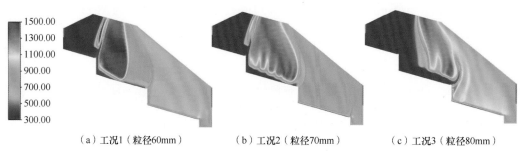

（a）工况1（粒径60mm）　　（b）工况2（粒径70mm）　　（c）工况3（粒径80mm）

图 6.48　不同工况中喉部以下温度分布(单位：K)

不同工况中床层水分分布如图 6.49 所示，相对于工况 2，工况 1 中床层水分蒸发的速率明显增加，完全释放所需时间较短；工况 3 中床层水分蒸发的速率明显降低，完全释放所需时间较长。因此得出，粒径越大，水分蒸发速率越低，耗时越长。垃圾中水分的释放速率对后续的燃烧过程有非常重要的影响。

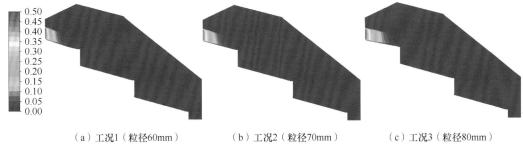

（a）工况1（粒径60mm）　　　（b）工况2（粒径70mm）　　　（c）工况3（粒径80mm）

图 6.49　不同工况中床层水分分布[单位：%(质量分数)]

不同工况中床层挥发分分布如图 6.50 所示。挥发分的释放位置决定了高温燃烧区的位置，工况 1 中挥发分在燃烧段初始位置大量释放并且在极短的时间内释放完全；工况 3 中挥发分在燃烧段释放量较为缓慢，在经过落差墙掉落至燃烬段的过程中，挥发分才完全释放，释放过程覆盖整个燃烧段及燃烬段初段。由此可以看出，颗粒直径对挥发分的释放有明显影响。垃圾中挥发分的释放包括固体原料热解和热解产物扩散两个过程。从固体原料热解层面来说，粒径越大，受热越缓慢，热解过程挥发分释放速率减缓。从热解产物扩散层面来说，当粒径较小时，颗粒内部的挥发分热解产物从颗粒内部扩散到颗粒表面相对容易；而大颗粒内部的挥发分热解产物扩散到颗粒表面相对困难。因此，大颗粒内部的热解产物浓度较高，会降低挥发分的热解速率。

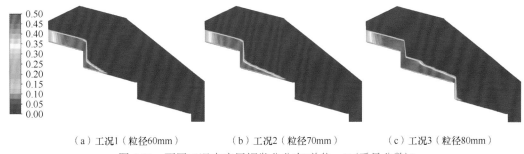

（a）工况1（粒径60mm）　　　（b）工况2（粒径70mm）　　　（c）工况3（粒径80mm）

图 6.50　不同工况中床层挥发分分布[单位：%(质量分数)]

不同工况中床层焦炭分布如图 6.51 所示，焦炭分布的差异主要集中在燃烬段。相比于工况 2，工况 1 中焦炭燃烧得更快，燃烬段还未结束时，焦炭已全部反应；而工况 3 中燃烬段始终含有大量焦炭，从燃烬段初始位置到结束位置焦炭消耗较慢，直到结束仍有大量的焦炭残留。焦炭氧化反应是气固两相反应，反应发生在颗粒表面。在氧气相对充足的情况下，比表面积越大，焦炭消耗的速率越快，因此颗粒比表面积的大小对反应速率有重要的影响。颗粒尺寸过大，相同质量的颗粒比表面积小，焦炭消耗速率较慢，可能会使燃烧不完全，导致灰渣中仍含有较多的焦炭。

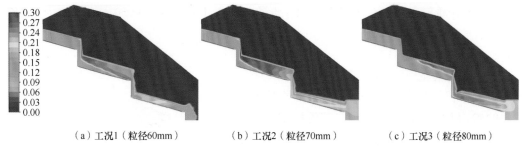

（a）工况1（粒径60mm）　　　　（b）工况2（粒径70mm）　　　　（c）工况3（粒径80mm）

图 6.51　不同工况中床层焦炭分布[单位：%（质量分数）]

不同工况中床层表面的气体组分分布如图 6.52 所示，在 CO 和 $C_mH_n$ 质量分数曲线上，工况 1 中的 CO 和 $C_mH_n$ 分布过于靠前，主要集中在炉排上 3~6m 的位置；工况 2 中的 CO 和 $C_mH_n$ 主要分布在炉排上 4~9m 的位置；工况 3 中的 CO 和 $C_mH_n$ 分布过于靠后，主要集中在炉排上 5~11m 的位置，分别对应了各自挥发分的释放区间和高温燃烧区位置。

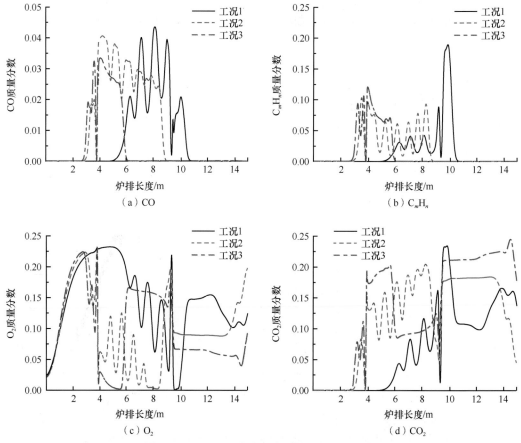

图 6.52　不同工况中床层表面的气体组分分布

从 $O_2$ 和 $CO_2$ 分布来看，在不同的工况中，二者的分布都呈对称状态。在炉排上 4m 位置之前，3 个工况中的 $O_2$ 和 $CO_2$ 质量分数分布基本一致；4m 位置之后，工况 1 和工况 2 中的 $O_2$ 质量分数迅速降低；之后在燃烧段内，工况 1 中的 $O_2$ 质量分数稳定低于工况 2 中的 $O_2$ 质量分数，工况 2 中的 $O_2$ 质量分数在不断波动。同理，工况 1 中的 $CO_2$ 质量分数稳定高于工况 2 中的 $CO_2$ 质量分数，这说明工况 1 的燃烧区域更加集中，挥发分释放更快，燃烧强度更大，耗氧量也更大。在工况 1 中，燃烧区后 $O_2$ 质量分数迅速升高，$CO_2$ 质量分数迅速降低。工况 3 中的 $O_2$ 质量分数在 5m 左右的位置开始缓慢下降，并且保持持续波动，直到 10m 处后才开始升高并保持稳定。在燃烬段，3 个工况中的 $O_2$ 和 $CO_2$ 质量分数分布较为稳定。对于 $O_2$ 质量分数，工况 3 高于工况 2 和工况 1，不同工况中的 $CO_2$ 质量分数相对高低与 $O_2$ 质量分数正好相反。结合床层上焦炭的分布情况，证明工况 3 中的颗粒对应的焦炭氧化速率最低，工况 1 中的颗粒对应的焦炭氧化速率最高。

综上所述，在其他条件相同的情况下，水分蒸发速率随着粒径的增加逐渐降低，干燥过程花费的时间增加。燃烧区挥发分的释放速率随着粒径的增加而降低，这是因为随着粒径的增加，颗粒内部的挥发分释放更加困难。燃烧强度随着粒径的增加先增强后减弱。当粒径在一定范围内增加时，床层孔隙率增加，导致颗粒周围的空气量增加，进而床层扰动和燃烧速度增加，燃烧温度升高；当颗粒直径进一步增加时，床层的堆密度开始下降，孔隙率升高，颗粒的比表面积减小。颗粒周围的空气反应量减小，导致燃烧过程中释放的热量被周围空气迅速冷却，大部分热量被烟道气带走，高温区的温度降低。焦炭的燃烧速率在一定范围内随颗粒直径的增加不断降低，在氧气相对充足的情况下，颗粒直径越大，比表面积越小，焦炭消耗的速率越慢。

### 6.3.2　床层配风的影响

配风条件对于燃烧有着极为重要的影响。配风条件主要包括过量空气系数、一次风与二次风配比及炉排不同阶段的送风配比。增加过量空气系数不仅能补充更多的氧气量，还能增加焚烧炉内的湍动程度，有利于可燃气体燃烬。但是，过量空气系数过大也会产生副作用，如加热空气会消耗更多的热量、降低炉温等。一次风是指从炉排下部穿过垃圾床层送入炉膛的空气，起到预热并提供氧气的作用，对燃烧过程起主导作用；二次风是从焚烧炉喉部喷嘴喷入炉膛的空气，能够增加炉膛中的湍动程度，使可燃气体与氧气更均匀地混合，并且二次风带入的氧气能够进一步促进可燃组分的燃烧。一般来说，一次风和二次风的过量空气系数分别为 1.2 和 0.3 左右。一次风在炉排不同燃烧阶段的配比有着很大的差异。干燥段床层主要进行水分蒸发过程，氧气的消耗较少，一次风的作用主要是干燥垃圾，因此干燥段中一次风的送入量较少。而在燃烧段中挥发分释放并剧烈燃烧，还有部分焦炭燃烧，需要消耗大量氧气。为了保证床层中的可燃组分尽可能释放燃烧，燃烧段应有充足的一次风供应。燃烬段的垃圾中只有不可燃的炉渣及少量的焦炭等可燃物质，这些可燃物的燃烧消耗的氧气量较少，因此燃烬段中的一次风送入量较少。大多数学者对于送风对焚烧的影响主要是围绕二次风展开的，关于一次风的研究相对较少，一方面是因为二次风对炉膛燃烧十分重要。另一方面是因为气相燃烧较为成熟，使用现有的模型研究二次风相对容易；而研究一次风对燃烧的影响需要结合炉排燃烧模型开展，难度较大。

本节研究一次风在炉排上的不同配风比例对燃烧的影响。一次风对床层燃烧至关重要，会影响全炉燃烧状态。垃圾从进入焚烧炉，随着炉排不断运动，到最后排出焚烧炉，中间经历加热、干燥、挥发分热解和燃烧，以及焦炭氧化的过程。不同的过程对一次风的需求量也不同，加热和干燥阶段垃圾几乎不需要消耗氧气，一次风仅起到一部分的预热作用；在挥发分热解和燃烧阶段需要消耗大量氧气，此段即对应床层上的高温燃烧区，床层剧烈燃烧，大量氧气被消耗；在焦炭的氧化阶段，床层依然要消耗氧气，但此段中焦炭含量低，对氧气的需求不如燃烧段巨大。

下文将对 3 种配风情况进行模拟，从床层温度分布，垃圾中水分、挥发分和焦炭分布，以及床层表面的气体分布考察配风的影响。不同工况对应的配风情况如表 6.4 所示，3 个工况的一次风总量相同，工况 5 是原始配风比。相比于工况 5，工况 4 提高了干燥段的送风量，减少了燃烧段的送风量，燃烬段保持不变；工况 6 使用平均送风策略，每段送风量均相同。

表 6.4  不同工况对应的配风情况

| 工况 | 干燥段 | 燃烧段 | 燃烬段 | 备注 |
|------|--------|--------|--------|------|
| 工况 4 | 0.30 | 0.54 | 0.16 | 配风前移 |
| 工况 5 | 0.20 | 0.64 | 0.16 | 原始配风 |
| 工况 6 | 0.33 | 0.33 | 0.33 | 均匀配风 |

图 6.53 所示的不同工况中喉部以下温度分布表明，相比于工况 5，工况 4 中的温度明显升高位置靠前，主要是因为工况 4 中干燥段一次风量更大，干燥的加热速度更快，燃烧区域更为集中，且温度较高，燃烬段的温度基本相同。工况 6 中温度明显升高的位置偏后，虽然工况 6 中干燥段一次风送风量更大，但是辐射对床层加热起主导作用，而炉膛辐射与炉膛烟气温度有关，工况 6 中燃烧段温度偏低，且燃烧时间较长，高温燃烧区持续到了燃烬段。在燃烬段结尾处温度出现了明显降低，这是因为工况 6 中燃烬段的一次风流量显著升高，焦炭氧化速度加快，床层中的可燃分在垃圾到达炉排尾部之前就已燃烬。

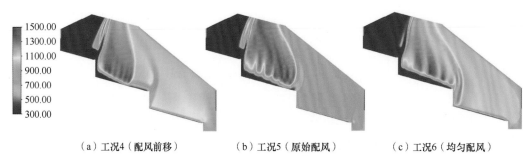

（a）工况4（配风前移）　　　（b）工况5（原始配风）　　　（c）工况6（均匀配风）

图 6.53  不同工况中喉部以下温度分布（单位：K）

从图 6.54 所示的床层水分分布可以看出，相比于工况 5，工况 4 中的水分蒸发加快，说明干燥段一次风流量增加是主要原因；相比于工况 4，干燥段风量相当，但工况 6 中的水分蒸发变慢，说明辐射强度是决定蒸发速率的另一个主要原因。

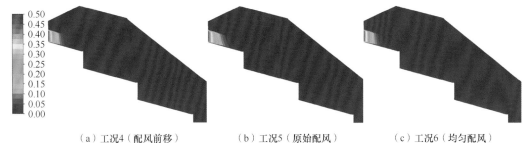

（a）工况4（配风前移）　　　　　（b）工况5（原始配风）　　　　　（c）工况6（均匀配风）

图 6.54　不同工况中床层水分分布[单位：%（质量分数）]

从图 6.55 所示的床层挥发分分布可以看出，3 个工况在干燥段的分布基本相同。相比于工况 5，工况 4 中燃烧段的一次风流量降低，但挥发分释放速率却加快，这说明干燥段的加热对燃烧段挥发分的释放有很大的影响。干燥速度的加快促进了床层的点火，同时增大了燃烧强度，提高了燃烧区温度，加快了挥发分的释放，这时的一次风流量并非是限制挥发分释放的主要因素。工况 6 中挥发分释放速度减慢，干燥和加热速度慢，导致点火位置略滞后；燃烧段送风量大大降低，限制了挥发分释放和燃烧过程，致使高温燃烧区温度也略有降低，进一步降低了挥发分的释放速率。

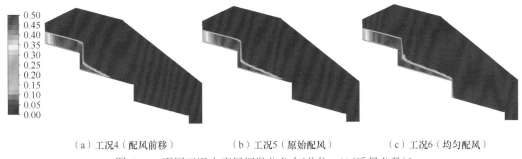

（a）工况4（配风前移）　　　　　（b）工况5（原始配风）　　　　　（c）工况6（均匀配风）

图 6.55　不同工况中床层挥发分分布[单位：%（质量分数）]

不同工况中床层焦炭分布如图 6.56 所示，3 个工况中焦炭分布的差异主要集中在燃烬段。工况 4 和工况 5 中的燃烬段送风量相同，因此两者的焦炭分布基本一致。工况 6 焦炭燃烧速度较快，到炉排尾部基本也已燃烬。相比于工况 4 和工况 5，工况 6 燃烬段的送风量约是前两者的两倍，说明该条件下的焦炭的燃烧速率是由氧气供给控制的，这也就解释了工况 6 的温度分布情况。

不同工况中床层表面的气体分布如图 6.57 所示。在工况 4 和工况 5 中，CO 和 $C_mH_n$ 的质量分数在炉排 4m 前的位置已经出现了大幅升高。在 4m 处的第一段落差墙位置，工况 6 中的 CO 和 $C_mH_n$ 质量分数才开始升高，和前两者同时进入高温燃烧区。在高温区，工况 4 的气体组分质量分数在炉排运动方向上波动最小，工况 5 次之，工况 6 波动最大，这也对应了床层集中燃烧的程度。工况 4 中可燃分 CO 和 $C_mH_n$ 的含量最低，且床层中挥发分的分布表明挥发分释放速度较快，说明可燃分燃烧较多，燃烧强度较高；工况 6 中燃烧区可燃分质量分数较高，但受一次风流量的限制，床层中挥发分释放速率较慢，可燃物燃烧量较少，燃烧强度较低。与之相对应的，从 $O_2$ 和 $CO_2$ 质量分数分布来看，在高温燃烧区，工况 4 中 $O_2$ 质量分数最低，$CO_2$ 质量分数最高；工况 6 中 $O_2$ 质量分数最高，$CO_2$ 质量分数最低。在床层 10m 之后的位置，工况 4 和工况 5 中 $O_2$ 和 $CO_2$ 质量分数分布基本一致；而工况 6 中 $O_2$ 质量分数较高，$CO_2$ 质量分数较低，这是因为一次风流量明显升高。虽然焦炭氧化速度加快，$O_2$ 的消耗量增加，但由于一次风量绝对值的升高，导致气相中剩余大量的 $O_2$，从而床层表面的 $O_2$ 质量分数较高。$O_2$ 消耗量增加导致 $CO_2$ 生成量的增加是相对的，由于一次风量的增加，$CO_2$ 被稀释，导致床层表面的 $CO_2$ 质量分数偏低。

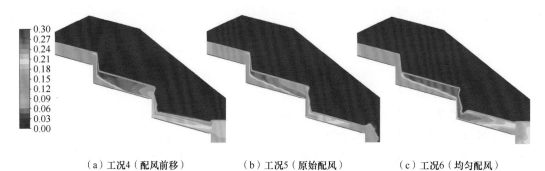

(a) 工况4 (配风前移)　　　(b) 工况5 (原始配风)　　　(c) 工况6 (均匀配风)

图 6.56　不同工况中床层焦炭分布[单位：%(质量分数)]

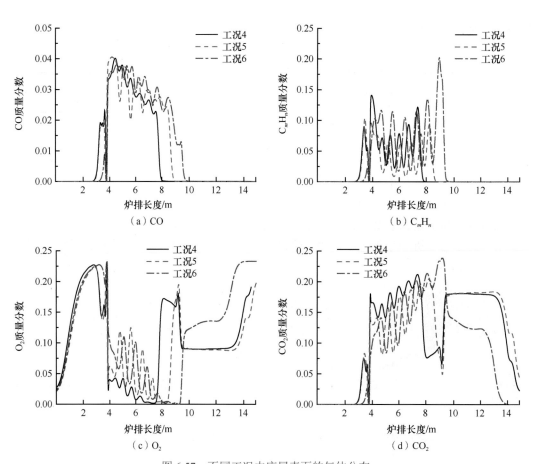

(a) CO

(b) $C_mH_n$

(c) $O_2$

(d) $CO_2$

图 6.57　不同工况中床层表面的气体分布

　　综上所述，在其他条件相同的情况下，干燥段送风量的增加会加快床层干燥和升温的速度，使床层着火位置提前。同时，床层的高温燃烧区提前，导致前后拱辐射增强，会进一步加快干燥速度和床层中的挥发分释放速度，缩小高温燃烧区面积，提高燃烧强度。在一定的范围内，增加燃烧段的送风量有助于提高燃烧强度，如从工况 6 中的 33% 提高到工况 4 的 54%，燃烧段的燃烧强度明显增加，此时氧含量是限制燃烧反应速度的主要因素。当送风量进一步增加到工况 5 中的 64% 时，高温燃烧区的燃烧强度并没有增加，反而略有降低。这说明此时氧含量已经不是限制燃烧的首要因素，进一步增加一次风流量意味着床层中更多热量被带走，不利于增强燃烧。燃烬段送风量一定程度的增加可以提高焦炭氧化速度，促进燃烬段中可燃物的完全燃烧，降低灰渣中的焦炭含量。

### 6.3.3　垃圾停留时间的影响

　　垃圾在炉排停留时间是指垃圾随炉排进入焚烧炉到排出这一过程所消耗的时间。为了保证完全燃烧，垃圾在炉排上的停留时间必须大于水分蒸发、脱挥发分及焦炭的氧化的总理论时长。停留时间太短可能会导致垃圾中可燃物不能彻底燃烬，停留时间太长则会导致单位时间垃圾处理量减小、着火位置不合理等，因此保证垃圾在炉排上的停留时间合理对于燃烧非常重要。本节对停留时间分别为 1.5h、1.75h 和 2h 3 种情况进行了模拟，工况 8 模型参数与第 3 章模型相同，其他工况除垃圾停留时间外均与工况 8 相同，如表 6.5 所示。

表 6.5　不同工况中垃圾在炉排停留时间

| 工况 | 工况 7 | 工况 8 | 工况 9 |
|---|---|---|---|
| 垃圾停留时间/h | 1.5 | 1.75 | 2.0 |

　　不同工况中喉部以下温度分布如图 6.58 所示，工况 7 的高温燃烧区在燃烧段后半段。垃圾在床层上的停留时间变短，炉排运动速度加快，导致床层加热时间变短。着火点后移，导致燃烧区后移，床层前半部分的辐射强度减弱，进一步降低了床层的加热速度。工况 9 中高温燃烧区集中在燃烧段前半部分，分布区域相对于工况 8 缩短了接近一半。炉排运动速度的减慢使垃圾进入焚烧炉后有充足的时间干燥和加热，着火点靠前。垃圾着火后，前拱位置辐射增强，进一步促进了燃烧，使得垃圾中的挥发分在短时间内释放并燃烧，高温燃烧区趋向集中。

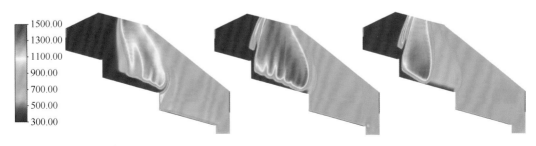

（a）工况7（停留时间1.5h）　　（b）工况8（停留时间1.75h）　　（c）工况9（停留时间2h）

图 6.58　不同工况中喉部以下温度分布(单位：K)

不同工况中床层水分分布如图 6.59 所示，可以明显看出炉排运动速度越慢，床层中的水分蒸干位置越靠前。床层中水分的蒸发主要取决于炉膛辐射，炉排运动越快，高温燃烧区越容易滞后，燃烧区会更分散，燃烧温度会降低，从而使干燥段受到的辐射强度减弱。

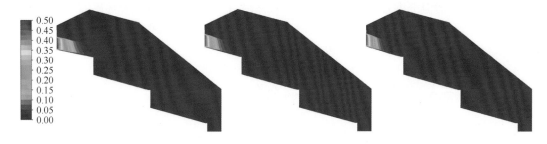

（a）工况7（停留时间1.5h）　　　　（b）工况8（停留时间1.75h）　　　　（c）工况9（停留时间2h）

图 6.59　不同工况中床层水分分布[单位：%(质量分数)]

不同工况中床层挥发分分布如图 6.60 所示，垃圾停留时间的降低导致床层中挥发分释放速度降低。工况 7 中的挥发分在经过燃烧段后仍有大量剩余，经过第二段落差墙，垃圾与空气充分混合，挥发分在此处大量释放，落到燃烬段床层中时只剩下少量的挥发分。

（a）工况7（停留时间1.5h）　　　　（b）工况8（停留时间1.75h）　　　　（c）工况9（停留时间2h）

图 6.60　不同工况中床层挥发分分布[单位：%(质量分数)]

不同工况中床层焦炭分布如图 6.61 所示，工况 7 中燃烬段与工况 8 及工况 9 有较大差异。在工况 7 燃烬段中，床层前半部分的焦炭含量较低，而后半部分焦炭含量高。其主要原因是工况 7 中的高温燃烧区分布到了燃烬段，使燃烬段前半部分温度升高，提高了焦炭的氧化速率；而当焦炭到了后半段，床层温度降低，焦炭氧化速率也随之降低。但炉排运动较快，剩余的焦炭在排出焚烧炉之前来不及反应，造成大量堆积。

不同工况中床层表面的气体分布如图 6.62 所示。从 CO 和 $C_mH_n$ 的分布来看，炉排运动快，CO 和 $C_mH_n$ 的释放位置偏后，工况 7 中主要集中在床层上 6～11m 的位置，且含量较高，说明还有大量未燃烧；而炉排运动慢，会导致 CO 和 $C_mH_n$ 的分布靠前，工况 9 中主要集中在 3～6m 的位置，且含量较低，说明已经大量燃烧。3 个工况中的 $O_2$ 和 $CO_2$ 分布差异较大，在燃烧段，工况 7 中的 $O_2$ 在 6m 的位置才开始缓慢且有波动地降低；工况 8 中的 $O_2$ 在焚烧段就开始降低，且呈波动状态，直到燃烧段结束才开始回升；工况 9 中的

$O_2$ 质量分数在燃烧段开始处就下降至非常低的位置，并保持稳定，直到 6m 处瞬间攀升至 15%左右的位置，保持稳定直到燃烧段结束。相应地，$CO_2$ 质量分数的分布与 $O_2$ 质量分数的分布相对称，也表现出较大的差异。在燃烬段，工况 7 中的 $O_2$ 质量分数较高，在结尾处又有所下降，这是因为较快的炉排运动速度导致未燃烬的焦炭在尾部堆积，耗氧量增加；工况 9 中的 $O_2$ 质量分数较低，较慢的运动速度使焦炭有更充足的时间反应，增加了氧气的消耗。

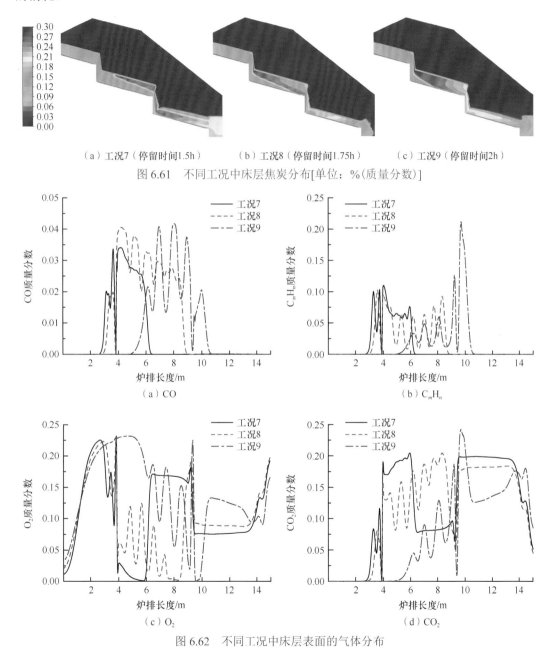

（a）工况7（停留时间1.5h）　　（b）工况8（停留时间1.75h）　　（c）工况9（停留时间2h）

图 6.61　不同工况中床层焦炭分布[单位：%(质量分数)]

（a）CO

（b）$C_mH_n$

（c）$O_2$

（d）$CO_2$

图 6.62　不同工况中床层表面的气体分布

综上所述，炉排运动速度的增加会延长水分的干燥距离，延后着火点的位置，分散高温燃烧区，降低燃烧温度，减慢焦炭的氧化速度，甚至造成大量焦炭来不及燃烧，随着灰分排出焚烧炉，降低焚烧炉热效率。降低炉排运动速度有利于垃圾着火和燃烬，但运动速度过低会使着火点过于靠前、使炉内温度分布不合理、降低焚烧炉使用寿命、影响经济效益等，因此合理地设计炉排运行速度非常重要。

### 6.3.4　结论与建议

垃圾尺寸、床层一次风配比和炉排运动速度都是影响炉内燃烧的重要因素。本节对这3个因素分别进行了研究，结论如下：

(1)在其他条件相同的情况下，水分蒸发速率随着垃圾粒径的增大逐渐降低，燃烧区挥发分的释放速率随着粒径的增加而降低，燃烧强度随着粒径的增加先增强后减弱，在一定范围内焦炭的燃烧速率随粒径的增加不断降低。

(2)干燥段送风量的增加会加快床层干燥速度，使床层着火位置和高温燃烧区提前，导致前后拱辐射增强；一定程度增加燃烧段的送风量有助于提高燃烧强度，但过量增加一次风流量意味着床层中更多热量被带走，不利于增强燃烧；燃烬段送风量的一定程度增加可以提高焦炭氧化速度，促进燃烬段中可燃物的完全燃烧，降低灰渣中的焦炭含量。

(3)炉排运动速度的增加会延长水分的干燥距离，延后着火点的位置，降低燃烧温度，甚至造成不完全燃烧，产生大量焦炭，降低焚烧炉热效率。炉排运动速度降低有利于垃圾着火和燃烬，但运动速度过低会使着火点过于靠前，使炉内温度分布不合理，降低焚烧炉使用寿命，同时降低垃圾处理量、影响经济效益等。

# 后　记

　　金秋时节，硕果飘香。《垃圾焚烧炉燃烧优化及工程应用》终于成书了。这本专著历经 3 年，凝聚着太多人的心血和期望，更凝聚着无数人的关怀与祝福。

　　如何进一步提升本专著的工程实用性，贴近现场服务于垃圾焚烧项目装备设计、稳定运行、预判性维护等方面，贯穿着整个编写过程。编者及其团队也请教了多位知名专家、学者，从进料组分变化、配风偏流、参数调整等工程角度，激发着我们的思考，受益匪浅，大大提升了专著水平。

　　特别感谢中国工程院院士、浙江大学能源工程学院教授岑可法给予本书的指导。87 岁高龄的岑院士严谨科学、认真负责、为人谦虚的科研精神深深感染了我们，"三人行，必有我师""三个臭皮匠顶个诸葛亮""筷子理论""求是、团结、创新"理念深入人心。

　　为了提升专著实用性和可读性，岑院士坚持面对面地传授经验：从工程实际情况角度出发，充分考虑工程的复杂性，多角度设置模拟工况，为工程应用提供建设性指导。

　　本专著的出版，点燃了燃烧模拟优化工作者的热情和创造力，促进了垃圾焚烧行业整体水平提升。在接下来的工作中，我们将进一步让燃烧模拟优化指导工程实践，通过燃烧优化工程与实践相结合，提高行业燃烧计算水平，实现垃圾焚烧炉清洁焚烧、低碳高效。